Machining
Center Tool

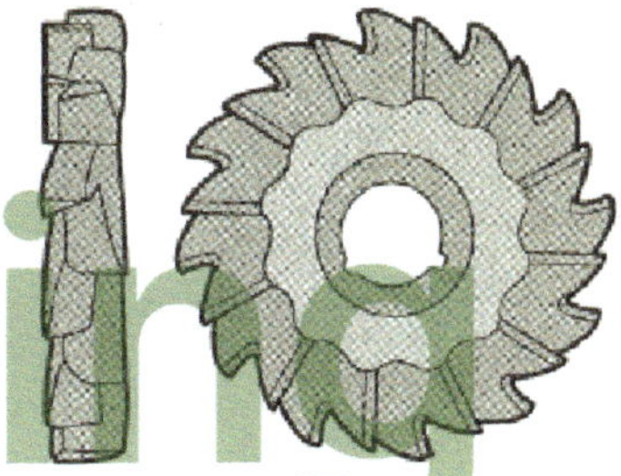

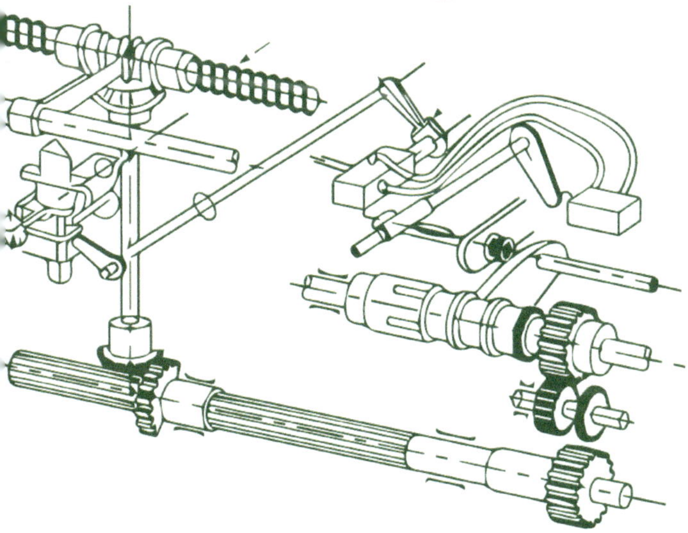

한국산업인력공단 주관
국가기술자격시험 대비
(기능사, 산업기사, 기능장)

머시닝센터 / 범용밀링 가공 혼자하기

B.C.Info

설상석 · 추원철 · 권대규 공저

머·리·말 PREFACE

이렇게 지면을 빌려 처음 기계가공에 입문하는 분들과 만나게 되어 대단히 반갑습니다. 여러 말씀을 드리고 싶지만 무엇보다 우선 기계가공이 쉽다는 것을 전해드리고자 합니다. 인터넷의 발달과 유튜브를 비롯한 영상매체의 급격한 발달로 인하여 정보의 접근이 쉬워졌음에도 불구하고 여전히 처음 CNC 및 범용 공작기계를 배우러 오는 입문자들이 어려워하는 것이 사실입니다. 그래서 쉽게 접근할 수 있는 교재를 만들어 보면 좋겠다고 쭉 생각해 왔습니다.

CNC 공작기계에서 사용하는 NC 코드 작성에 가장 많이 쓰이는 G 코드는 1950년대 후반 미국의 MIT 공과대학 서보메커니즘 연구소에 의해 개발되었고, ISO에 의해 1982년 ISO6983으로 규격이 통일된 이래 여러 기종에서 높은 호환성을 가지고 있습니다. 또한 현재 우리나라의 공작기계는 80~90% 이상이 일본의 FANUC 컨트롤러를 사용하기에 한 번 배우면 다른 기계에서 작업하더라도 별다른 어려움 없이 가공을 수행할 수 있습니다.

이 책을 집필하면서 최대한 많은 자료를 넣어 교재의 내용을 풍부하게 만들었습니다. 특히 처음 입문하는 데 쓸데없는 어려움을 만들 우려가 있는 내용은 과감히 삭제하여 쉽고 편하게 배울 수 있도록 여러 번 살펴보고 내용을 수정하였습니다.

이 책에서 설명하는 내용을 직접 경험해보고 자신만의 것으로 만들면 현장에서 MCT 및 범용밀링 장비를 운용하는 데 필요하고 중요한 지식들을 얻을 수 있을 것입니다. 또한 이 책의 내용은 현재 기준으로 한국산업인력공단에서 수행하는 모든 국가기술자격 기계가공 실기시험에 대응하고 있기에 여러분의 합격에 유용한 수단이 될 것입니다.

마지막으로 이 책을 구매해 주시어 대단히 감사드리며, 출간 후 받은 피드백으로 부족한 내용을 계속 보완되어 개정할 것을 약속드립니다.

2023년 8월

저자 일동

목 · 차 CONTENTS

제1장 범용밀링 가공하기 ········ 5

STEP 01 | 범용밀링의 구조 ········ 6
STEP 02 | 범용밀링 가공 작업(기능사 공개문제 1번) ········ 66
STEP 03 | 범용밀링 가공 공개도면(기능사 1~30번) ········ 92
STEP 04 | 범용밀링 가공 작업(기능장 공개문제 1번) ········ 122
STEP 05 | 범용밀링 가공 공개도면(기능장 1~12번) ········ 127

제2장 머시닝센터(MCT) 수기가공 ········ 139

STEP 06 | 머시닝센터(MCT)용 G코드 작성해보기 ········ 140
STEP 07 | 프로그램 작성 따라해보기 ········ 166
STEP 08 | 머시닝센터 국가기술자격 수기작성(산업기사/기능장) ········ 219
STEP 09 | 머시닝센터 3D 수기가공 공개도면(산업기사 1~8번) ········ 224
STEP 10 | 머시닝센터 2.5D 수기가공 공개도면(기능장 1~12번) ········ 244

제3장 머시닝센터에서 가공하기 ········ 257

STEP 11 | WIA / DN솔루션즈 머시닝센터에서 가공하기 ········ 258

참고문헌 ········ 280

제1장

범용밀링 가공하기

STEP 01 | 범용밀링의 구조

STEP 02 | 범용밀링 가공 작업(기능사 공개문제 1번)

STEP 03 | 범용밀링 가공 공개도면(기능사 1~30번)

STEP 04 | 범용밀링 가공 작업(기능장 공개문제 1번)

STEP 05 | 범용밀링 가공 공개도면(기능장 1~12번)

STEP 01

범용밀링의 구조

1. 밀링 머신의 개요

단일 혹은 다수의 절삭날로 구성된 회전 절삭공구로 가공하는 작업을 밀링(milling)이라 하고, 이 작업을 수행하는 기계를 밀링 머신(milling machine)이라 한다. 보통 공작물을 테이블 위에 고정하고 테이블의 이송에 따라 절삭이 이루어진다. 밀링 머신은 가장 만능적인 공작기계로서 평면 절삭은 물론, 불규칙하고 복잡한 형상을 갖는 면의 절삭 가공에 적당하며, 다음과 같은 절삭 작업이 가능하다.

① 평면 및 단면 절삭	② 홈 파기 및 곡면 절삭
③ 나사 절삭	④ 캠 절삭
⑤ 각종 기어 절삭	⑥ 스플라인 축 절삭

밀링 머신의 생산성과 정밀성은 각종 밀링커터의 재질, 공작법의 발달에 따라 형삭, 평삭 등의 기계의 가공 영역까지 광범위하게 각종 부품의 가공에 이용된다.

초경합금 공구의 발달에 따라 최근 밀링 머신은 주축의 회전 속도 및 이송 속도의 고속화에 이르렀고, 또 강력한 동력을 채용하고, 따라서 기계 본체는 강도와 강성을 같이 증가시키는 경향이 있다.

1.1 밀링작업의 종류

밀링 머신으로 할 수 있는 작업은 아래 그림과 같이 평면절삭에서 총형절삭에 이르기까지 여러 가지 종류가 있다. 단순한 평면소재부터 불규칙하고 복잡한 면을 갖는 부품까지 광범위하게 가공할 수 있다는 것이 밀링 머신의 특징이다.

즉, 평면 외에 윤곽평면, 각(角), 홈, 기어(gear)의 치형, 드릴 또는 리머의 나선홈도 가공할 수 있다. 최근에는 초경합금의 발달 덕분에 각종 작업에 적합한 초경밀링커터로 고속 또는 강력절삭을 할 수 있을 뿐만 아니라 가공정밀도도 대단히 높다. 이와 같이 작업범위가 넓고 생산성이 우수하여 기계공장과 공구공장에서 필요불가결의 공작기계라고 할 수 있다.

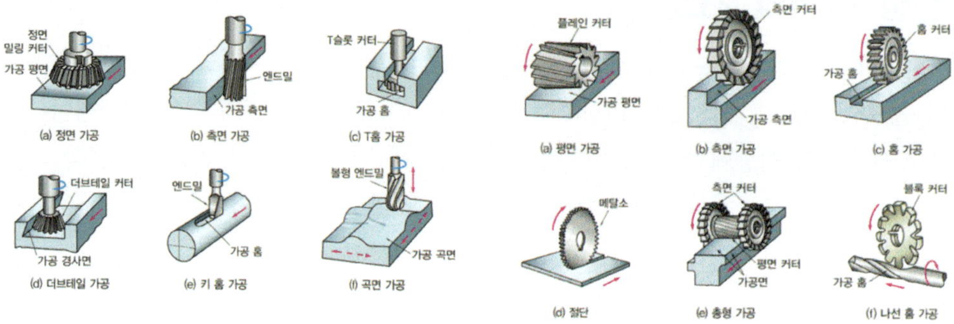

밀링작업의 종류

1.2 밀링 머신의 종류

밀링 머신은 평면절삭, 홈 절삭, 기타 여러 가지 작업을 할 수 있는 일반 공작용에 적합한 것과 기어절삭 또는 나선절삭 등의 가공을 할 수 있는 특수공작에 적합한 것으로 대별할 수 있다. 일반 공작에 적합한 밀링 머신에는 구조상으로 니형 밀링 머신(knee-column type milling machine), 생산형 밀링 머신(manufacturing type milling machine), 특수형 밀링 머신(special type milling machine)이 있다. 3종의 분류를 보면 다음과 같다.

① 니형 밀링 머신(knee-column type milling machine)
- 수평 밀링 머신(horizontal milling machine)
- 수직 밀링 머신(vertical milling machine)

② 생산형 밀링 머신(manufacturing type milling machine)

③ 특수형 밀링 머신(special type milling machine)
- 플레이너형 밀링 머신(planer type milling machine)
- 공구 밀링 머신(tool milling machine)
- 캠 밀링 머신(cam milling machine)
- 나사 밀링 머신(thread milling machine)

(1) 니형 밀링 머신

니형 밀링 머신은 컬럼과 니와의 기계 구조의 두 개의 주요소에서 이름이 붙여진 것으로서, 이 경우 테이블을 좌우, 전후, 상하의 방향에 이동하는 특성이 있다. 또 취급을 편리하게 집중 조작 방식을 채용하고, 테이블을 이동시켜 가공을 할 때에 커터에 의한 절삭 위치가 작업자에 대하여 거의 일정한 높이를 가질 수 있다. 그리고 주축의 회전 속도 및 이송 속도의 변화

범위가 넓고, 이의 변환도 신속하고 용이하게 되어 있으며, 광범위한 적응성을 갖고 있고 또한 공구 공장, 수리공장, 생산공장의 각종 작업 분야에 넓게 사용되고 있다.

보통 밀링 머신의 능력을 표시하는 데는 호칭번호가 일반적으로 쓰이는데, 이 호칭번호는 테이블의 이동량에 의한 것이 보통이다.

1) 보통 밀링 머신

구형에는 단차식이 있었으나 지금은 거의 눈에 띄지 않으며, 국내의 생산제품도 이제 전기어식 밀링 머신이 생산되고 있다. 아래 그림은 전기어식 보통 밀링 머신의 구조와 각부 명칭을 표시한다.

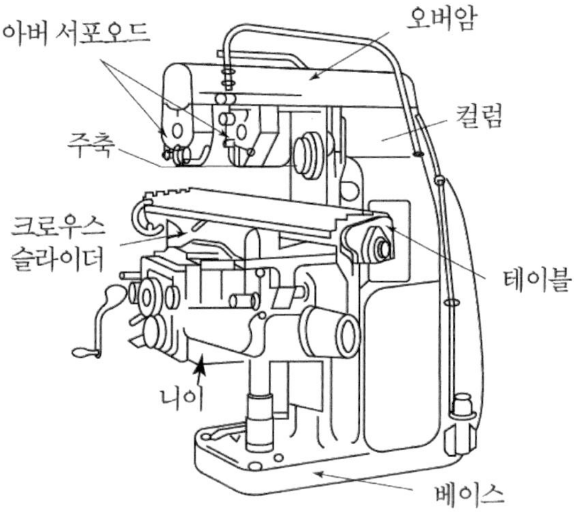

수평 밀링 머신의 개략구조와 명칭

위의 그림에서 주축은 컬럼 상부에 수평으로 결합되어 있고, 컬럼 앞면의 작동면을 니가 상하이동하며, 니는 새들을 그 위에 설치한 결합 상태로 주축의 방향에 전후 이동한다. 또 그 새들상을 테이블이 수평면 내를 좌우에 습동하는 기구로 되어 있는 것이 보통 밀링 머신이라 말할 수 있는 일반적인 구조이다.

오버암(over arm)은 컬럼의 상부에 설치되어 주축 방향에 이동이 가능하고, 아버(arbor)에 따라 아버를 지지한다. 특히 중절삭을 할 때에는 아버 브레이스(arbor brace)에 의해 오버암, 선단 및 아버를 지지를 거쳐, 니 앞면과 견고하게 붙여 고정한다.

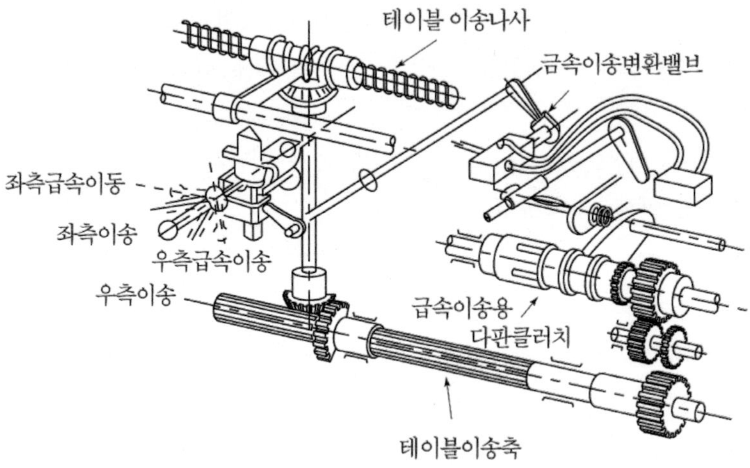

테이블 이송 단일 조작 핸들

위의 그림은 테이블 이송 단일 조작의 핸들 구조이다. 테이블 조작을 한층 더 편리하게 하기 위하여 단일 핸들의 채용 혹은 자동화 등의 경향이 있다. 그림에서 단일 수동 핸들의 조작에 따라 테이블의 좌우 이송과 유압동작에 의해 빠른 이송 및 정지가 얻어진다. 또 테이블 측면에 부착되는 각종 도그(dog)로 좌우 이송의 빠른 이송, 방향 변환 및 정지 등이 자동적으로 조작된다.

2) 만능 밀링 머신(universal milling machine)

주요 부분의 구조는 앞에서 말한 보통 밀링 머신과 동일하다. 그러나 테이블이 수평면 내에서 일정한 각도로 회전하여 이송 작업을 할 수 있게 되어 있다는 차이점이 있다. 만능 밀링 머신의 구조로서 테이블 선회대가 새들의 중간에 회전하도록 되어 있어, 테이블을 임의의 방향에 어떤 각도로 편위시킬 수 있다.

3) 수직 밀링 머신(vertical milling machine)

수직 밀링 머신은 주축이 수직으로 장치된 것 이외에 보통 밀링 머신과 같은 구조를 갖추고 있는 것이 많다. 수직 밀링 머신에서는 커터로서 엔드밀을 사용하여 홈 절삭과 측면 절삭가공에 적당하고, 정면 밀링커터를 사용하면 평면 가공도 대단히 능률적으로 할 수 있다. 주로 완성 가공에 널리 사용된다.

아래 그림은 수직 밀링 머신의 각부 명칭을 표시하고 있다. 또 주축은 고정식 구조로 되어 있고, 수동 또는 자동으로 상하 이동시킬 수 있는 구조를 갖는 것이 있고, 최근에는 주축이 테이블에 수직된 면내에서 일정한 각도로 경사시킬 수 있는 것도 출현되고 있다.

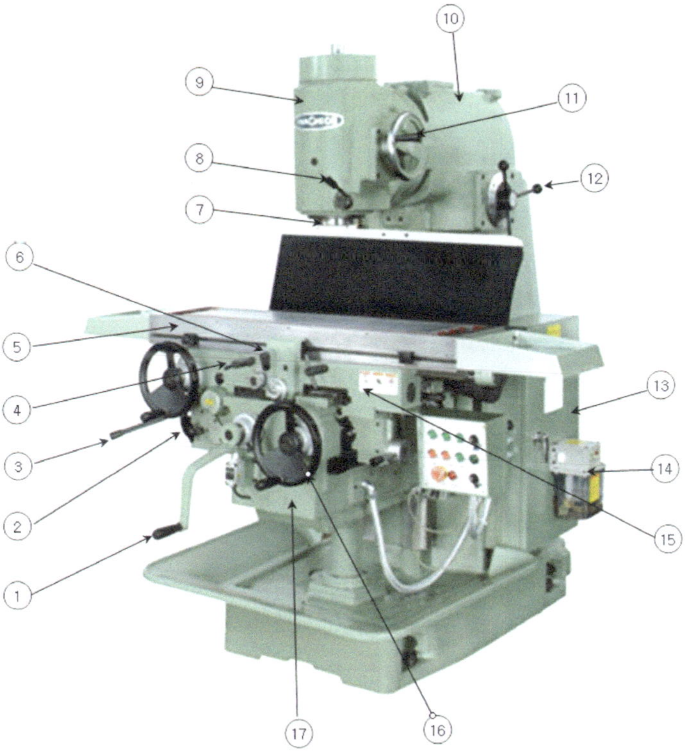

①	상하방향 이송핸들	⑦	스핀들	⑬	전장 박스
②	속도 변환 레버	⑧	퀼 고정 레버	⑭	오일 자동 펌프
③	급 이송 레버	⑨	헤드	⑮	새들
④	좌우방향 고정 레버	⑩	칼럼	⑯	전후방향 이송핸들
⑤	테이블	⑪	퀼 상하 이송 레버	⑰	니
⑥	자동 이송 레버	⑫	속도 변환 레버		

수직 밀링 머신의 각부 명칭

(2) 생산형 밀링 머신

생산형 밀링 머신은 일종의 전용기로서, 다량 생산을 위한 비교적 형상이 일정한 물품을 능률적으로 다량으로 가공하는 경우에 적합하도록 만들어진 것이다. 앞에서 말한 니형 밀링 머신에 비하여 호환성이 적으나 구조는 비교적 간단하며, 니형과는 다른 특징을 갖고 있다. 이 구조는 일반적으로 베드형으로서 고유의 강성을 갖고, 또 장기간의 중절삭하중에 대하여 안정성이 있다. 주축의 속도 및 이송속도의 급속변환 혹은 작업준비의 신속 등이 중요시되고, 따라서 주축의 속도 및 이송 속도의 변환은 교환기어에 의하여 보통 조절되고 있다. 주로 이송은 좌우만 하고 전후 및 상하 이송은 작업에 사용하지 않게 된 것이 많다. 생산형 밀링 머신의 신형 구조는 생산 능률을 높이기 위하여 일반적으로 자동 조작기능을 갖추고 있으며, 커터와 가공물의 급속접근, 주축의 기동, 절삭이송, 주축의 정지 등의 자동 조작면에 있어서 니형 밀링 머신보다 훨씬 기동성이 우수한 것이 많다.

(3) 특수형 밀링 머신

특수형 밀링 머신은 한정된 범위의 특수 목적용으로 하여 설계된 전문용 밀링 머신으로서, 그 범위 내의 작업에 대해서는 다른 표준 밀링 머신보다도 극히 능률적이다.

1) 나사 밀링 머신(thread milling machine)

나사 밀링에서 나사를 절삭 가공하는 방식에는 두 가지가 있다. 첫 번째는 공작물이 회전하고 원판상 커터(disk cutter)는 주축헤드와 같이 리드 스크류에 따라 길이 방향에 이동하면서 절삭하는 긴 나사 밀러(long thread miller)이고, 두 번째는 피치가 적은 나사를 전문적으로 나사홉(thread hob)에 의해 절삭하는 짧은 나사 밀러(short thread miller)이다. 아래 그림은 커터에 의한 나사 절삭의 예이다.

2) 공구 밀링 머신(tool milling machine)

공구 밀링 머신은 공구, 지그, 게이지, 캠 등 대단히 복잡한 형상의 공작물을 바꾸지 않고 고정한 그대로 가공되게 임의의 위치에 고정되는 만능 테이블, 회전 바이스, 분할대, 수직 절삭 장치 등 많은 부속장치를 부설함에 따라 완전한 작업을 할 수 있다. 즉 연삭장치는 물론, 테이블은 3차원적 회전운동을 시켜서 사용할 수 있게 되어 어떤 공구류의 제작에도 이용된다.

3) 모방 밀링 머신(copy milling machine) 및 형조각 밀링 머신(profile milling machine)

최근 급속히 발달한 것으로 복잡한 형상을 갖는 가공물의 공작에 대단히 편리하다. 모방 밀링 머신은 유압식, 유압공기식, 전기식 등의 자동추적장치에 의해 절삭용 주축의 운동을 제어하여 절삭을 하며, 간단한 2차원에서 3차원의 복잡한 형상의 것까지 가공이 가능하다. 이들의 종류에는 단축, 다축의 것이 있고, 또 수평, 수직식 등이 있다. 이상의 것 외에도 키홈 전문용 밀링 머신, CNC 밀링 머신 등이 있다.

2. 밀링 머신의 구조

2.1 밀링 머신의 주요 부분

밀링 머신의 호칭번호와 크기(단위 : mm)

명칭	종별	테이블의 이동량		
		좌우	전후	상하
0번	플레인 밀링 머신	450~550	150	300
	만능 밀링 머신	450~550	150	300
	직립 밀링 머신	450~550	150	300
1번	플레인 밀링 머신	550~700	200	400
	만능 밀링 머신	550~700	175	400
	직립 밀링 머신	550~700	200	300
2번	플레인 밀링 머신	700~850	250	400
	만능 밀링 머신	700~850	225	400
	직립 밀링 머신	700~850	250	300
3번	플레인 밀링 머신	850~1050	300	450
	만능 밀링 머신	850~1050	272	450
	직립 밀링 머신	850~1050	300	350
4번	플레인 밀링 머신	1050 이상	325	450
	만능 밀링 머신	1050 이상	300	450
	직립 밀링 머신	1050 이상	325	400

(1) 칼럼 및 베이스

칼럼(column)은 기계의 몸통을 이루는 중요한 부분으로서 베이스(base)에 견고히 장치되어 있다. 전면에는 니, 상부에는 오버 암(over arm), 내부에는 주축 · 주축변속장치 · 주축구동용 모터 등이 장치되어 있다. 또 내부에 리브(rib)가 붙어 있어서 강력절삭(强刀切別)에 대해서도 변형이나 진동이 일어나지 않는 강도(强度)와 강성(剛性)이 높은 구조로 되어 있다. 베이스 내부에는 절삭유(切別油) 탱크가 들어있다.

(2) 니, 새들, 테이블

아래 그림은 테이블, 새들, 니의 형상이며, 니(knee)는 칼럼의 앞부분으로 뻗어 나온 부분으로서 칼럼의 미끄럼면을 상하로 이동하며, 새들(saddle)과 테이블(table)을 지지하고 있다. 또한 니는 승강(昇降)나사로 지지되어 있다.

새들의 내부는 테이블의 좌우 이송볼트와 너트, 방향전환장치, 백래시(backlash) 제거장치 등이 들어 있다. 백래시란 이송장치의 구조상 이송방향이 전환될 때 이송량 손실(lost motion)의 중요한 요인이 되는 틈새를 말한다. 테이블은 새들 위에서 길이방향으로 이송을 준다. 윗면에는 공작물, 고정구 및 부속장치 등을 지지 또는 설치하며, 작업면에는 몇 개의 T홈이 파여 있어 T볼트로 여러 가지 공작물 또는 고정구를 고정할 수도 있다.

(3) 주축(spindle)

주축은 칼럼 윗면에 칼럼에 직각으로 설치되어 있으며, 고속 · 강력절삭에 적합하도록 아래의 그림과 같이 테이퍼 롤러 베어링(taper roller bearing)으로 지지되어 있다. 뿐만 아니라 3점 지지방법으로 강성이 크다. 또한 기어와 일체로 된 플라이 휠(fly wheel)을 붙여서 회전이나 절삭력의 변동, 그들에 의한 진동을 막는 경우도 많다. 주축의 구멍은 테이퍼져 있고(7/24), 주축 끝에는 키가 장치되어 있어 커터의 중심을 맞추고 회전시킨다.

(4) 오버 암(over arm)

아버(arbor)는 절삭력에 의해서 휨(bending)을 받는다. 오버 암은 이를 방지하는 것으로서 1개 또는 2개의 아버 지지대(arbor support)가 붙어 있다. 또 아래의 그림과 같이 주축과 평행방향으로 이동조정을 할 수 있으며, 중절삭을 할 때에는 오버 암을 더 견고히 지지하기 위하여 버팀대(brace)를 장치한다.

2.2 구동기구(driving mechanism)

주축을 회전시키는 기구는 3상 교류 유도전동기를 사용하여 그 회전을 V벨트전동으로 변속장치를 거쳐 주축에 전하는 방식이 많다. 극수변환 또는 전기적 제어에 의한 가변(可變)전동기를 쓰는 경우도 있다. 주축 및 이송축의 속도 변환 기구는 생략한다.

2.3 이송기구(feed mechanism)

이송동력은 주축구동용 원동기로부터 얻어지는 것과 이송전용 전동기를 따로 설치하는 경우도 있다. 이송의 변속방법으로는 기어식, 유압식 및 전기식 등이 있다. 이들 중에서 기어식이 가장 많이 쓰인다.

- **테이블의 좌우이송** : 테이블 이송은 아래의 그림에서와 같이 25번 축에 의하여 회전이 전달되어 42, 43 기어가 구동하게 되고 이들 기어와 물려있는 44와 44' 베벨기어를 구동하여 각각 회전하고 있다. 테이블 이송축은 클러치 H에 의해 구동되며 H가 좌우로 이동하게 되면 44 혹은 44' 기어의 회전에 의해 회전방향이 변환되어 좌우이송을 하게 된다.

■ **새들의 전후이송 및 니의 상하이송** : 새들 및 니의 이송기구도 테이블의 좌우이송방법과 같이 방향전환레버에 의해 작동된다.

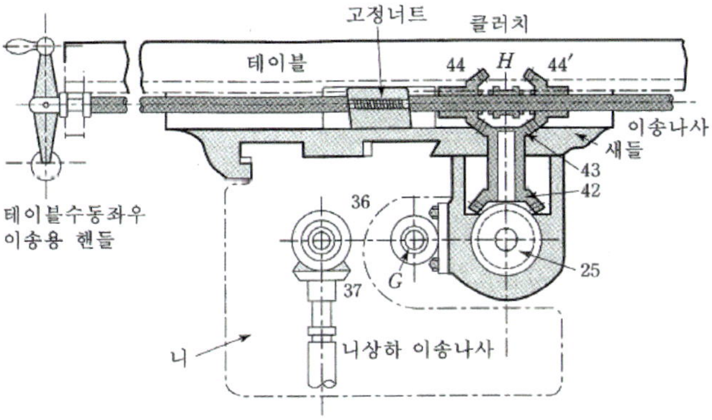

(a) 플레인 밀링 머신의 테이블과 니의 이송기구

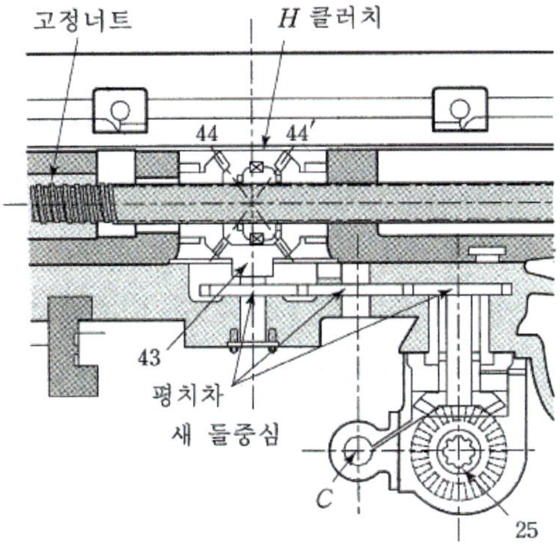

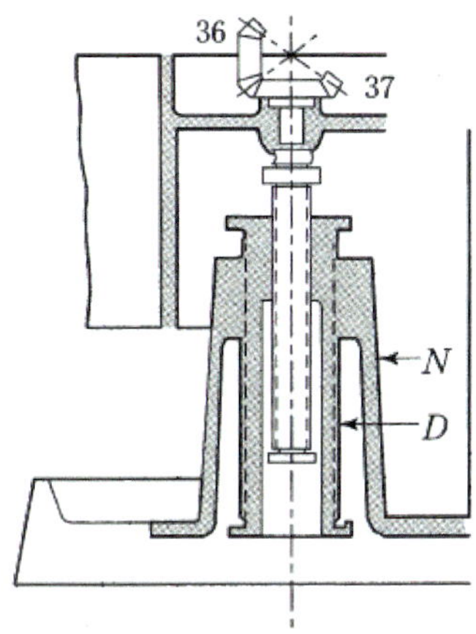

(b) 만능 밀링 머신의 테이블 이송기구

(c) 니상하 이송나사기구

이송기구

3. 부속장치

수평 밀링 머신(plain, universal milling machine)은 광범위한 작업을 할 수 있으므로 여러 가지 부속장치(attachment)가 구비되어 사용되었으나 최근 머시닝센터 등 다양한 공작기계의 보급으로 부속장치의 사용은 점차 줄어들고 있다.

3.1 분할대(dividing head)

공작물의 외주를 소요의 수로 정확히 분할하는 장치이다. 여기에는 단식 분할대, 평형 분할대(plain dividing head), 3단 분할대(triple dividing head), 만능 분할대(universal dividing head) 등이 있다. 사용방법은 뒤에서 설명하기로 한다.

3.2 직립 밀링장치(vertical milling attachment)

직립 밀링 머신과 같은 작업을 할 수 있는 장치이다. 주축을 수직면 내에서 임의의 각도로 경사시킬 수 있는 것과 경사시킬 수 없는 것 등 여러 가지가 있다.

3.3 만능 밀링장치(universal milling attachment)

이 장치는 각도눈금이 있는 2개의 회전면으로서 밀링주축을 임의의 방향으로 경사시킬 수 있는 기구이다. 플레인 밀링 머신도 이 장치만 있으면 여러 가지 작업을 할 수 있다. 즉, 임의의 각도로 절삭이 가능하여 기어, 랙, 나사홈 등을 가공할 수 있다.

3.4 슬로팅장치(slotting attachment)

직립 밀링 머신과 같은 작업을 할 수 있는 장치로서 주축의 회전운동을 왕복운동으로 바꾼 장치이다. 크랭크로 운전이 되며 행정의 길이를 조절할 수도 있다. 또한 회전면으로 좌우 90°까지 경사시킬 수도 있다.

3.5 랙 밀링장치(rack milling attachment)

택을 밀링 머신에서 가공하려면 랙 분할장치가 필요하다. 랙 밀링장치는 수평 밀링 머신의 칼럼에 장치하고 밀링 머신주축에 의하여 구동되고, 공작물을 고정하는 특수한 바이스와 테이블 끝에 랙 분할장치를 설치하여 각종 피치의 랙을 가공할 수 있도록 변환기어를 갈아붙인다.

3.6 회전 테이블(circular table)

웜과 웜 기어에 의해서 회전하는 둥근 테이블로서 공작물에 회전운동을 시키기 위해서 회전 테이블이 사용된다. 또 회전이송(헬리컬 가공)을 필요로 하는 공작물의 절삭, 예로서 원형의 내 · 외면, 원형의 홈, 원판의 분할 등의 가공에 사용한다. 소형은 수동으로, 대형은 수동 또는 동력으로 회전할 수 있다. 아래의 그림은 회전 테이블을 이용한 가공 예이다.

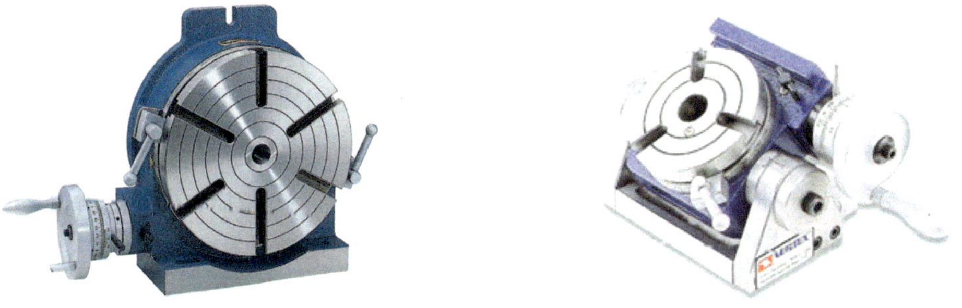

회전 테이블

4. 밀링커터

4.1 밀링커터의 종류

밀링커터(milling cutter)를 작업의 종류 및 형상 또는 용도에 따라 분류하면 대략 다음과 같다.

① 플레인 밀링커터(plain milling cutter)
② 홈 밀링커터(slot milling cutter)
③ 측면 밀링커터(side milling cutter)
④ 톱날 밀링커터(metal milling cutter)
⑤ 엔드밀링커터(end milling cutter)
⑥ 정면 밀링커터(face milling cutter)
⑦ 각 밀링커터(angular milling cutter)
⑧ 총형 밀링커터(formed milling cutter)
⑨ 플라이 밀링커터(fly milling cutter)
⑩ 볼 엔드밀링커터(ball milling cutter)

플레인 밀링커터

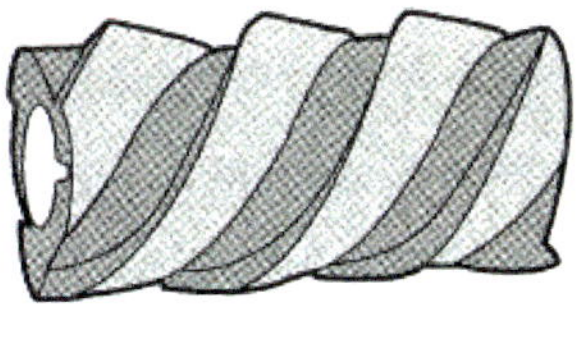

스파이럴 커터

홈 커터

(9) 플라이 커터(fly cutter)

아버에 고정하여 사용하는 단인(單刃)공구이며 날은 요구되는 형상으로 갈아서 사용한다. 주로 실험실이나 공구실에서 적합한 단인공구가 없을 때 곧 만들어서 사용할 수 있다. 아래의 그림은 그 일례이다.

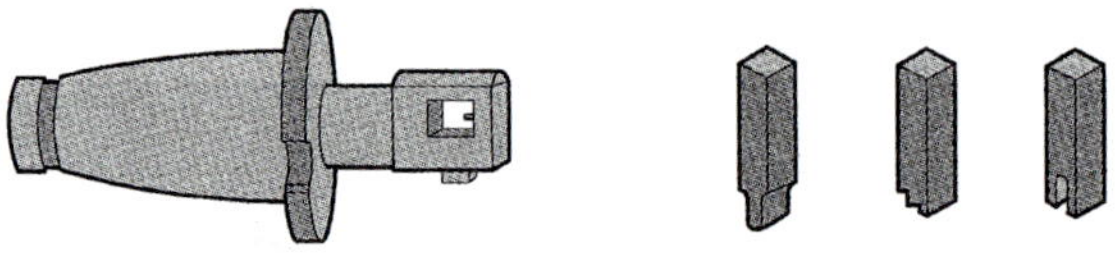

플라이 커터와 아버

4.2 밀링커터의 날 모양과 각도

아래의 그림 (a)는 평면 밀링커터, (b)는 정면커터의 대표적인 날의 모양과 각부의 명칭을 표시한 그림이다. 이 중에서 경사각과 여유각은 절삭작용에 있어서 중요한 요소가 되며 그림 밑의 표는 일반적으로 많이 쓰이는 예를 표시한 것이다.

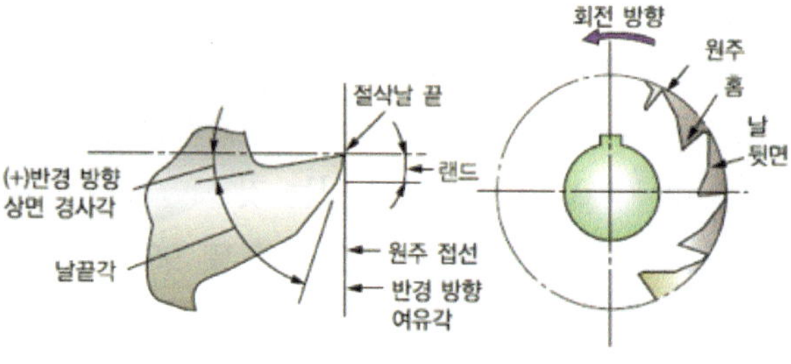

(a) 평면 밀링커터

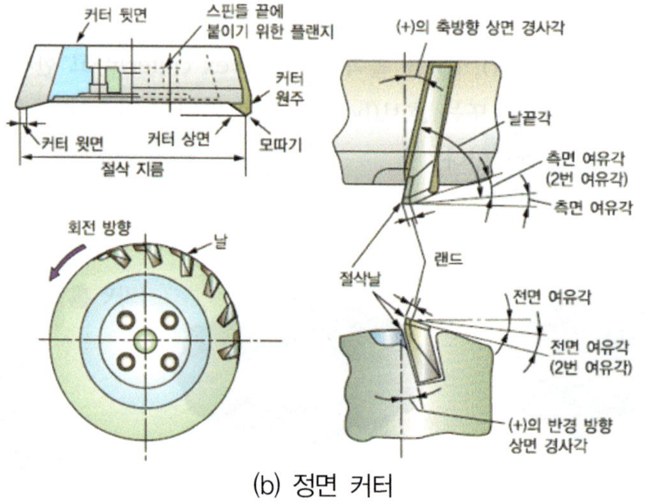

(b) 정면 커터

밀링커터 절삭날의 명칭

밀링커터의 날각

공작물 재료		고속도강 커터			초경질합금 정면 커터		
		반경반향 경사각	여유각	반경방향 경사삭	반경방향 경사삭	축방향 경사삭	축방향 여유각
알루미늄		20~40	10~12	10	9	−7	5
플라스틱		5~10	5~7	−	−	−	−
황동 청동	연	0~10	10~12	6	9	−7	5
	보통	0~10	4~10	3	6	−7	5
	경	−	−	0	4	−7	3
주철	연	8~10	4~7	6	4	−7	3
	경	−	−	3	4	−7	3
	chill	−	−	0	4	−7	3
가단주철		10	5~7	6	4	−7	3
동		10~15	8~12	−	−	−	−
강	연	10~20	5~7	−6	4	−7	3
	보통	10~15	5~6	−8	4	−7	3
	경	10~15	4~5	−10	4	−7	3
	스테인리스	10	5~8	−	−	−	−

(1) 경사각(rake angle)

원주에 날을 가지고 있는 밀링커터에서 경사각이라 함은 날의 윗면과 날 끝을 지나는 중심선 사이의 각을 말한다. 정면커터에서는 이와 같은 각을 반경반향 경사각이라 하고, 경사면이 축방향과 이루는 각을 축방향 경사각이라고 한다. 이들 각을 크게 하면 절삭저항은 감소하고 칩 흐름은 좋아지나 날끝각이 작아서 날이 약하게 된다. 일반적으로 경질의 공작물에 대해서는 경사각이 작고, 연질(軟質)의 공작물에 대해서는 경사각을 크게 해 준다. 그러나 초경커터에서는 치핑(chipping)을 방지하기 위하여 0° 또는 부각(-)으로 연삭하고 있다. 아래의 그림은 정면커터의 양의 경사각을 나타낸다.

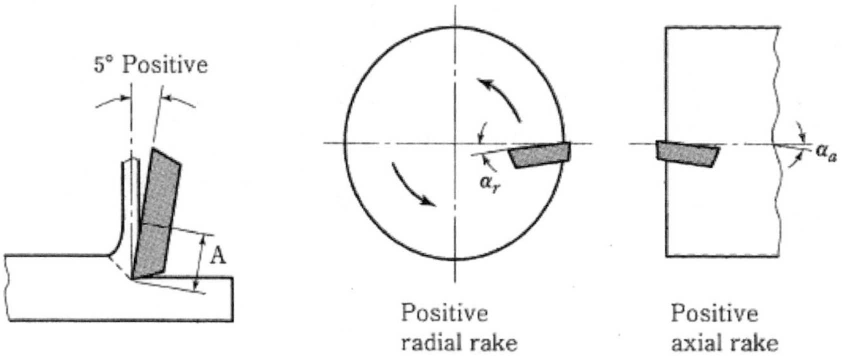

정면커터의 경사각

(2) 여유각(clearance angle)

절삭날의 뒷면과 공작물의 절삭면 사이에서 마찰을 감소시키기 위한 각을 여유각이라고 하는데, 플레인 밀링커터에서는 날끝을 지나는 접선과 날의 여유면과 이루는 각을 말한다. 정면커터에서는 반경방향과 수직한 면과 플랭크 면과 이루는 각을 레이디얼 여유각(radial clearance)이라고 하고, 축방향과 수직한 평면과 여유면과 이루는 각을 엑시얼 여유각(axial clearance)이라고 한다. 이들 각도가 크면 날 끝의 마멸 및 발열량은 감소하나 날끝각이 작아져서 약하게 된다. 일반적으로 경사각과 같이 경질의 공작물에 대해서는 작고, 연질의 공작물에 대해서는 크게 연삭하여 준다.

(3) 코너각과 모서리각

절삭날에 코너각(comer angle)을 주면 날의 강도를 증가시킬 뿐만 아니라 칩의 두께가 얇아져서 이송을 크게 할 수 있으며, 따라서 능률이 좋다. 아래의 그림에서 같은 절삭깊이(d)와 이송(f)에 대하여 절삭칩의 두께(t)는 코너각의 크기에 따라서 달라짐을 보여준다. 코너각이 없는 경우는 절삭칩의 두께 t_1은 f이나 코너각이 없는 경우 칩의 두께 t_2는 fsinθ이며 같은 절삭깊이와 이송에서도 코너각에 따라서 칩의 두께가 변화한다.

모서리각(chamfer angle)은 날 끝의 치핑을 방지하기 위하여 날 끝을 연삭하여 주는 각으로서 각의 크기는 일반적으로 45°, 폭은 1~1.5mm이다.

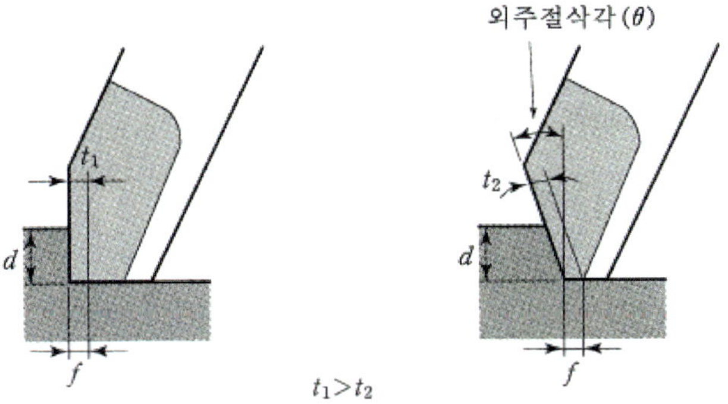

절삭날의 형상과 칩의 두께

4.3 밀링커터의 연삭

밀링작업을 능률적으로 하기 위해서는 날 끝이 예리하도록, 날의 각도를 공작물의 재질에 맞도록 유지하여야 한다. 마모된 날로 절삭하게 되면 가공면이 거칠어지고 발열이 심해서 커터의 수명을 단축시킨다. 가장 적절한 재연삭의 시기는 커터의 종류, 사용조건 등에 따라 다르나 일반적으로 절삭날의 마모 폭이 강 절삭에 대하여는 0.5 ~ 0.7mm, 주철에 대하여는 0.6 ~ 0.8mm, 경합금에 대해서는 0.1 ~ 0.2mm에 달했을 때 재연삭의 시기로 판단하면 된다. 원주에 날이 있는 밀링커터(플레인 밀링커터)의 재연삭은 일반으로 랜드(land)부분을 연삭한다. 여기에는 평형 연삭숫돌을 쓰는 경우와 컵(cup)형 연삭숫돌을 쓰는 경우가 있다.

평형 연삭숫돌의 경우는 랜드가 둥근 모양으로 연삭이 되어 여유각이 작아지는 경향이 있다. 따라서 랜드의 폭이 넓은 것에는 적합하지 않다. 컵형 연삭숫돌에서는 랜드가 직선으로 되어 소요의 여유각을 갖도록 연삭이 된다. 밀링커터의 여유각이 주어지면 연삭숫돌과 밀링커터의 중심위치를 아래의 그림과 같이 편심시킨다. 이 편심거리 h는 여유각 β에 의해서 다음 식으로 구할 수 있다. 그러나 최근 고경도공구의 출현으로 공구의 수명이 길어지고 인건비의 상승으로 인해 재연삭 비용이 상대적으로 증가하여 공구를 연삭하는 경우가 줄어들고 있다.

$$h = \frac{D}{2}\sin\beta \fallingdotseq 0.0088D\beta$$

여기서 D : 평형 숫돌의 경우는 숫돌의 지름 [mm], 컵형 숫돌의 경우는 밀링커터의 지름 [mm]

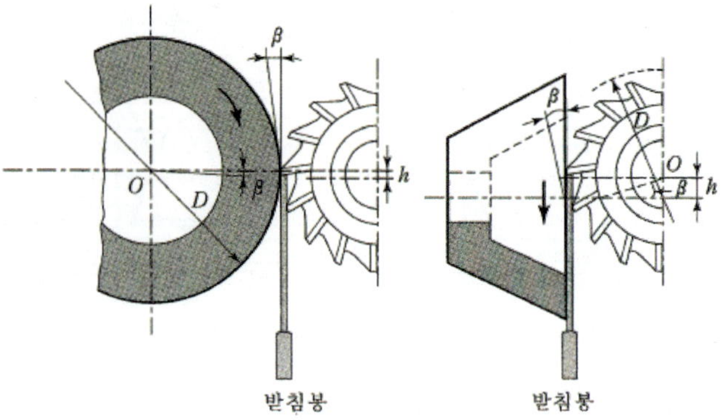

연삭숫돌과 밀링커터의 중심위치 관계

5. 밀링작업

5.1 밀링작업

(1) 상향절삭과 하향절삭

밀링절삭 방법에는 다음과 같은 종류가 있으며, 하나는 상향절삭(up-milling)이고, 다른 하나는 하향절삭(down-milling)이다.

상향절삭은 커터의 날이 움직이는 방향과 가공물의 이송방향이 반대이며, 공작물을 테이블에서 들어올리려는 힘이 작용하며, 커터가 공작물로 끌려 들어가는 경향을 갖는다. 커터날이 공작물에 접촉하기 시작할 때는 칩은 얇으며 칩의 두께는 커터날이 날의 통과선을 따라 전진하면 점차 두꺼워지며 날이 공작물에서 떨어질 때 가장 두껍다(아래의 그림 참조). 따라서 절삭 중 백래시(backlash)는 제거되나 공작물의 확실한 고정이 필요하며 날이 절삭을 시작할 때 공작물과 공구의 탄성에 의해 미끄러지므로 공구의 마멸이 증가하고 가공면이 거칠어지는 단점이 있다.

하향절삭은 커터의 날이 움직이는 방향과 공작물의 이송방향이 같으며 공구는 공작물에서 뒤쪽으로 밀리나 공작물을 지지면으로 내려 누르는 경향을 갖는다. 칩의 최대두께는 날이 공작물에 접촉하는 점에서 나타나며, 커터가 회전함에 따라 칩은 점차 얇아져 날이 공작물에서 떨어질 때 최소두께가 된다. 따라서 백래시 제거장치가 없으면 절삭이 곤란하고 표면경도가 높은 재료의 절삭이 어려운 단점이 있으나 올려깎기에 비하여 공작물의 고정이 안정되고 공구의 수명이 길어지며 우수한 가공면을 얻을 수 있고 동력소모가 적어지는 장점을 지니고 있다.

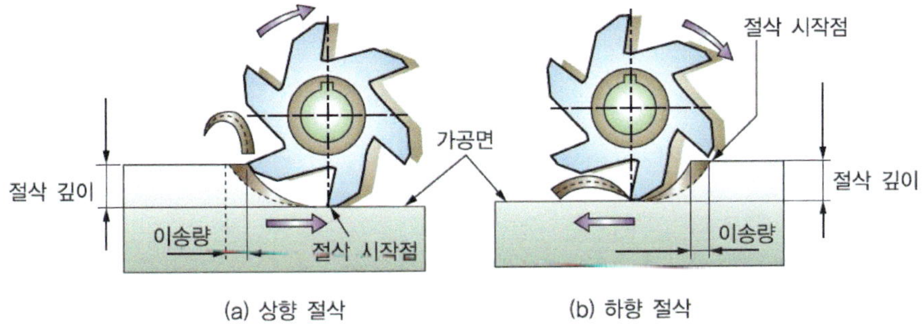

절삭방향

(2) 절삭속도와 이송

절삭속도, 이송, 절삭깊이는 생산능률에 영향을 주는 가장 중요한 요소가 된다. 이는 기계의 성능, 공작물의 재질이나 지지방법, 가공면의 정밀도, 기타 여러 가지 조건에 따라서 다르다. 아래의 표는 절삭속도와 이송의 표준을 표시한 것이다. 보통 절삭속도는 밀링커터의 매분 원주속도로 표시되며 회전수와의 관계는 다음 식으로 주어진다.

$$V=\frac{\pi DN}{1000} \quad (4.1)$$

$$N=\frac{1000\,V}{\pi D} \quad (4.2)$$

V : 밀링커터의 원주속도 [m/min]
D : 밀링커터의 지름 [mm]
N : 밀링커터의 매분회전수[rpm]

절삭속도(단위 : m/min)

공작물 재질	고속도강	초경합금(거친절삭)	초경합금(다듬질 절삭)
주철(연)	32	60~60	120~150
주철(경)	24	30~60	75~100
가단주철	24	30~75	50~100
강(연)	27	30~75	150
강(경)	15	25	30
알루미늄	150	95~300	300~1200
황동(연)	60	240	180
황동(경)	50	150	300
청동	50	75~150	150~240
동	50	150~240	240~300
에보나이트	60	240	450
페놀수지	50	150	210
파이버	40	140	200

(기계공학편람으로부터)

날 1개당 이송(단위 : mm)

공작물 재질		정면커터		플레인 커터		호 또는 측면커터		엔드밀		종형커터		톱날커터	
		HS	C	HS	C	HS	C	HS	C	HS	C	HS	C
플라스틱		0.32	0.38	0.25	0.3	0.2	0.23	0.18	0.18	0.1	0.13	0.08	0.1
Al,Mg 합금		0.55	0.5	0.45	0.4	0.32	0.3	0.28	0.25	0.18	0.15	0.13	0.13
황동 청동	쾌삭	0.55	0.5	0.45	0.4	0.32	0.3	0.28	0.25	0.18	0.15	0.13	0.13
	보통	0.35	0.3	0.28	0.25	0.2	0.18	0.18	0.15	0.1	0.1	0.08	0.08
	경	0.23	0.23	0.18	0.2	0.15	0.13	0.13	0.13	0.08	0.08	0.05	0.08
동		0.3	0.3	0.25	0.23	0.18	0.18	0.15	0.15	0.1	0.1	0.08	0.08
주철	HB 150~180	0.4	0.5	0.32	0.4	0.23	0.3	0.2	0.25	0.13	0.15	0.1	0.13
	HB 180~220	0.32	0.4	0.25	0.32	0.18	0.25	0.18	0.2	0.1	0.13	0.08	0.1
	HB 220~300	0.28	0.3	0.2	0.25	0.15	0.18	0.15	0.15	0.08	0.1	0.08	0.08
가단주철, 주강		0.3	0.35	0.25	0.28	0.18	0.2	0.15	0.18	0.1	0.13	0.08	0.1
탄소강	쾌삭강	0.3	0.4	0.25	0.32	0.18	0.23	0.15	0.2	0.1	0.13	0.08	0.1
	연강, 중강	0.25	0.35	0.2	0.28	0.15	0.2	0.13	0.18	0.08	0.1	0.08	0.1
합금강	HB 180~220	0.2	0.35	0.1	0.28	0.13	0.2	0.1	0.18	0.08	0.1	0.05	0.1
	HB 220~300	0.15	0.3	0.13	0.25	0.1	0.18	0.08	0.15	0.05	0.1	0.05	0.08
	HB 300~400	0.1	0.25	0.08	0.2	0.08	0.15	0.05	0.13	0.05	0.08	0.03	0.08
	스테인리스	0.15	0.25	0.13	0.2	0.1	0.15	0.08	0.13	0.05	0.08	0.05	0.08

㈜ HS : 고속도강 커터, C : 초경커터(기계공학편람으로부터)

이송의 표시방법은 다음 세 가지이다.

① 밀링커터의 날 1개당 이송(f_z) [mm/tooth]
② 밀링커터의 1회전에 대한 이송(f_r) [mm/rev]
③ 1분간의 이송(f) [mm/min]

이들 사이에는 다음과 같은 관계가 있다.

$$f_z = \frac{f_r}{Z} = \frac{f}{Z \cdot N}$$

여기서, f_z : 날 1개당 이송
f_r : 커터 1회전당 이송
$f = f_z \cdot Z \cdot N$

여기서, f : 1분간의 이송
Z : 날수
N : 커터의 1분간 회전수

절삭깊이는 거친 절삭에서 1.5mm 또는 그 이상, 다듬질 절삭에서는 0.1 ~ 1.5mm 정도로 한다. 홈절삭에서는 2.5mm로 절삭할 때도 있다. 어떠한 경우에도 진동 또는 떨림이 생기지 않도록 하여야 한다. 절삭량이 많은 경우는 절삭깊이를 크게 하는 것보다 이송을 크게 하여 절삭하는 것이 좋다. 절삭속도와 이송을 결정할 때는 다음과 같은 사항을 고려하여야 한다.

- **커터의 종류, 크기, 날수** : 커터의 폭 또는 지름이 작은 것은 고속으로 절삭하고 각 커터와 같은 것은 절삭속도와 이송을 작게 한다. 또 거친 절삭용 커터는 일반적으로 이송을 크게 한다.
- **공작물의 가공성** : 재료의 경 · 연에 따라서 가공성이 다르다. 경도가 높은 재료에 대해서는 절삭속도를 낮춘다. 새로 가공할 공작물에 대해서는 재질의 균일성을 예상하지 못하므로 처음에는 낮은 속도로 절삭하여야 한다.
- **절삭량** : 거친 절삭을 할 때에는 낮은 절삭속도로 하고, 기계 · 커터 · 공작물의 강도 및 동력이 허용되는 한 이송을 크게 한다. 다듬질절삭에서는 절삭속도를 높이고, 가공면의 정밀도를 해치지 않는 범위에서 이송을 크게 한다.
- **가공면** : 높은 절삭속도로 낮은 이송을 주면 좋은 가공면을 얻을 수 있다.
- **절삭제** : 냉각성이 좋은 절삭제를 준비하여 발생하는 절삭열을 제거하도록 한다(특히, 고속 절삭 때).
- **기계의 강성과 공작물의 고정상태** : 기계의 강성이 높고 공작물이 튼튼히 고정되면 진동이 적으므로 고속절삭과 이송을 크게 할 수 있다.
- **커터의 수명** : 커터의 수명을 길게 하기 위해서는 절삭속도를 낮춘다.

(3) 가공면의 조도

- **날의 무늬, 회전 무늬와 가공면의 조도** : 밀링커터로 절삭된 가공면은 아래의 그림과 같이 절삭날에 의한 가공무늬가 남게 된다. 여기에는 날 무늬와 회전 무늬가 있으며 이들 무늬는 가공면의 조도를 좌우하고 있다. 날 무늬는 이상적인 조건으로 절삭해도 기하학적으로 반드시 생긴다. 그 무늬의 간격은 날 1개당 이송과 같다. 이 이송이 0.25mm 이하의 경우는 육안으로 보기 어렵지만 그 이상의 이송의 경우는 확실히 나타난다. 날 무늬의 높이는 아래의 그림 (b)에서 플레인 밀링커터에서 대략 다음과 같은 식으로 구할 수 있다.

$$h = \frac{f^{2}{}_{z}}{4D}$$

여기서 h : 날 무늬의 높이

fz : 날 1개당 이송 [mm]

D : 밀링커터의 지름 [mm]

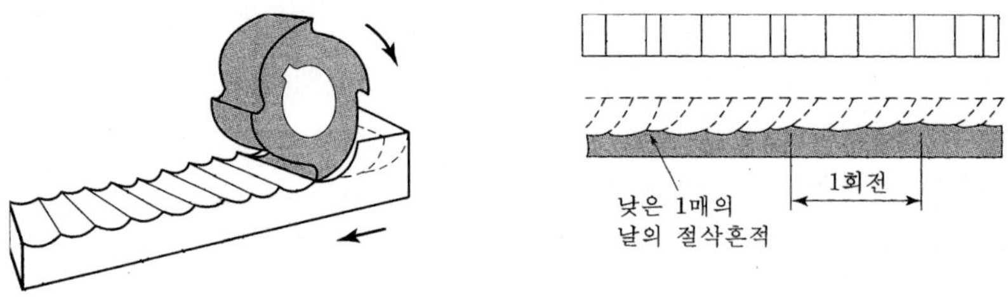

날 무늬와 회전 무늬

이 식에서 보는 바와 같이 날 무늬의 높이는 날 1개당의 이송을 작게 하고 커터의 지름을 키우면 작아진다. 실제로 밀링작업에서 날 무늬는 다음과 같은 원인으로 발생하기 때문에 이러한 점들을 주의하면 좋은 가공면을 얻을 수 있다.

- 밀링커터의 날높이가 일정하지 않을 때
- 밀링커터 날의 흔들림
- 아버와 편심 및 스프링 작용에 의한 흔들림
- 절삭저항으로 인한 아버의 휨

정면커터로 밀링작업을 할 때 가공면의 조도는 날의 형상에 따라서 좌우된다. 정면커터의 날 무늬의 높이는 다음 식으로 구할 수 있다.

$$h = f_z \frac{\tan\alpha \cdot \tan\beta}{\tan\alpha + \tan\beta}$$

여기서 h : 날 무늬의 높이

fz : 날 1개당 이송 [mm]

α, β : 날이 가공면과 이루는 각도

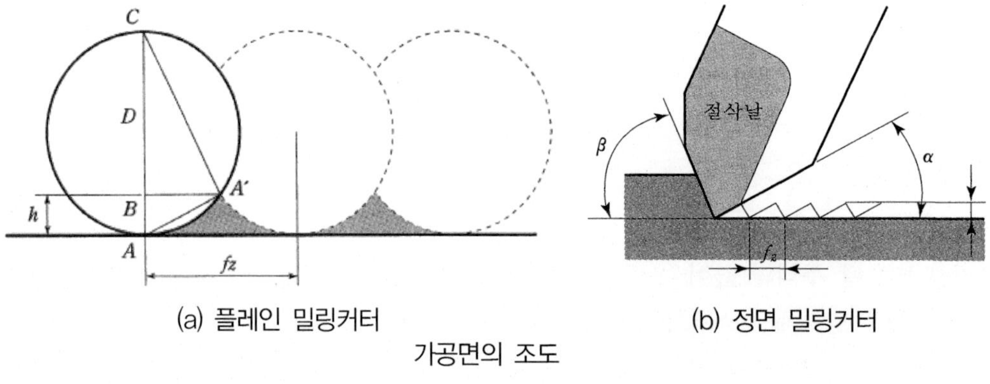

(a) 플레인 밀링커터 (b) 정면 밀링커터

가공면의 조도

여기서 α를 작게 하면 좋은 가공면을 얻을 수 있다. 정면커터의 절삭날이 잘못 연삭되어 진동이 생길 경우에는 거친 원호상의 날 무늬가 남게 되어 가공면이 나빠지며, 이 흔들림을 0.0025mm 이내가 되도록 하여야 한다. 또한 다듬질면은 구성인선(built-up edge)에 의해서 거칠어지는 수도 많다. 이 구성인선의 생성을 방지하기 위해서는 절삭속도를 높이고 절삭제를 충분히 쓰도록 방법을 강구할 필요가 있다.

■ **떨림과 가공면의 조도** : 밀링작업에서는 계속적인 절삭 칩두께의 변화, 절삭저항에 의한 아버의 휨 등으로 인해서 떨림현상이 생긴다. 이 떨림현상은 가공면을 거칠게 할 뿐만 아니라 절삭날의 수명을 감소시켜 생산능률을 저하시킨다. 이를 방지하는 대책으로 다음과 같은 사항들을 고려하여야 한다.

- 공작물의 고정방법을 개선할 것
- 절삭속도, 이송을 가감할 것
- 커터의 날수, 날의 각도 등을 변화시킬 것
- 커터의 고정구 또는 고정방법을 개선할 것
- 밀링 머신의 각부 상황을 점검할 것

(4) 절삭제

밀링작업에서는 절삭날이 칩 또는 공작물과 마찰을 하며 또한 그 마찰현상 또는 칩의 변형 등에 의해서 발열이 심하다. 이로 인해서 밀링커터는 마모되고 가공면도 나쁘다. 뿐만 아니라 밀링커터는 값이 비싸며 재연삭도 쉽지 않다. 그래서 커터의 수명을 오랫동안 유지하고 가공면이 좋아질 수 있도록 절삭제를 충분히 이용할 필요가 있다. 단, 초경합금커터의 경우는 내열성이 크므로 절삭제를 쓰지 않아도 좋다. 또 주철의 절삭에도 절삭제를 쓰지 않는다. 절삭제의 공급방법은 아래의 그림과 같다.

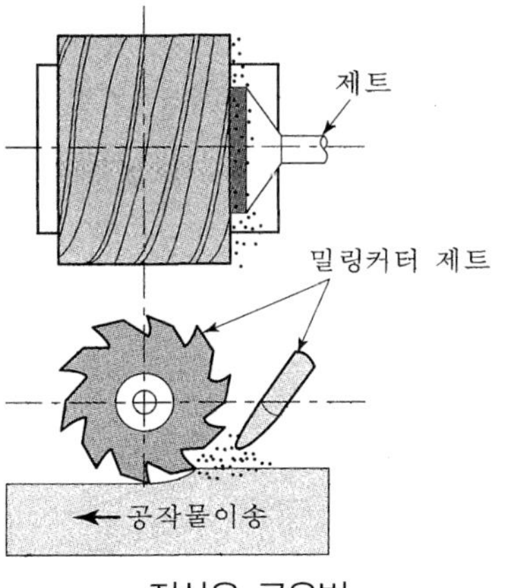

절삭유 급유법

5.2 밀링커터의 고정구

밀링커터를 주축에 고정할 때에는 지름이 큰 정면 커터를 제외하고는 아버, 어댑터 또는 콜릿 등의 고정구를 사용한다. 지름이 큰 정면커터는 주축단면에 직접 볼트로 고정한다.

■ **아버(arbor)** : 플레인 밀링커터, 측면커터, 각커터, 총형 커터 또는 메탈 소 등은 아버로 고정한다. 아버는 길이와 지름이 여러 가지가 있으며 한 끝에는 주축 구멍과 같이 7/24의 테이퍼로 되어 있다. 또한 평행부에는 커터에 회전력을 확실히 전하기 위하여 키홈이 파져 있다. 아래의 그림 (a)는 아버 및 밀링커터의 고정 상태를 표시한 것이다. 그림에서 보는 바와 같이 주축 구멍 쪽에 있는 아버와 어댑터는 후방으로부터 볼트로 고정되며 회전은 주로 주축 끝의 키에 의해 전달된다. 칼라는 밀링커터가 아버 위의 임의의 위치에 고정할 수 있도록 위치를 결정해 주는 데 쓰이며, 아버 끝에 있는 고정너트의 압력으로 축심에 정확히 직각으로 고정해 주는 역할을 한다. 수직 밀링 머신은 정면커터용 아버를 사용하며 그림 (b)는 지름이 작은 정면커터용 아버를 표시한 그림이다.

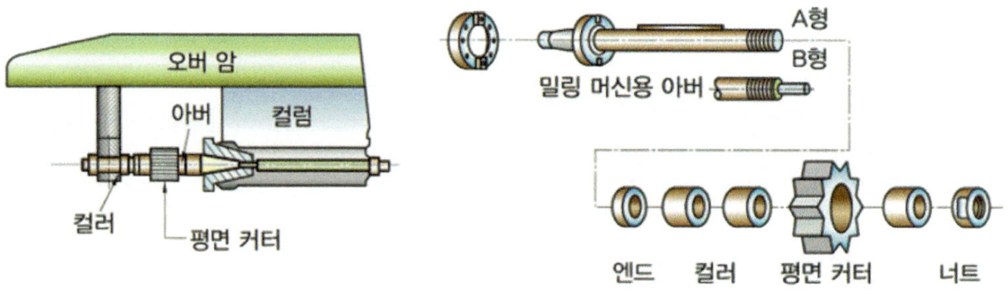

(a) 플레인 · 만능 밀링 머신의 아버 및 밀링커터의 고정

(b) 퀵체인지 아버

■ **어댑터 및 콜릿(adapter, collet)** : 엔드밀과 같이 자루(shank)의 크기나 또는 테이퍼가 주축구멍과 다를 때는 그림 (a)에 표시한 어댑터나 콜릿으로써 주축에 고정하여야 한다. 직선 자루의 경우는 스프링 척을 써서 고정한다. 그림 (b)는 스프링 척의 구조를 나타낸다. 일반

적인 어댑터는 밀링커터를 교환할 때에 볼트를 풀고 어댑터도 갈아 끼워야 한다. 그림 (c)에 표시된 급속변환 어댑터(quick change adapter)는 용도가 다른 밀링커터를 신속히 교환하는 데 편리한 장치이다.

(a) 정면 커터의 고정

(b) 엔드밀의 고정

(c) 콜릿의 종류

(1) 밀링커터의 고정

밀링커터를 고정할 때에는 다음과 같은 주의가 필요하다.

- 주축 구멍에 아버나 어댑터를 고정하거나 또는 어댑터와 콜릿에 엔드밀링커터 등을 고정할 때에 구멍의 내면 또는 테이퍼부의 기름기나 불순물 등은 깨끗하게 제거하여야 한다. 이러한 기름기나 불순물은 쌍방의 밀착을 방해하고 또 진동의 원인이 된다.
- 테이퍼부를 고정시킬 때는 납 또는 목재 해머를 사용하여 확실히 밀착시킨다.
- 밀링커터의 선택 또는 고정할 때 회전방향이나 절삭분력의 방향을 고려해야 한다.
- 밀링커터는 되도록 주축 끝에 가깝게 설치한다.
- 칼라의 단면을 상하지 않도록 하여 칼라 사이에 불순물이 들어가지 않도록 한다.
- 이와 같이 주축의 고정이 끝나면 주축을 회전시켜 고정상태의 양부를 조사한다. 고정상태가 불량하면 다음과 같은 점이 원인이 되므로 재조정하여야 한다.
- 아버의 휨
- 테이퍼부 또는 칼라 사이에 불순물의 혼입
- 칼라면의 직각도, 평행도의 불량
- 아버 지지부의 불량
- 밀링커터 자신의 진동

(2) 공작물의 고정

밀링 머신에서 공작물을 고정하는 데에는 다음과 같은 방법이 있다.

- **테이블에 직접 고정하는 방법** : 공작물이 크거나 불규칙한 모양인 경우에는 평삭반에서 작업하는 것과 같이 테이블에 직접 T홈을 이용하여 볼트로 고정한다.
- **바이스를 이용하는 방법** : 바이스를 테이블에 고정하고 공작물을 그 바이스로 고정하는 방법으로 밀링작업에서 가장 많이 쓰이는 방법이다.
- **회전테이블을 이용하는 방법** : 회전이송을 필요로 하는, 즉 지름이 큰 기어절삭, 원형의 원형절삭 또는 홈절삭의 경우는 이 방법을 많이 쓰고 있다.
- **센터로 지지하는 방법** : 기어절삭, 리머, 드릴의 홈절삭 등에 쓰이는 방법으로 분할대와 심압대의 센터 사이에 공작물을 고정한다.
- **척을 이용하는 방법** : 환봉을 가지고 4각형 또는 6각형을 절삭할 때에 고정하는 방법으로 분할대의 스핀들에 척을 달고 그 척으로 환봉을 고정한다.
- **부착구를 이용하는 방법** : 동일부품을 다량 생산하는 경우에는 그 부품을 고정할 수 있도록 부착구를 설계 제작하여 가공물을 고정하고 있다. 이 방법은 작동이 간단하기 때문에 미숙련자도 정확한 위치에 공작물을 고정할 수 있다. 같은 부착구를 2개 이상 사용하면 한쪽에서 공작물을 절삭하는 동안에 다른 쪽에서는 다음 공작물을 고정할 수 있어 절삭을 중단하지

않고 계속 절삭할 수 있다. 이와 같이 부착구는 생산능률의 증진, 가공품의 정밀도 보존에 큰 역할을 하고 있다.

(3) 바이스의 사용법

1) 바이스의 종류

- **보통바이스**(plain vicc) : 공작물의 길이방향 또는 그에 직각인 방향으로 절삭하는 경우에 쓰인다. 다른 바이스에 비해 구조가 간단하며 가공물을 테이블에 가까이 설치할 수 있어 강력절삭에 좋다.
- **회전바이스**(swivel vice) : 아래의 그림 (a)-①과 같이 보통바이스 밑에 회전대(swivel)를 가지고 있어서 수평면 내에서 임의의 각도로 회전할 수 있는 바이스이다. 회전대에는 각도눈금이 있다.
- **만능바이스**(universal vice) : 그림 (a)-②와 같이 수평면 내 또는 수직면 내에서 임의로 경사시킬 수 있는 바이스이다. 바이스의 크기는 조(jaw)의 길이로 표시하며 125mm(5"), 150mm(6"), 175mm(7"), 200mm(8"), 225mm(9") 등이 사용되고 있다.
- 바이스의 고정 테이블에 바이스를 고정할 때에는 테이블과 바이스 사이에 불순물(주로 칩)이 들어가지 않도록 깨끗이 닦아야 한다. 바이스 밑면에서 키홈과 키가 있어 테이블의 T홈에 맞추어 정확히 고정하여야 한다. 또 바이스의 조와 아버가 평행이어야 하며, 조는 바이스 밑면에 대하여 직각이 되도록 설치하여야 한다. 즉, 그림 (b)와 같이 다이얼게이지를 사용하면 정확히 고정할 수 있다. 아버에 다이얼게이지를 부착시키고 테이블을 전후 또는 좌우로 움직여 지침의 움직임이 평행 또는 직각이 되도록 조절한 후에 T 볼트로 테이블에 고정하여야 한다. 그림 (c)와 같이 직각자를 써서 조절하는 방법도 있다.

① 회전바이스

② 만능바이스

(a) 회전바이스와 만능바이스

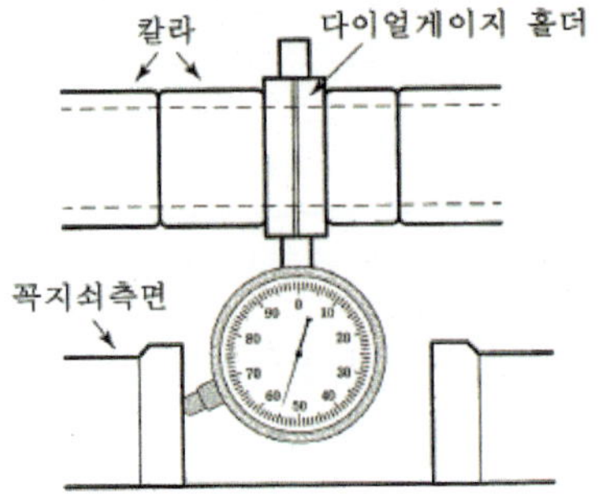

(b) 다이얼게이지에 의한 바이스 조정

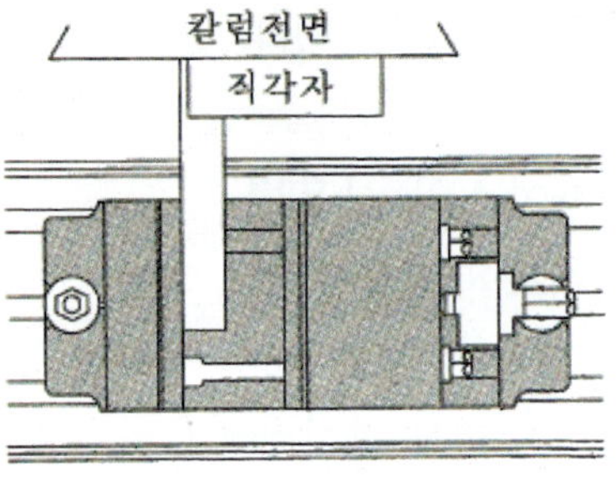

(c) 직각자에 의한 바이스 조정

5.3 평면절삭

(1) 밀링커터의 크기와 절삭시간

아래의 그림에 표시한 a, b, c, d 부분을 절삭할 때에 밀링커터의 크기에 따라서 이송의 길이가 다르다. 엔드밀의 경우에는 A가 적당하며 플레인 밀링커터, 측면 밀링커터의 경우는 B가 적당하고, C는 너무 크다. 매분 이송이 같다고 하면 이송의 길이로부터 절삭시간은 A의 경우가 제일 작다.

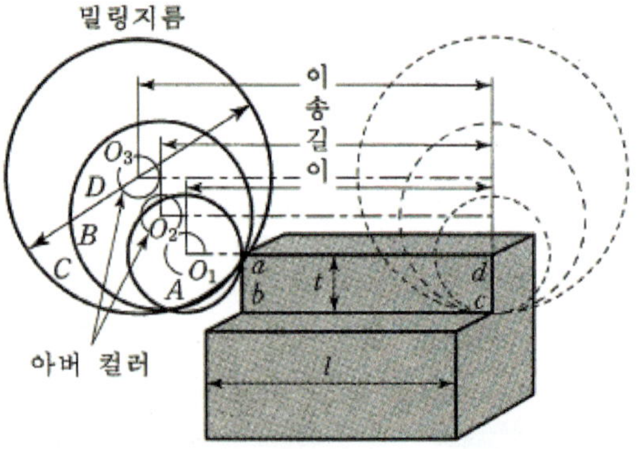

밀링커터의 절삭시간 관계

이와 같이 밀링커터의 크기는 절삭시간이 달라도 생산능률에는 큰 영향을 미치지 않는다. 따라서 필요 이상으로 지름이 큰 밀링커터를 사용하지 않도록 주의해야 한다.

시간은 아래의 그림마다 밑의 식으로 각각 구할 수 있다. 간단하게 커터가 절삭을 시작해서 끝날 때까지를 고려해서 가공물의 길이에서 커터의 지름을 더하여 계산할 수 있다.

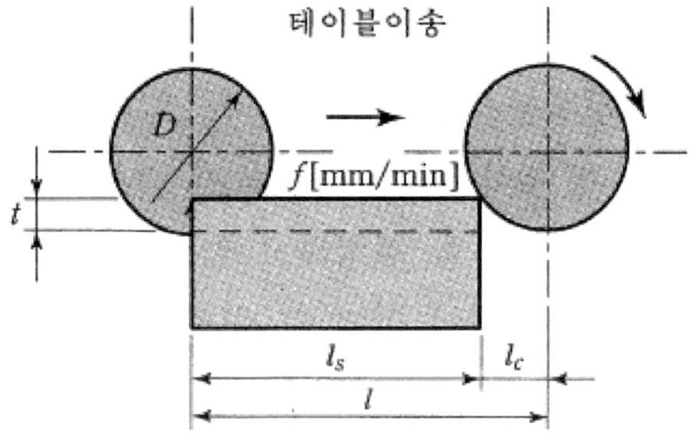

플레인 밀링커터의 절삭시간

$$T=\frac{l+\sqrt{t(D-t)}}{f}$$

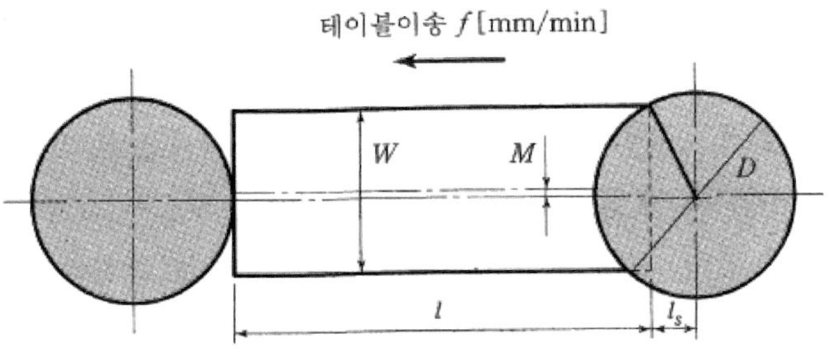

정면커터의 절삭시간

$$T=\frac{l}{f}+\frac{D}{2f}\left[1-\sqrt{1-(\frac{W+2M}{D})^2}\right]$$

여기서, T : 절삭시간 [min]

t : 절삭깊이 [mm]

D : 밀링커터의 반지름 [mm]

f : 1분간의 이송 [mm/min]

l : 공작물의 절삭길이 [mm]

M : 커터축의 편위량 [mm]

W : 공작물의 절삭폭 [mm]

(2) 플레인 커터에 의한 절삭

아래의 그림처럼 평행대를 플레인 밀링 머신에서 플레인 커터로 절삭하는 경우를 생각해보자.

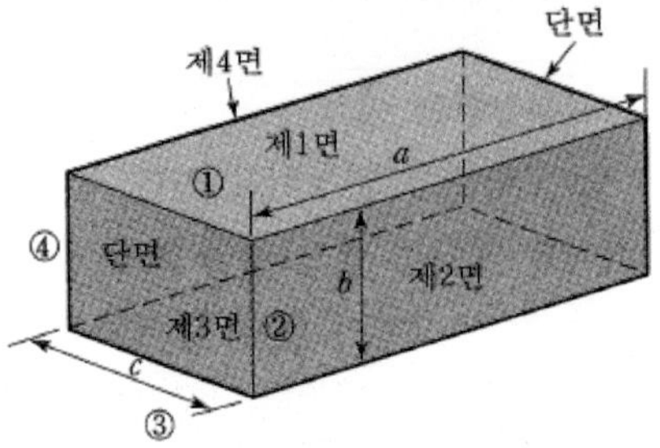

평행대

- **공작물의 고정** : 공작물은 비교적 작은 것으로서 바이스를 사용하여 고정한다. 만일 공작물의 길이가 길면 바이스의 조가 테이블의 길이방향과 평행이 되도록 설치하여야 한다. 공작물을 바이스에 고정할 때에는 보호판을 조에 대고 공작물의 제1면이 위로 오도록 하고, 제4면이 보호판과 접촉하도록 한다. 또 제2면과 조 사이에 환봉을 끼우고 조를 조이면 제4면이 보호판에 밀착하게 된다. 조를 조일 때에는 연질의 해머로 두들겨 밑면에 가공물이 밀착하도록 한다. 공작물의 높이보다 낮을 때에는 공작물 높이의 1/3이 조의 윗면으로 나오는 정도가 되도록 적당한 두께의 평행봉을 공작물 밑에 끼운다. 이때에 평행봉의 폭이 넓으면 1개를 쓰고 폭이 좁은 것은 2개의 평행봉을 사용하는 수도 있다.
- **제1면 절삭** : 공작물의 폭이 넓을 경우에는 그에 맞도록 폭이 넓은 커터를 택한다. 절삭속도와 이송을 결정하고 공작물을 캘리퍼로 측정하여 절삭량을 결정한다. 공작물을 커터 밑으로 가까이 놓고 그 위치에서 새들을 고정한다. 커터를 회전시켜 수동으로 니를 천천히 올려 공작물을 커터에 접속시킨다. 이 위치를 절삭깊이를 주는 기준으로 하여 니 상하 이송축의 마이크로미터 칼라를 0으로 맞추어 놓는다. 적당한 절삭깊이를 준 다음 절삭을 시작한다. 절삭이 끝날 때 소요의 크기보다 2 ~ 3mm 정도의 다듬질여유를 남기고 다듬질 가공을 한다. 다듬질할 때에는 절삭속도를 높이고 이송을 작게 한다.
- **제2면 절삭** : 공작물은 다듬질면을 보호판에 접촉시켜 제2면이 위로 오도록 설치한다.
- 제3면에는 환봉을 대고 이동조로 고정시킨다. 제1면의 가공요령으로 절삭한다.
- **제4면 절삭** : 공작물을 반전시켜 제4면이 위로 오도록 하고 제2면은 밑에 있는 평행봉과 밀착시켜 제2면과 제4면이 평행이 되도록 가공한다. 가공방법은 제2면 가공과 같이 한다.
- **제3면 절삭** : 공작물은 제3면이 위로 오도록 하고 제1면을 밑면과 접촉시켜 같은 방법으로 가공한다.
- **단면절삭** : 나머지 두 단면도 같은 방법으로 절삭한다.

5.4 홈절삭

홈절삭은 보통 플레인 밀링 머신에서는 홈 커터 또는 측면커터를 쓰고 수직 밀링 머신에서는 엔드밀을 쓴다. 직선으로 된 긴 홈은 측면커터가 좋으며 짧고 굽은 홈은 엔드밀이 좋다.

(1) 측면커터에 의한 홈절삭

축에 키홈을 절삭하는 경우를 생각해 보자.

- **공작물의 고정** : 축과 같은 원통형의 공작물을 고정하는 데는 바이스, V블록, 분할대의 두 센터 또는 척을 사용하거나 직접 테이블에 고정하는 등 여러 가지 방법이 있다. 바이스를 사용하는 경우에는 아래의 그림과 같이 이동조 쪽에 테이퍼진 압판을 대고 고정시킨다. 또, 다듬질된 축과 같은 것은 보호판을 대어 공작물의 표면정밀도를 보호한다. 축지름이 작을 때는 밑에 평행봉을 이용하여 공작물이 조 높이보다 약간 올라오도록 고정시킨다. 공작물을 고정시킨 후에는 다이얼게이지(dial gage)나 서피스게이지(surface gage)로 공작물의 수평을 맞추어 본다. 다음에 다이얼게이지를 테이블한 곳에 고정하여 테이블이 움직일 때 공작물의 평행을 조사한다.

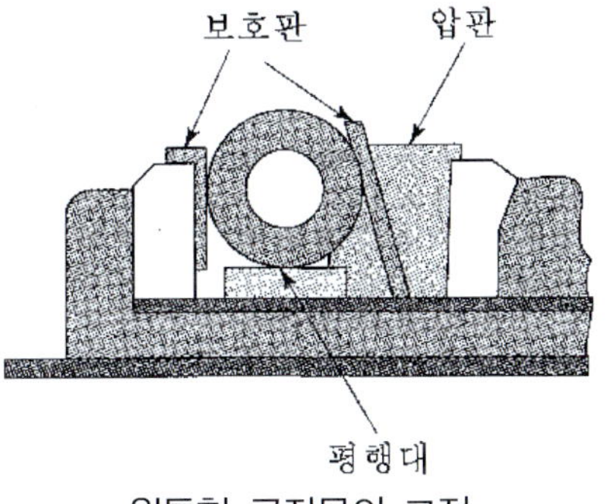

원통형 공작물의 고정

- **커터의 중심 맞추기** : 밀링커터의 중심선과 원통형 가공물의 중심선을 맞추는 것을 중심 맞추기라고 한다. 간단한 방법으로는 커터를 회전시키고 공작물을 가까이 대고 공작물의 중심선에 가깝도록 약간의 절삭깊이를 주면서 전후로 이동한다. 이 경우 아래의 그림 (a)와 같이 원형의 절삭흔적이 남게 된다. 이 원형의 흔적에 좌우대칭이 되도록 절삭깊이를 주어 절삭하면 된다. 다른 방법으로는 그림 (b)에 표시한 바와 같이 스케일을 커터의 측면에 대고 그 선단에 공작물의 외주가 접촉할 때까지 공작물을 보낸다. 이때 전후이송축의 마이크로미터 칼라의 눈금을 0으로 맞춘다. 공작물의 반지름과 커터폭과의 차 a만큼 공작물을 커터 바로 밑에 위치하도록 보내면 된다. 또 그림 (c)와 같이 직각자와 스케일을 써서 커터의 측면으로부터 공작물의 외주까지의 쌍방의 거리가 같도록 하는 방법도 있다.

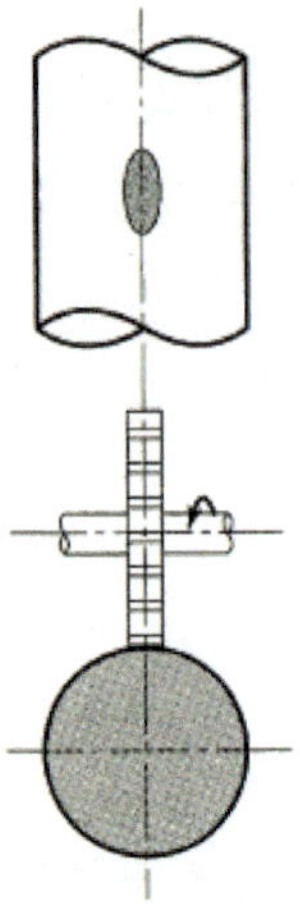

(a) 커터의 중심 맞추기

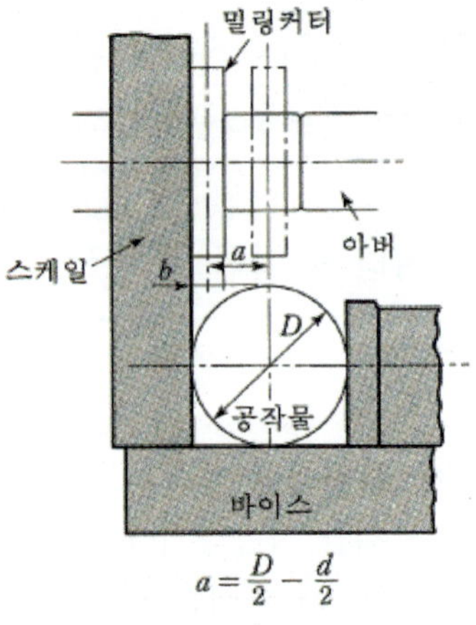

(b) 스케일에 의한 커터의 중심 맞추기

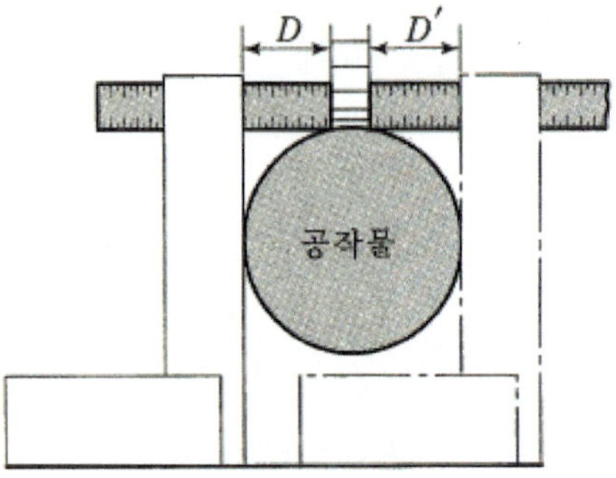

(c) 직각자와 스케일에 의한 커터의 중심 맞추기

(2) 엔드밀에 의한 절삭

축끝 또는 축의 중간에 키홈을 절삭하는 경우에는 엔드밀을 많이 쓰고 있다. 공작물의 고정법, 커터의 중심 맞추기 또는 절삭방법은 대략 측면커터로 절삭할 때와 거의 비슷하다.

5.5 분할작업

분할대를 이용하여 원주를 임의의 수로 등분한다든지, 회전운동을 주어 곡면을 절삭한다든지, 회전운동과 동시에 길이방향으로 이송을 주어 나선홈을 절삭하는 작업을 분할작업(indexing operation)이라 한다. 최근에는 머시닝센터의 사용으로 분할대를 사용하지 않고도 분할작업이 가능하여 활용도가 떨어진다.

(1) 분할대의 구조 및 분할법

- **분할대의 구조** : 분할대의 형식은 여러 가지가 있다. 그러나 구조와 사용법의 기본원리는

어느 것이나 비슷하며, 하나의 분할대를 잘 이해하면 형식이 다른 분할대의 사용도 쉽다. 그림 (a)은 분할대를 사용하여 캠의 형상을 측정하는 것이고, 아래의 그림 (b)는 신시내티형 분할대의 구조를 표시한 그림이다. 선회대의 중앙을 중공축이 관통되어 있고 주축에는 치수 40개의 기어가 장치되어 있다. 이 웜 기어에 한 줄 웜이 물고 있다. 이 웜은 분할크랭크축에 고정되어 있으며, 크랭크 1회전은 주축을 1/40 회전시킨다. 또 크랭크 핸들 축에는 등간격으로 구멍이 뚫려 있는 분할판(index plate)이 있다. 주축은 센터 또는 아버 등을 꽂을 수 있는 구멍이 있으며, 선단에는 척을 고정시키도록 나사가 있다. 또 선단에 직접 분할판이 붙어있다. 선회대는 플레임이 지지되어 있고 수직면 내에서 선회할 수 있다. 1도 단위의 각도눈금과 플레임의 부척에 의해서 주축은 수평면 이하 5°, 수평면 이상 130° 사이를 5′까지 임의의 각도로 경사시킬 수 있다. 플레임 밑면에는 테이블의 홈에 맞는 키가 붙어있다.

(a) 분할대

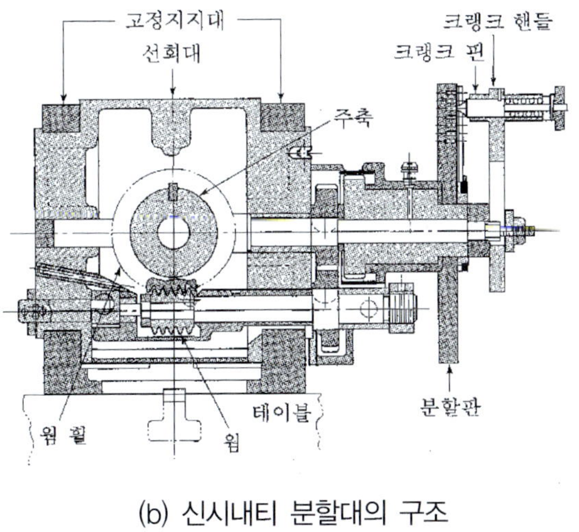

(b) 신시내티 분할대의 구조

분할법(indexing)에는 직접분할법, 단식분할법 및 차동분할법이 있다.

- **직접분할법**(direct indexing) : 주축선단에 붙어 있는 직접분할판을 이용하여 분할하는 방법이다. 신시내티형의 직접분할판에는 동간격의 구멍이 24개가 있다. 24의 인수인 2, 3, 4, 6, 8, 12 및 24로 분할이 된다. 즉, 분할판을 12구멍씩 회전하면 2등분, 8구멍씩 회전하면 3등분, 6구멍씩 회전하면 4등분으로 분할이 된다. 이때 크랭크 핸들은 분할판의 구멍에 핀을 꽂아 고정시켜야 한다.
- **단식분할법**(simple indexing) : 분할크랭크 핸들과 분할판을 이용하여 분할하는 방법으로서 정도를 요하는 분할과 직접분할법으로 분할이 되지 않는 수를 분할하는 데 쓰인다. 아래의 그림은 단식분할기구의 그림이다. 동력전달 순서는 크랭크 핸들 → 크랭크 축 → 기어 A → 기어 B → 웜 → 웜 휠 → 주축이다.

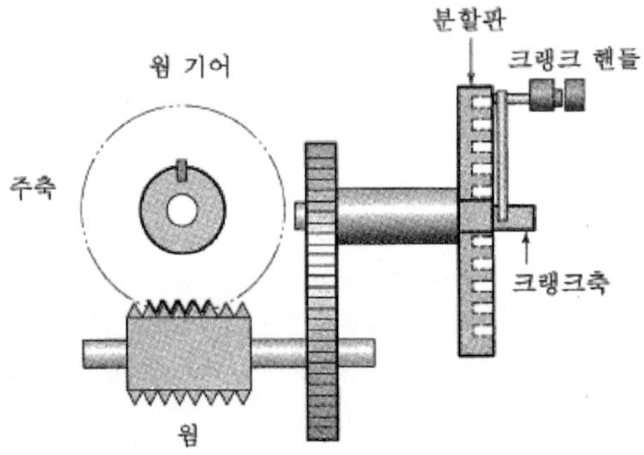

단식분할기구

여기서 N : 분할수

n : N등분에 요하는 분할크랭크 핸들의 회전수

R : 주축 1회전에 요하는 분할크랭크 핸들의 회전수(40)

라고 하면 주축 1회전 시 크랭크축은 R 회전하고 N등분을 위해서는 주축(가공물)은 1/N 회전이 필요하며 이때에 크랭크축의 회전이 n이므로 다음과 같은 관계가 성립한다.

$$1 : R = \frac{1}{N} : n \qquad \therefore n = \frac{R}{N} = \frac{40}{N}$$

이 단식분할에 사용되는 분할판의 구멍수는 아래의 표와 같다.

분할판의 구멍수

형식		구멍수
신시내티형 (cincinnati)	전면	24 25 28 30 34 37 38 39 41 42 43
	후면	46 47 49 51 53 54 57 58 59 62 66
브라운–샤프형 (Brown–Sharp)	No.1	15 16 17 18 19 20
	No.2	21 23 27 29 31 33
	No.3	37 39 41 43 47 49

분할할 때마다 구멍수를 세는 것은 틀릴 염려가 있으므로 섹터(sector)가 사용된다. 아래의 그림 (a)에서 나사 C를 풀면 분할크랭크는 반지름방향으로 조절되고 분할핀은 분할 판의 어느 구멍원에 대하여도 사용된다. 분할핀은 손잡이 안에 들어 있는 스프링에 의하여 구멍에 눌리며 손잡이를 스프링의 탄력을 이겨 뽑으면 분할크랭크는 자유롭게 회전한다. 섹터는 2개의 반지름 방향의 암 S로 되어 있으며 나사 B를 늦추면 두 섹터 암의 벌림각을 조절할 수 있다. 크랭크의 분할회전이 필요할 때 섹터를 조절하면 분할할 때마다 구멍수를 세지 않고 돌릴 수 있다. 섹터 암의 벌림각은 암의 경사진 쪽 사이에 소요 구멍수를 포함하도록 벌린다.

섹터는 스프링의 장력을 받아 제자리에 머물러 있다. 그러나 다음 분할을 위하여 용이하게 움직일 수 있다. 분할 후에는 곧 섹터 한쪽을 분할핀에 닿게 돌려놓고 다음 분할하기 위한 준비를 한다.

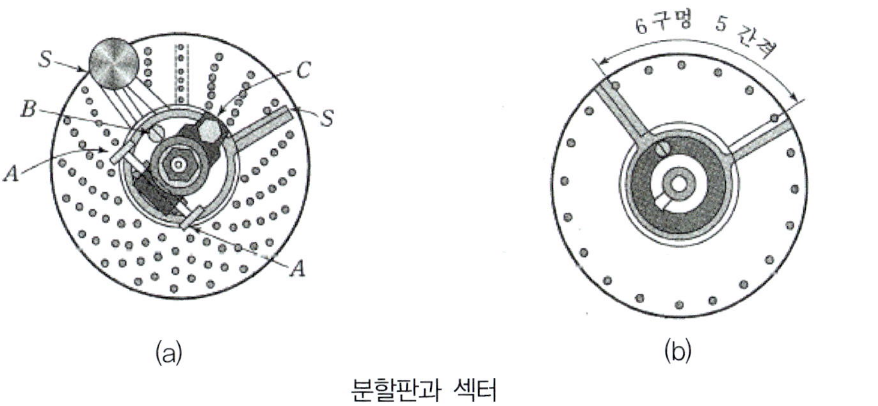

(a) (b)

분할판과 섹터

- **차동분할법**(differential indexing) : 단식분할법으로 분할되지 않는 수를 분할하는 데 쓰이는 방법이다. 이 경우에는 아래의 그림과 같이 분할대 후부에 변환 기어를 달고 분할크랭크 핸들의 회전과 동시에 분할판에도 회전을 준다. 아래의 그림에서 분할판과 기어 C_2와는

같은 슬리브에 고정되어 있고 크랭크 핸들 축은 슬리브 내에서 별도로 회전하고 있다. 지금 주축 기어 S와 기어 W 사이에 1개의 아이들 기어(idle gear)를 사용할 경우 분할크랭크 핸들을 회전시키며 A_1 → A_2 → 웜 → 웜기어 → S → I → w → B_1 → B_2 → C_1 → C_2로 회전되어 분할판은 분할크랭크 핸들과 같은 방향으로 회전한다(A_1과 A_2, B_1과 B_2, C_1과 C_2는 각각 치수가 같다).

아래의 그림에서 S와 W를 동일치수의 기어로 할 때 크랭크 핸들을 1회전하여 핀을 본래의 구멍에 넣을 때 실제로 크랭크 핸들은 x 회전한 결과가 된다. 따라서 크랭크 핸들의 분할판에 대해 1회전한 크랭크 핸들의 실제 1회전과의 차는 $(x \times \frac{1}{40})$회전이 된다.

$$x-1 = \frac{x}{40} \quad \therefore x = \frac{40}{39}$$

따라서 이 분할크랭크 핸들을 1회전씩 회전시키면 주축의 공작물은 39등분된다.

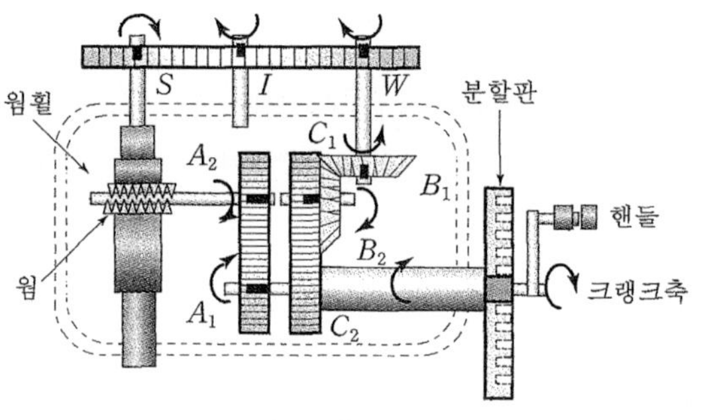

차동분할기구

아이들기어 2개를 쓰면 분할크랭크 핸들과 분할판은 서로 반대로 회전한다. 크랭크 핸들을 1회전하여 본래의 구멍에 핀을 넣을 때 크랭크 핸들의 실제 회전수는

$$x-1 = -\frac{x}{40} \quad \therefore x = \frac{40}{41}$$

가 되어 공작물은 41등분된다. 따라서 단식분할이 곤란한 수를 분할하고자 할 때 S와 W의 치수비를 조절하여 겉보기로는 가까운 수의 단식분할작업을 하나 실제로는 변속비에 의해 원하는 등분작업을 할 수 있다. 지금 기어 S와 W의 치수를 변화시켜 변속비를 i라고 하면 분할판의 회전은 i배가 된다. 따라서

$$x-1 = \frac{\pm ix}{40} \quad \therefore x = \frac{40}{41 \pm i}$$

가 되며, 크랭크 핸들을 한 구멍으로부터 같은 구멍까지 1회전하면 겉보기로는 크랭크축이 1/40 회전하는 것 같이 보이나, 실제 주축은 (40±i)등분되어, 즉 1/(40±i) 회전한다.

여기서, N : 분할수

H : 사용하는 분할판의 구멍수

h : 분할크랭크 핸들을 돌리는 구멍수

n : 주축을 4회전하는 데 요하는 분할크랭크 핸들의 회전수

라고 하면 다음의 관계가 성립하며 n은 아래의 식에 의하여 구한다.

$$n : \ = 1 : \frac{40 \pm i}{N}, \ n = \frac{40 \pm i}{N}$$

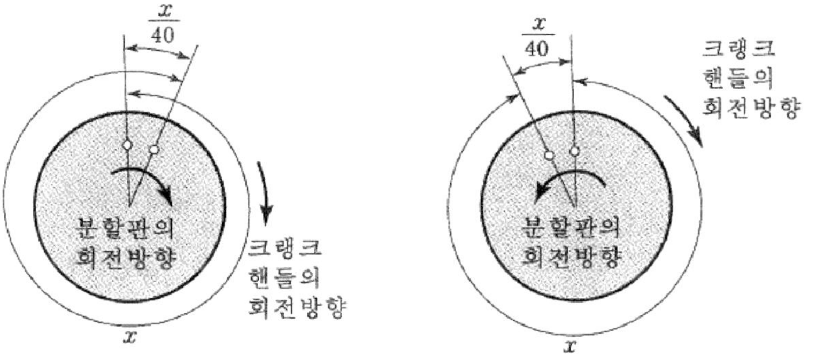

크랭크 핸들과 분할판의 회전관계

또한 분할판의 구멍수 H를 선택하여 크랭크 핸들로 h구멍으로 분할한다면 크랭크 핸들의 회선수는

$$n : 1 = h : H, \ \therefore n = \frac{h}{H}$$

위의 두 식으로부터

$$\frac{40 \pm i}{N} = \frac{h}{H} \quad \therefore (\pm)\mathrm{i} = \frac{S}{W} = \frac{h}{H}N - 40$$

이 얻어진다. 여기서 h/H는 분할수 N에 가까우면서 단식분할이 가능한 수로 가정하여 그 수를 N'라고 하면 분할크랭크 핸들의 회전수 n은

$$\mathrm{n} = \frac{40}{N'}$$

가 되며, 변환기어의 변속비 i는 식으로부터

$$(\pm)\mathrm{i} = \frac{40}{N'}\mathrm{N\text{-}40} = 40\frac{N - N'}{N'}$$

가 된다. 변환기어는 아래 그림의 (a), (b), (c), (d)와 같이 장치한다.

변환기어가 단식일 때는

$$\mathrm{i} = \frac{Z_s}{Z_w}$$

복식일 때는

$$\mathrm{i} = \frac{Z_S \cdot Z_C}{Z_B \cdot Z_W}$$

가 된다.

(2) 4각봉 절삭

탭이나 리머자루 끝부의 4각 또는 볼트 헤드의 6각 등은 분할대를 이용하여 밀링커터로 절삭한다. 공작물은 분할대의 양 센터 사이에 또는 척으로 고정하고 엔드밀이나 조합 밀링커터로 절삭한다.

- **엔드밀에 의한 절삭** : 직립 밀링 머신 테이블 위에 분할대와 심압대를 설치한다(플레인 밀링 머신 또는 만능 밀링 머신에서는 직립 밀링장치를 쓴다). 공작물의 크기에 따라서 엔드밀을 선택하여 주축에 장치한다. 아래의 그림과 같이 공작물을 장치하고 분할이 간단하므로 직접 분할법으로 분할한다. 절삭할 때에는 주축이 회전하지 않도록 고정하여야 한다. 절삭법은 평면절삭과 같으나 이때 가공물의 처음 지름을 측정하여 완성치수와의 차를 구하여야 한다. 그 차의 1/2이 절삭깊이가 된다. 제1면과 제3면을 거칠게 절삭을 하고 두 면 사이의 거리를 측정하여 완성치수와의 차를 구한다. 그 차의 1/2을 절삭여유로 하여 완성치수가 되도록 다시 가공한다.

제2면과 제4면도 같은 방법으로 가공한다. 이와 같이 절삭깊이의 양을 결정하여 테이블의 위치가 결정되면 다음 공작물부터는 주축을, 1/4 회전하여 제 1, 2, 3, 4를 순차적으로 절삭하면 정확한 각절삭을 할 수 있다.

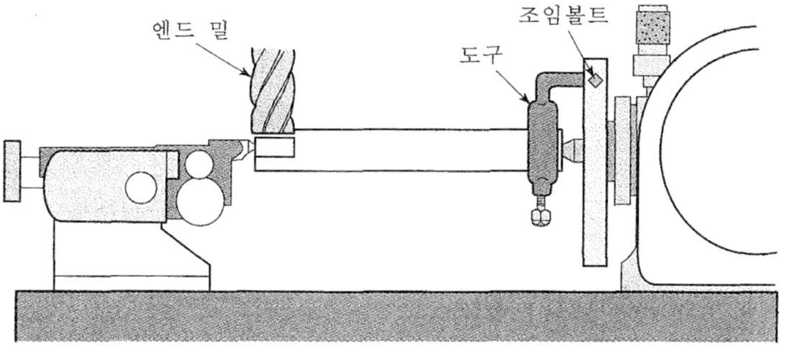

엔드밀에 의한 절삭

- **조합 밀링커터에 의한 절삭** : 볼트 헤드 등의 4각 또는 6각은 개수가 많은 경우는 아래의 그림과 같이 조합 밀링커터로 절삭할 때가 많다. 우선 그림과 같이 분할대를 설치하고 분할대 주축에 척을 장치하여 가공물을 고정시킨다. 다음에 지름이 같은 2매의 측면커터를 아버에 장치한다. 커터 사이의 거리는 공작물의 완성치수와 같도록 칼라를 이용하여 조절한다. 이에 맞는 칼라가 없을 경우에는 여러 가지 길이의 칼라로 조정하면 커터 사이의 거리가 공작물의 완성치수와 같게 조절할 수 있다. 절삭방법은 커터 외면으로 공작물의 면을 절삭하고 분할판을 이용하여 그 반대면을 절삭한다. 그때의 크기를 측정하여 완성치수와의 차를 구한다. 그 차의 1/2씩 양면을 재차절삭한 면이 된다.

조합커터에 의한 볼트머리의 가공

(3) 헬리컬면의 가공

- **분할대의 변환기어계산** : 헬리컬기어, 플레인 밀링커터 또는 드릴의 헬리컬면 등을 절삭할 때는 공작물을 길이방향으로 이송을 주면서 회전하도록 한다. 그림과 같이 테이블 위에 분할대를 설치하고 공작물의 회전은 Z_w에 의해 회전하고 테이블 리드나사의 회전은 Z_F에 의해 회전이 전달된다.

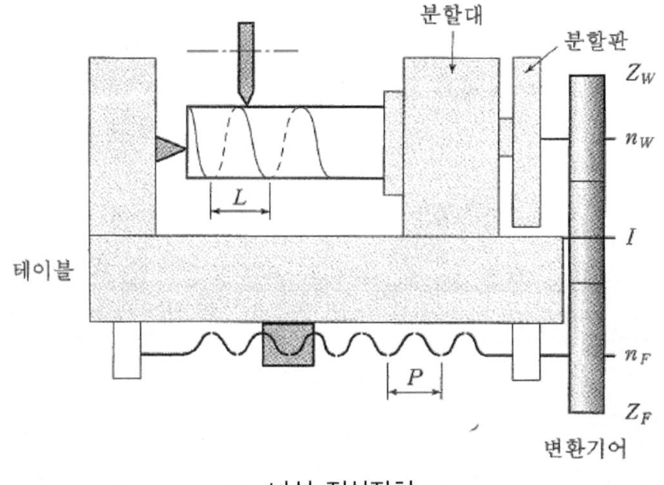

나선 절삭장치

여기서, L : 공작물의 리드 [mm]

p : 이송나사의 피치 [mm]

R : 분할대의 웜 기어와 웜의 변속비

n_w : 분할대의 크랭크축의 회전수

n_F : 테이블 리드나사 축의 회전수

Z_w : 분할대의 크랭크축 기어의 치수

Z_F : 테이블 리드나사 축의 기어의 치수

라고 하면 이송나사 축과 크랭크축 기어의 변속비 i는

$$i = \frac{n_F}{n_W} = \frac{Z_W}{Z_F}$$

가 된다. 공작물을 L [mm] 이송하는 사이에 1회전하여야 하므로 분할대의 웜은 회전하여야 한다. 이때에 이송나사를 1회전할 때마다 p [mm] 이송하므로 공작물을 L [mm] 이송하기 위해서는 L/p 회전하여야 한다. 따라서 변환기어의 치수는 다음 식으로 구할 수 있다.

$$L \times \frac{1}{R} \times n_W = p \times n_F$$

$$i = \frac{n_F}{n_w} = \frac{Z_W}{Z_F} = \frac{L}{p \times R} = \frac{L}{p \times 40}$$

변속비가 큰 경우에는 복식으로 기어를 걸어 주어야 한다.

아이들기어는 공작물의 나선방향이 이송나사와 같은 경우는 단식기어에서 1개가 필요하고 역방향인 경우에는 2개가 필요하다(복식기어에서는 1개). 또한 나선절삭에서는 공작물의 나선각만큼 테이블 또는 커터를 회전시켜야 한다.

여기서, L : 공작물의 리드 [mm]

D : 공작물의 지름

Q : 공작물의 나선각

이라 하면 다음 식과 같은 관계가 성립한다.

$$\tan\theta = \frac{\pi D}{L}$$

• **나선홈의 절삭** : 테이블을 회전할 필요가 있으므로 만능 밀링 머신을 사용하여야 한다(플레인 밀링 머신 경우에는 만능밀링장치를 사용하여야 하며 밀링커터를 공작물에 대하여 필요한 각도만큼 경사시켜야 한다). 테이블 위에는 분할대와 심압대를 설치하고 그림과 같이 테이블 이송축과 분할대의 크랭크 기어 축을 계산된 기어로 연결한다. 공작물을 고정하고 테이블을 나선각만큼 나선방향에 따라서 우 또는 좌로 회전한다.

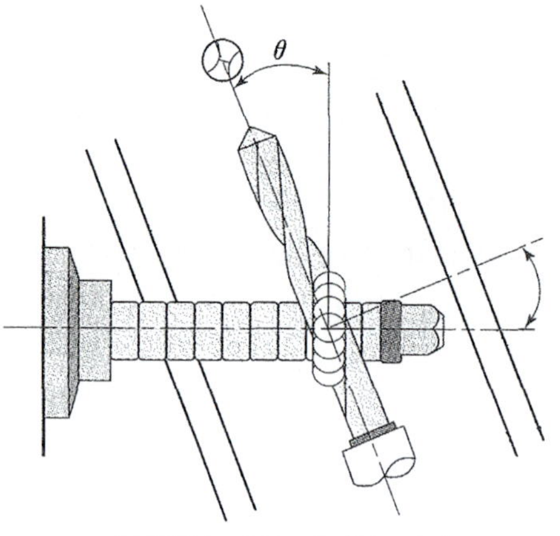

나선절삭 때의 테이블 경사

5.6 밀링 머신 실습

◇ 실습과제 : 밀링 머신 조작하기

■ 실습목표

• 밀링 머신의 각부 명칭을 알 수 있다.
• 밀링 머신을 조작할 수 있다.
• 밀링 머신에 바이스 및 커터를 설치할 수 있다.

■ 사용장비

• 수직형 밀링 머신

■ 안전 및 유의 사항

• 장갑 착용 금지
• 보안경 착용
• 주축 회전수 변환 시 주축 정지 후 레버 조작할 것

◇ 작업순서

① 밀링 머신의 각부 명칭을 익힌다.

② 급유하기

(1) 급유할 부분을 점검한다.

(2) 각 부분의 유량을 유면계로 점검하며, 부족시 보충한다.

(3) 급유구에 주유한다.

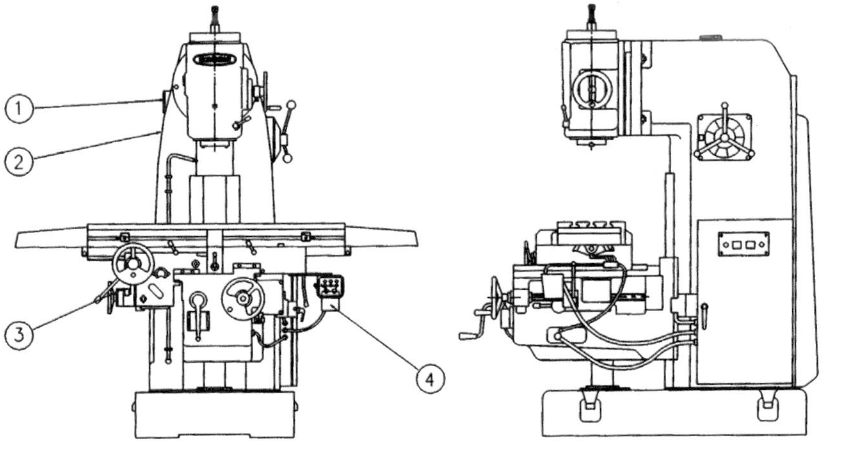

① 컬럼내 오일 주유구 ③ 피드기어 박스 오일

② 유면경 ④ 자동 펌프

급유개소

③ 전동기의 시동 및 정지하기

(1) 주전원 스위치 조작반은 컬럼의 우측면에 있으며 전면 스위치 조작반은 새들의 우측 아래에 부착되어있다.

(2) 주전원 스위치 조작반의 왼쪽에 있는 빨강표시등 (1)은 전원이 들어왔을 때 켜진다.

(3) 주축을 돌리려고 할 때는 주전원스위치 조작반의 가운데 스위치(2)를 돌린다.

(1은 정회전, 2는 역회전, 0은 중립의 위치를 나타낸다.)

이 스위치를 왼쪽 또는 오른쪽으로 돌리고 전면 스위치 조작반의 좌측 위쪽에 있는 버튼스위치를 누르면 주축이 회전한다. 주축을 정지시키고자 할 때는 전면 스위치 조작반의 좌측 아래쪽에 있는 버튼스위치를 누른다.

(4) 테이블을 좌우 이송은 전면 스위치 조작반의 가운데 위쪽에 있는 버튼스위치를 누른다. 정지시키고자 할 때는 가운데 아래쪽에 있는 버튼스위치를 누른다.

(5) 테이블을 상향 급속 이송시키고자 할 때는 전면 스위치 조작반의 우측 위쪽에 있는 버튼스위치를 누른다. 버튼스위치를 놓음으로써 이송이 정지된다. 테이블을 하향 급속 이송시키

고자 할 때는 전면 스위치 조작반의 우측 아래쪽에 있는 버튼스위치를 누른다. 버튼스위치를 놓음으로써 이송이 정지된다.

(6) 절삭유 펌프 스위치는 주전원 스위치 조작반의 우측에 있으며 스위치를 오른쪽으로 돌리면 작동한다.

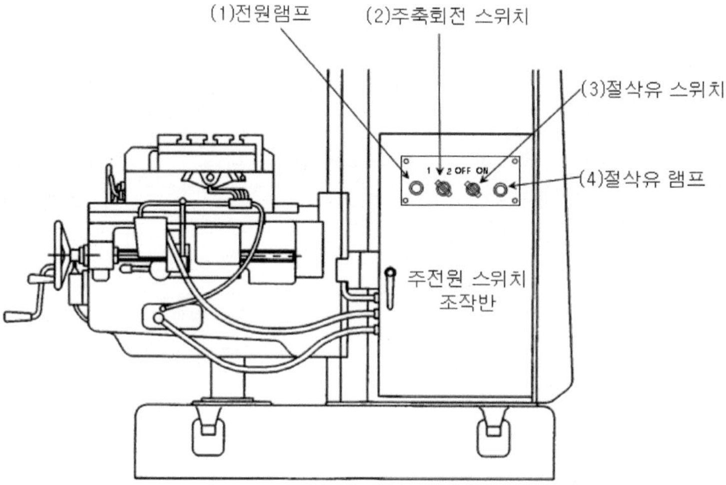

주전원 스위치 조작반

④ 주축이송하기

(1) 주축 상하이송핸들휠(1)은 헤드에 장착되어 있다. 주축을 위 또는 아래로 이송시키고자 할 때는 우측 아래에 있는 퀴일 고정레버(2)를 풀어준다.

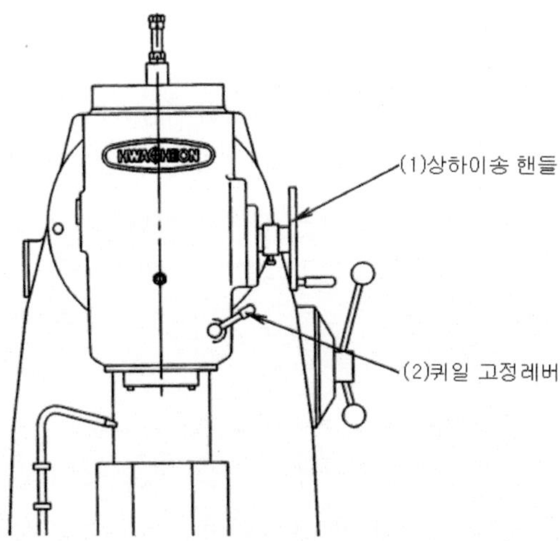

주축이송

⑤ 주축 속도 변환하기

(1) 컬럼의 우측면에 있는 주축 속도 변환 레버(1)로 속도 다이얼을 돌린다.

☞ 기어의 파손방지를 위하여 작동 중에는 속도변환을 하지 않는다.

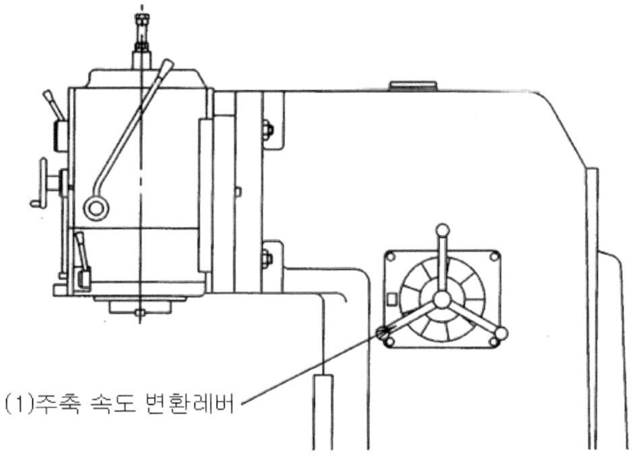

주축 속도 변환 레버

⑥ 테이블 좌우 자동이송 속도변환하기

(1) 테이블 좌우 자동이송 속도는 니의 왼편에 있는 속도변환 핸들과 노브에 의해서 작동된다.

- 저속 : 노브를 밀어준다.
- 고속 : 노브를 잡아당긴다.

⑦ 테이블 좌우 자동, 급속, 수동이송하기

(1) 새들의 전면에 있는 테이블 고정레버 2개(1)를 풀어준다.

(2) 좌우 자동이송 : 새들의 가운데 있는 자동이송 레버(2)를 좌측이송은 좌측으로 우측 이송은 우측으로 돌린다.

(3) 급속이송 : 니의 좌측 기어박스면에 있는 급속이송 레버(4)를 들어 올리면 급속이송이 되며 놓으면 다시 자동이송이 된다.

(4) 수동이송 : 새들의 전면 좌측에 있는 핸들휠(3)을 클러치에 끼우고 돌린다.

- 1회전 : 4mm, 마이크로 다이얼 1눈금 : 0.02mm

☞ 자동 또는 급속이송을 할 때는 클러치로부터 핸드휠을 띄어 놓는다.

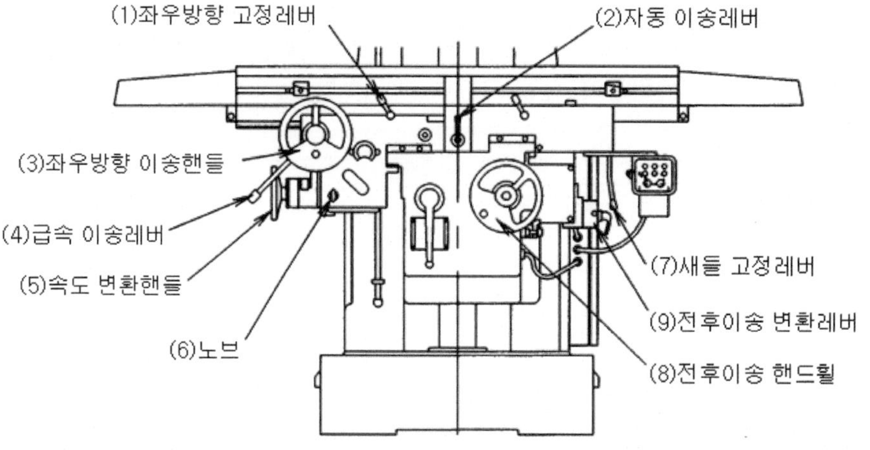

테이블 좌우 전후 이송

⑧ 테이블 전후 이송하기

(1) 새들 우측면에 있는 새들 고정레버(7)를 풀고 전후 핸드휠(8)을 끼워서 돌린다.

• 1회전 : 4mm, 1회전 : 4mm, 마이크로 다이얼 1눈금 : 0.02mm

⑨ 테이블 전후 자동이송하기

(1) 테이블 전후이송 핸드휠(8)을 클러치에서 빼고 새들의 오른쪽에 있는 고정레버를 풀어준다.

(2) 테이블 전후이송 브라켓의 오른쪽에 있는 전후이송 변환 레버(9)를 위로 올리면 뒤로 이송되며, 아래로 내리면 앞으로 이송된다.

☞ 테이블 좌우 자동이송과 전후이송을 동시에 할 수 있다.

⑩ 테이블 상하 급, 수동이송하기

(1) 니의 우측면 뒤쪽에 있는 니 고정 볼트를 푼다.

(2) 상향 급이송 : 전면 스위치 조작반 우측 위쪽에 있는 버튼스위치(2)를 누른다. 스위치를 놓으면 이송이 정지된다.

(3) 하향 급이송 : 전면 스위치 조작반 우측 아래쪽에 있는 버튼스위치(3)를 누른다. 스위치를 놓으면 이송이 정지된다.

(4) 수동이송 : 클러치에 니 상하이송핸들(1)을 끼워 돌린다.

• 1회전 : 2mm, 마이크로 다이얼 1눈금 : 0.02mm

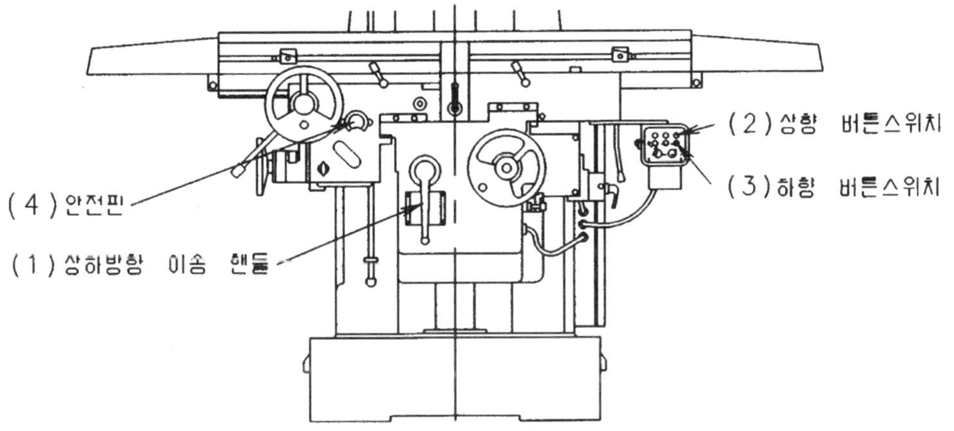

테이블 상하 급, 수동이송

⑪ 정리 정돈을 한다.

(1) 테이블은 중앙에, 새들은 컬럼 가까이에, 니는 최하단으로 내려놓는다.

(2) 청소 및 주유를 한다.

◇ 실습과제 : 공작물 및 커터 고정하기

■ 실습목표

- 각종 고정구의 조작법 및 밀링 작업에 필요한 공작물 고정 방법을 습득할 수 있다.
- 각종 밀링커터의 모양, 용도 등을 알 수 있다.
- 밀링커터의 고정 방법을 습득할 수 있다.

■ 사용장비

- 수직형 밀링 머신

■ 사용공구

- 퀵체인지 타입 홀더

■ 안전 및 유의사항

- 장갑 착용 금지
- 보안경 착용
- 주축 회전수 변환 시 주축정지 후 레버 조작할 것

◇ 작업순서

① 바이스 설치 및 공작물 고정하기

(1) 테이블 윗면과 바이스 아랫면을 청소하고 거스러미, 흠이 있을 때는 깨끗이 제거한다.

(2) 플레인 바이스의 밑면에 붙어 있는 키를 바꾸어 끼울 때는 키에 흠이 나지 않도록 주의해야 한다.

(3) 바이스를 테이블 위에 고정시킬 때 바이스와 너트 사이에는 반드시 와셔를 끼워 좌우를 번갈아 가면서 조금씩 조인다.

(4) 높은 정밀도가 요구될 때는 다이얼 게이지로 조의 평행도, 수직도, 바이스 밑면의 평행도를 검사한다. 물림쇠의 평행도가 정확하지 않을 때는 설치 볼트를 풀어 나무 해머로 가볍게 두들겨 교정한다.

② 바이스에 공작물을 고정시킨다.

(1) 공작물은 되도록 바이스의 고정 물림쇠 부분에 큰 절삭력을 받도록 고정한다.

(2) 직육면체의 공작물을 고정할 때는 긴 면 쪽을 고정하는 것이 안전하다.

(3) 바이스로 공작물을 고정할 때는 되도록 바이스에서 위로 나오는 부분을 작게 한다.

(4) 흑피의 공작물을 고정할 때는 바이스 조에 흠이 나지 않도록 구리나 알루미늄 같은 연질 금속을 보호판으로 대고, 밑에는 약간 두꺼운 종이를 끼운다.

(5) 공작물의 기준면과 직각인 면을 절삭할 때는 공작물의 기준면을 바이스 고정조에 댄다. 이때, 이동조측이 평면일 때에는 기준면을 고정조에 밀착시키기 위하여 이동조와 공작물 사이에 둥근 막대를 끼워 조인다. 둥근 막대의 중심은 공작물이 고정조에 접해 있는 부분의 중앙에 오도록 한다.

(6) 기준면과 평행하고, 폭이 넓은 편면을 절삭할 때는 원칙적으로 두 개의 평행대를 사용하여 물을 평행대에 밀착시킨다. 이때, 강하게 두들기면 반동으로 공작물이 떠올라서 밀착되지 않는다. 밀착 정도를 점검하려면 평행대를 손가락으로 움직여 본다.

(7) 가공 정밀도와 작업 능률을 좋게 하기 위하여 공작물은 가급적 바이스에 물린 채 측정할 수 있도록 한다.

③ 퀵체인지 홀더 아버를 고정시킨다.

(1) 아버나 커터를 끼우고 빼는 도중에 주축이 회전하면 위험하므로 전원 스위치를 끈다.

(2) 주축 테이퍼 구멍과 퀵체인지 홀더 아버의 테이퍼부를 깨끗이 청소하고 흠의 유무를 점검한다. 만일 흠이 있을 때는 기름 숫돌로 거스러미를 제거한다.

(3) 당김 볼트와 나사 부분에 약간의 윤활유를 공급하고 주축 뒤에서 끼운다. 주축끝의 키를 퀵체인지 홀더 아버 플랜지의 홈에 맞도록 퀵체인지 홀더 아버 테이퍼부를 주축 테이퍼 구멍에 끼운다.

(4) 한손으로 퀵체인지 홀더 아버를 쥐고, 다른 한손으로는 당김 볼트를 되도록 끝까지 끼운 로크너트를 스패너로 조여서 고정시킨다.

퀵체인지 홀더 아버

④ 밀링 척을 고정시킨다.

(1) 아버나 칼라를 깨끗이 청소하고 흠이 있는지를 점검한다.

(2) 퀵체인지 홀더 아버의 너트를 풀고 밀링척을 끼운 다음 스패너로 고정시킨다.

(3) 퀵체인지 홀더 아버의 회전방지용 볼트를 조인다.

퀵체인지용 밀링척

⑤ 엔드밀의 고정 및 풀어내기를 한다.

(1) 퀵체인지용 밀링척에 스트레이트 콜릿척을 끼운 다음 엔드밀을 끼운다.

(2) 퀵체인지용 밀링척의 너트를 스패너로 조인다.

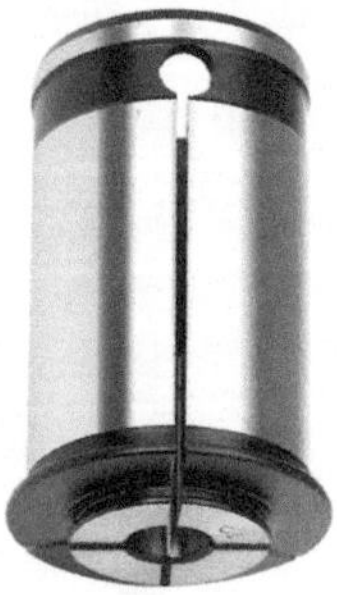

스트레이트 콜릿척

⑥ 정면 커터 끼우기 및 빼기를 한다.

(1) 퀵체인지 홀더 아버의 회전방지용 볼트를 푼다.

(2) 퀵체인지 홀더 아버의 너트를 풀고 퀵체인지용 밀링척을 뺀 다음 퀵체인지용 페이스밀 아버를 끼운 다음 스패너로 고정시킨다.

(3) 퀵체인지 홀더 아버의 회전방지용 볼트를 조인다.

퀵체인지용 페이스밀 아버

⑦ 정리 정돈한다.

(1) 사용 기계 및 공구를 정리 정돈한다.

(2) 활동 부분과 주유 개소에 급유한다.

(3) 이상 유무를 점검한다.

5.7 직육면체 절삭

5.7.1 도면

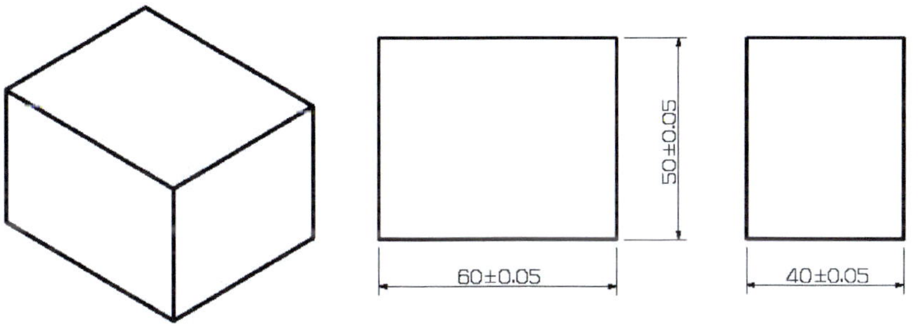

5.7.2 작업 방법

[01] 작업을 준비한다.

도면을 확인하고 소재에 맞는 재료 및 가공에 사용할 공구를 준비한다. 준비된 소재에 기준면을 설정한 뒤 바이스의 상태를 점검하여 작업 준비를 완료한다.

기준면 설정	바이스 검사
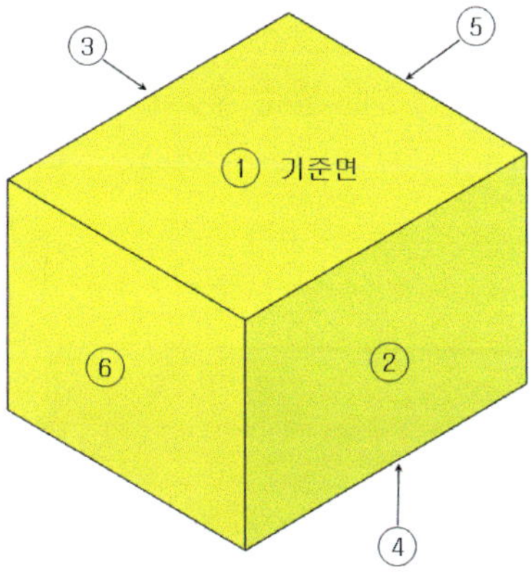	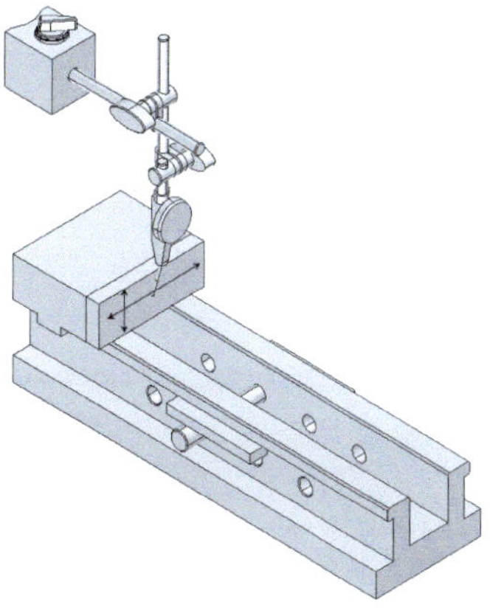

※ 바이스 상태 검사방법

① 컬럼면에 다이얼 게이지를 부착시킨 후 니를 상하로 이송하며 바이스의 수직도를 검사한다.

② 테이블을 좌우로 이송하며 바이스의 고정조가 컬럼면과 평행한지 검사한다.

③ 정면 커터를 설치한다.

[02] 공작물을 고정한다.

소재의 거스러미를 줄로 제거한 뒤 같은 규격의 평행대 2개를 바이스 밑면에 두고 공작물을 바이스 중앙에 놓는다. 아래 그림과 같이 이동조에 연질의 환봉을 대고 단단히 조여서 소재를 바이트에 고정시킨다. 구리해머나 납덩어리로 공작물 위를 가볍게 두들겨 바이스 밑면에 평행대가 움직이지 않도록 밀착시킨 뒤 주축 회전수(700 ~ 1,000RPM)를 결정한다.

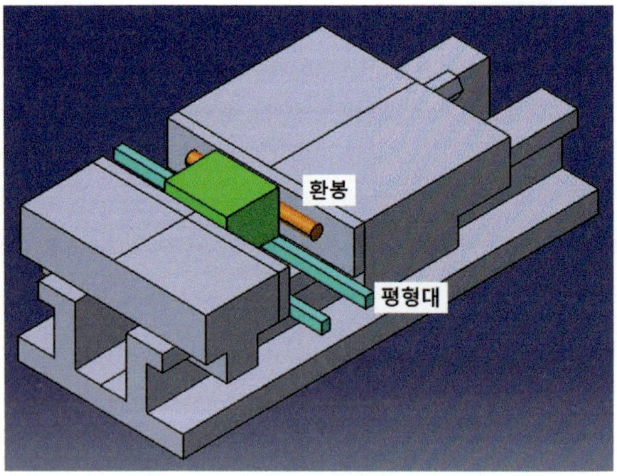

[03] 1면을 절삭한다.

커터의 날 끝에 공작물 상면을 접촉 시켜 니의 상하이송핸들 마이크로 칼라 눈금을 0에 맞춘다. 그대로 공작물을 좌측으로 보내고 눈금에 의해 니를 2mm 정도 올려 새들을 클램프 한다. 평면을 수동이송으로 절삭하여 1면을 가공한다. 주축의 회전수를 멈춘 후, 테이블을 원위치로 돌리고 가공면의 상태를 검사한 뒤 이상이 없을 경우 0.5mm 정도의 절삭 깊이로 자동이송으로 정삭 절삭한다.

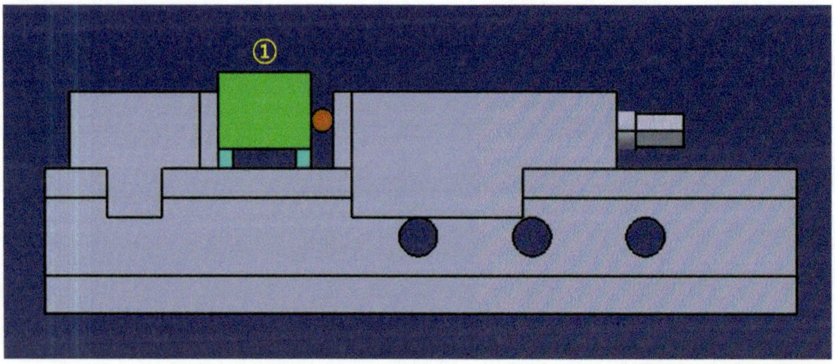

[04] 2면을 절삭한다.
1면을 고정조 측에 대고 이동조 측에 연질의 환봉을 사용하여 조인다. 1면과 같은 요령으로 2면을 황삭 및 정삭 절삭한 뒤 2면의 절삭면이 1면에 대해 직각인지 확인한다.

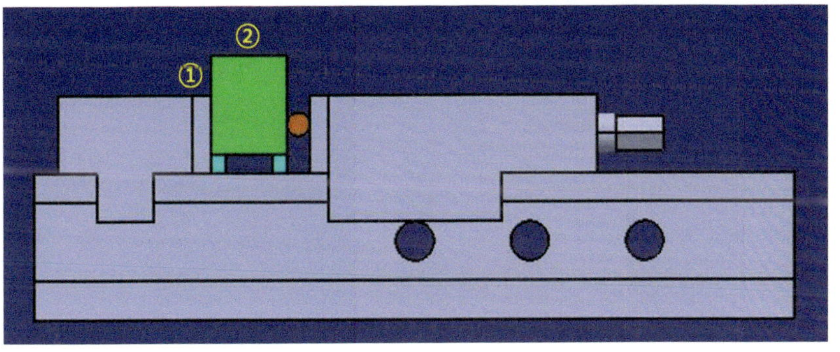

[05] 4면을 절삭한다.
2면을 고정조 측에 대고 2면을 바이스 밑면에 댄다. 이동조 측에 연질의 환봉을 대고 구리 해머로 가볍게 두드리며 조인다. 4면을 황삭 절삭한 뒤 치수를 측정하고 측정값에 따라 정삭 절삭한다.

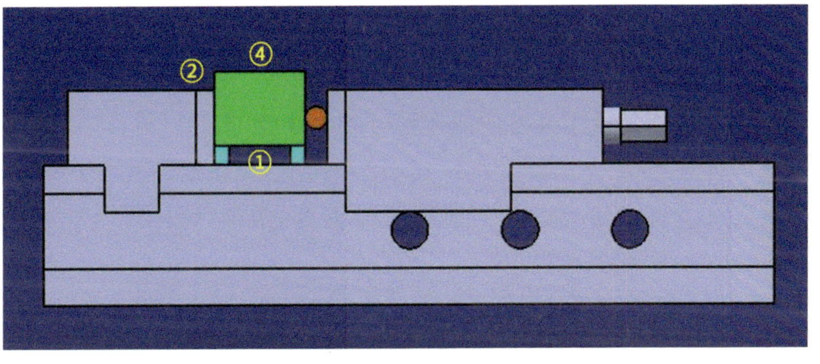

[06] 3면을 절삭한다.

2면을 바이스 밑면으로 하고 4면을 고정조 측에, 1면을 이동조 측에 밀착시켜 조인다.

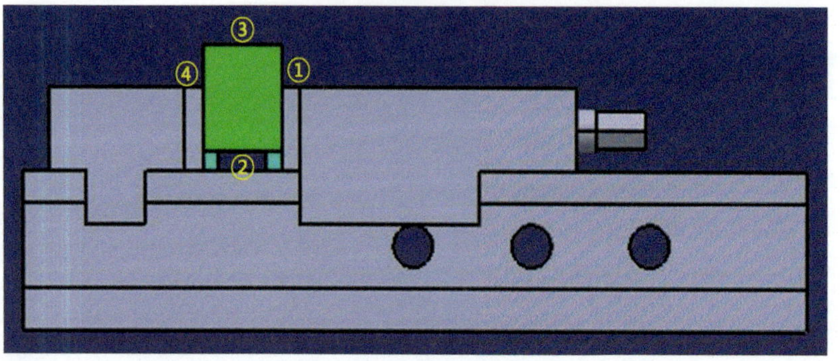

※ 환봉을 통해 고정시키지 않는 이유

환봉을 이용하여 접촉시키는 이유는 이동조 측에 가공되지 않은 면을 접촉시켜야 되는데 이때 평면인 이동조와 접촉시킬 경우 접촉 면적이 늘어나게 되어 가공된 소재의 치수 이상을 발생시킬 수 있기 때문이다. 때문에 가공되지 않은 면을 접촉시킬 때는 연질의 환봉을 이용하여 접촉 면적을 줄여 소재의 치수 이상을 방지하지만 접촉시켜야 될 3개의 면이 다 가공된 상태라면 연봉을 이용하여 소재를 고정시킬 이유가 없다.

[07] 5면을 절삭한다.

4면을 고정조 측에 놓고 4면은 바이스 좌측으로 향하고 공작물을 세워서 바이스의 중앙에 놓고 임시로 살며시 조인다. 공작물 좌측의 바이스 밑면에 직각자를 놓고 2면에 대어 직각을 살펴보고, 만일 틀렸으면 구리 해머로 가볍게 두들겨 조정한다. 단단히 고정하고 1면과 같은 방법으로 황삭 및 정삭 절삭한다.

다이얼 인디케이터

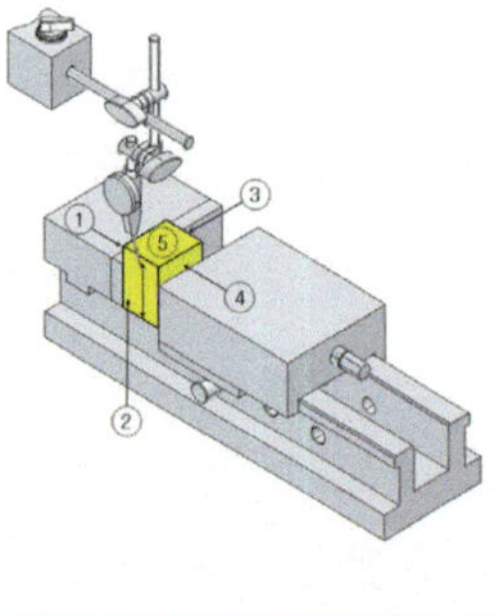

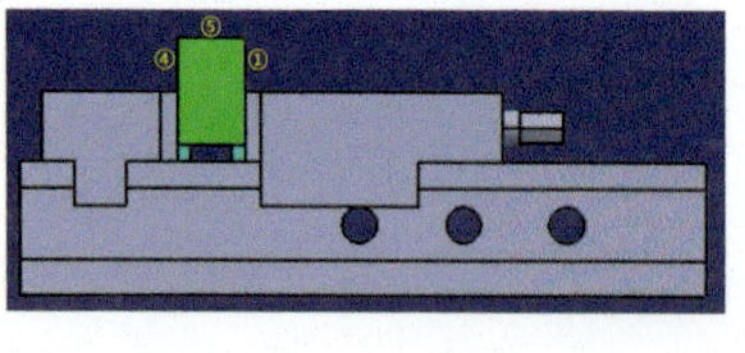

5면 절삭(직각자 사용)

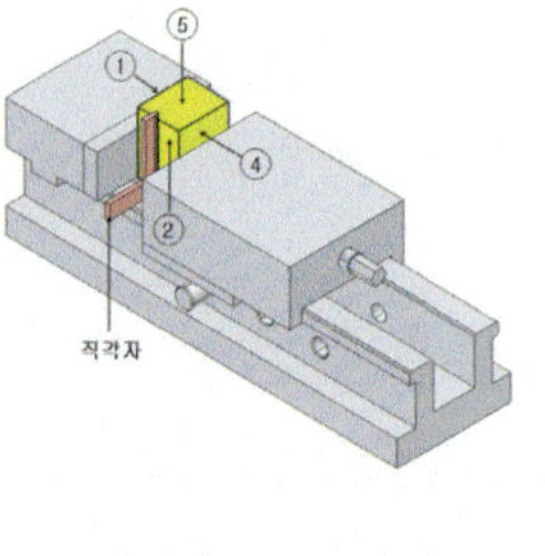

[08] 6면을 절삭한다.

4면을 고정조 측에 대고 5면을 바이스 밑면에 대고 조인다. 5면과 절삭 방법과 같은 요령으로 황삭 절삭을 한다. 치수를 측정하고 측정값에 따라 정삭 절삭한다.

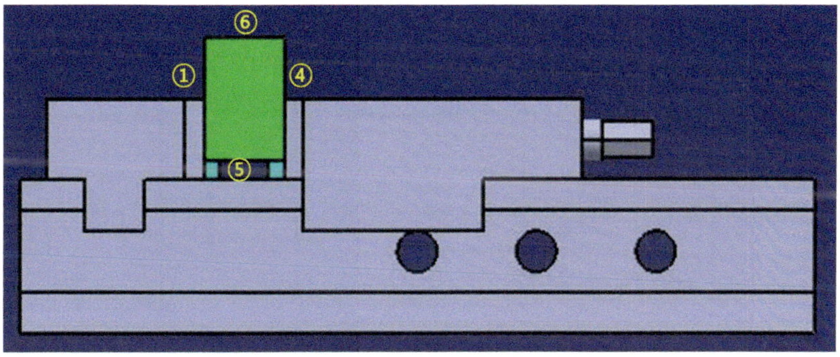

[09] 검사한다.

가공 부위의 치수를 점검한다. 소재의 각 면의 직각도를 점검한다. 잘못된 부분이 있으면 원인 분석을 하고 사정 조치한다.

[10] 정리 정돈을 한다.

기계 및 공구를 정리한 뒤 기계를 청소하고 밀링의 각 주유 부분에 주유를 한다. 공작물에 번호를 쓰고 제출한다. 공작물 제출한 뒤 기계 주위를 청소하여 사용하기 전 상태를 유지한다.

5.7.3 안전 및 유의사항

① 공작물은 가급적 깊게 고정하여 가공물이 흔들리지 않게 한다.

② 보안경을 착용한다.

③ 주축 회전수 변환 시 주축정지 후 레버 조작하지 않는다.

④ 공작물 측정 시는 항상 주축이 완전히 정지한 뒤 측정한다.

5.8 홈 절삭하기

5.8.1 도면

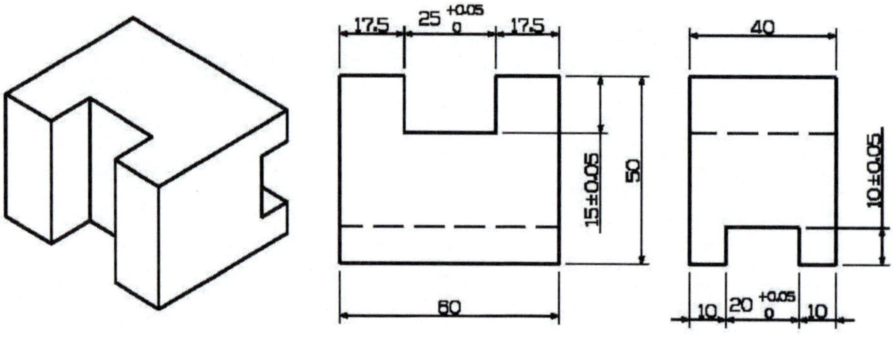

5.8.2 작업 방법

[01] 작업 준비한다.

도면을 확인하고 소재에 맞는 재료 및 가공에 사용할 공구를 준비한다. 준비된 소재에 기준면을 설정한 뒤 바이스의 상태를 점검하여 작업준비를 완료한다.

[02] 금긋기를 한다.

도면을 보고 금긋기를 하는 부분에 매직을 칠한다. 매직을 칠한 부분에 하이트게이지를 이용하여 금긋기를 한다. 금긋기가 제대로 되었는지 도면을 보고 한 번 더 확인한다.

[03] 홈1(폭 25mm, 깊이 15mm) 절삭한다.

황삭용 엔드밀 Ø16을 설치하고 주축 회전수(700 ~ 1,000RPM)를 선정한다. 평행대가 움직이지 않도록 공작물을 바이스 밑면에 밀착한다. 바이스 조 위로 금긋기 선이 5mm 정도 나오게 한 후 공작물을 고정한다. 깊이 5mm 정도씩 절삭하여 c 부분의 깊이를 14.8mm 정도로 황삭한다. a 부분의 치수를 측정하고 테이블의 핸들 눈금을 이용하여 a 부분이 18mm 정도 되도록 황삭한 뒤 측정한다. d 부분의 치수를 측정하고 테이블의 핸들 눈금을 이용하여 d 부분이 18mm 정도 되도록 황삭한 뒤 측정한다. 정삭용 엔드밀 Ø16으로 교체한다. c 부분의 깊이를 15±0.05mm로 절삭하고 b 부분의 길이를 25+0.05mm로 절삭한다. 최종적으로 치수를 확인한다.

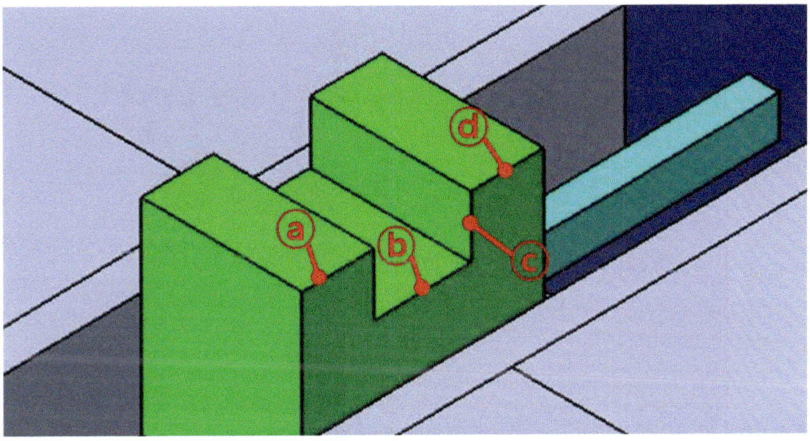

[04] 면취를 한다.

가는 줄로 면취 및 거스러미를 제거한다.

[05] 홈2(폭 20mm, 깊이 10mm) 절삭한다.

소재를 바이스에 물린 뒤 홈1과 동일한 요령으로 절삭한다.

[06] 검사한다.

가공 부위의 치수를 점검한다. 잘못된 부분이 있으면 원인을 분석하고 시정 조치한다.

[07] 정리 정돈을 한다.

기계 및 공구를 정리한 뒤 기계를 청소하고 밀링의 각 주유 부분에 주유를 한다. 공작물에 번호를 쓰고 제출한다. 공작물 제출한 뒤 기계 주위를 청소하여 사용하기 전 상태를 유지하도록 한다.

5.8.3 안전 및 유의사항

① 공작물은 가급적 깊게 고정하여 가공물이 흔들리지 않게 한다.
② 보안경을 착용한다.
③ 주축 회전수 변환 시 주축정지 후 레버 조작하지 않는다.
④ 공작물 측정 시는 항상 주축이 완전히 정지한 뒤 측정한다.

STEP 02

범용밀링 가공 작업 (기능사 공개문제 1번)

자격종목	컴퓨터응용밀링기능사	과제명	밀링가공작업	척도	N S

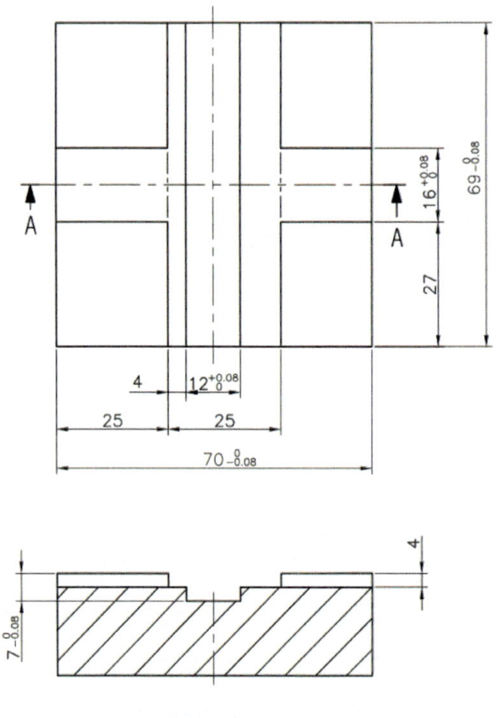

단면 A-A

범용밀링으로 실기 작업하는 데 있어 기능사와 기능장의 난이도 차이가 있으나 기능사에서의 가공과정을 이해하면 기능장에서 실기 작업하는 데 필요한 충분한 지식을 얻을 수 있다.

- 소재 : SM20C, 육면체, 75×75×25mm
- 외곽가공치수 : 70×69×21mm, 여기서 높이 21mm는 MCT에서 맞춘다.

[01] 소재(아래 그림에서 붉은색 육면체)를 테이블 위의 바이스에 아래 그림과 같이 고정조(fixed jaw)의 중간에 위치한다. 75×75의 치수를 70×70으로 만들기 위해 4면 가공을 해야 하는데 한 면에 비번호가 음각되어 있다. 이 면을 피해서 작업해야 하기 때문에 실제로는 3면 가공을 해야 한다.

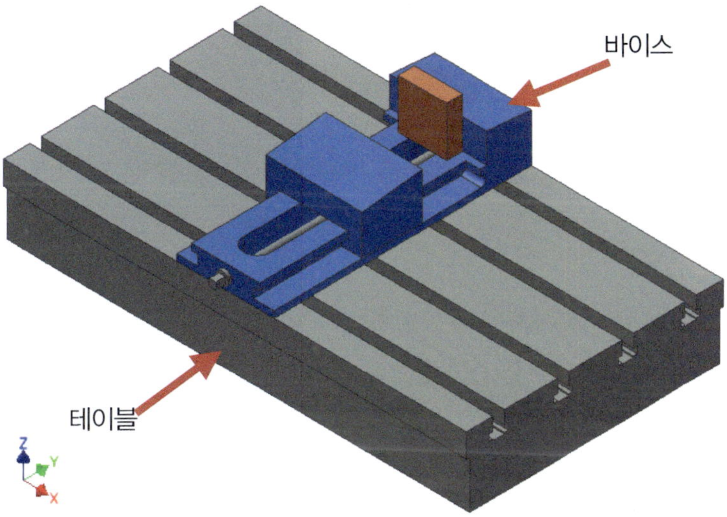

[02] 바이스 핸들을 바이스에 아래 그림과 같이 연결하고 손잡이를 시계방향으로 돌리면 이동조(movable jaw)가 움직이며 소재가 고정된다. 어느 정도 고정되면 핸들의 몸통을 연질 망치로 때려 단단히 고정시키는데 그 전에 소재의 윗면을 적당히 두드려 바이스의 바닥과 완전히 밀착되도록 한다.

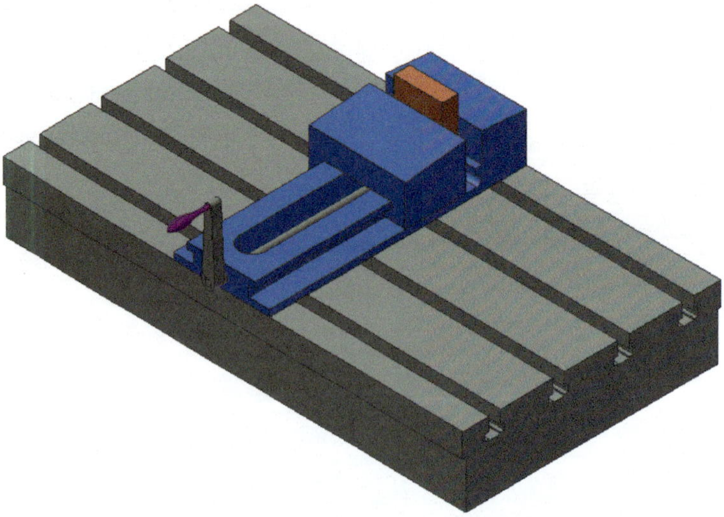

[03] 페이스커터를 급속 이송 어댑터에 장착하고 회전시킨 다음 소재의 위에서 천천히 내린다. 윗면에 살짝 닿으면 테이블 이송핸들을 사용하여 공구를 옆으로(X 방향으로) 뺀다.

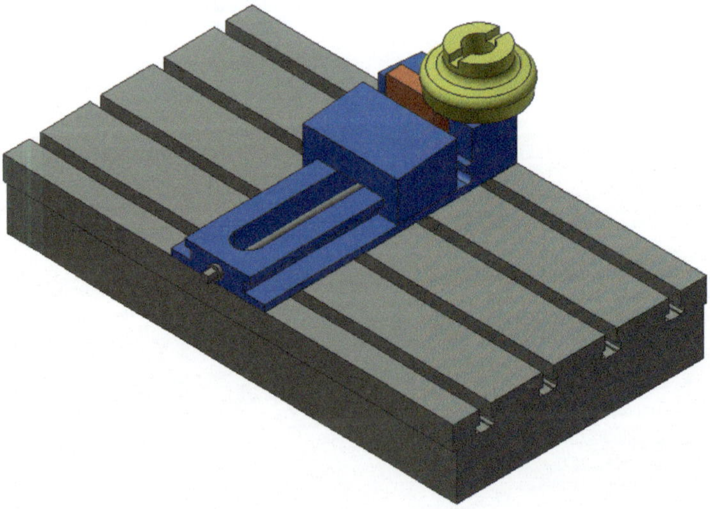

[04] 니 이송핸들에 붙어있는 마이크로 칼라의 값을 0으로 조정하고 고정 볼트를 시계방향으로 돌려 고정시키면 이송핸들의 움직임에 따라 마이크로 칼라의 값도 같이 변한다. 참고로 세 이송핸들에 있는 마이크로 칼라의 한 눈금의 크기는 통상적으로 0.02mm로 모두 같으며 핸들을 한 바퀴 회전하면 니 이송량은 2mm이고 나머지 2개는 4mm이다.

[05] 니 이송핸들을 시계방향으로 돌려 눈금을 2.0에 맞추고 테이블 이송핸들을 조작하여 소재의 윗면을 2mm만큼 절삭한다. 부담이 되면 1mm씩 두 번 해도 된다.

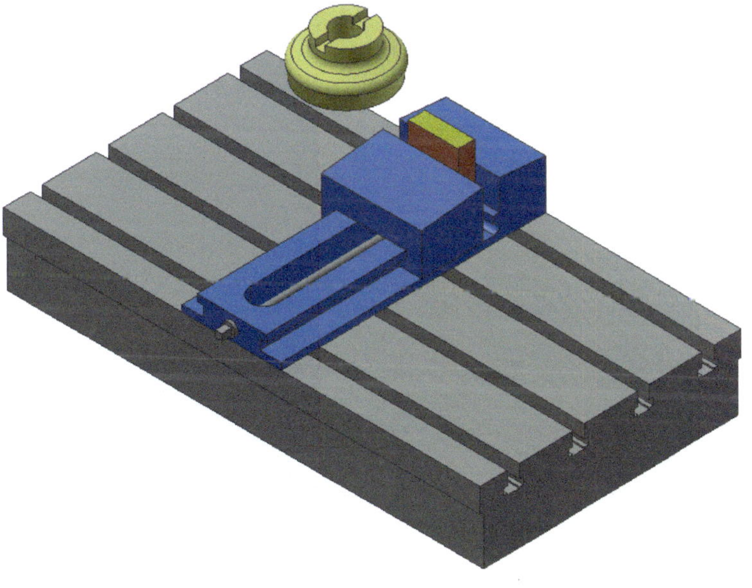

[06] 가공 후 소재에 붙어있는 거스러미(보통 버(burr)라고 함)를 줄을 사용하여 제거한 후 버니어 켈리퍼스로 길이를 측정한다. 소재를 180° 회전시키고 3번과 4번의 작업을 다시 한 다음에 5번에서 가공한 후 측정한 길이에서 최종 마무리해야 할 치수를 뺀 만큼의 값을 니 이송핸들로 시계방향으로 돌리고 소재 윗면을 절삭한다.

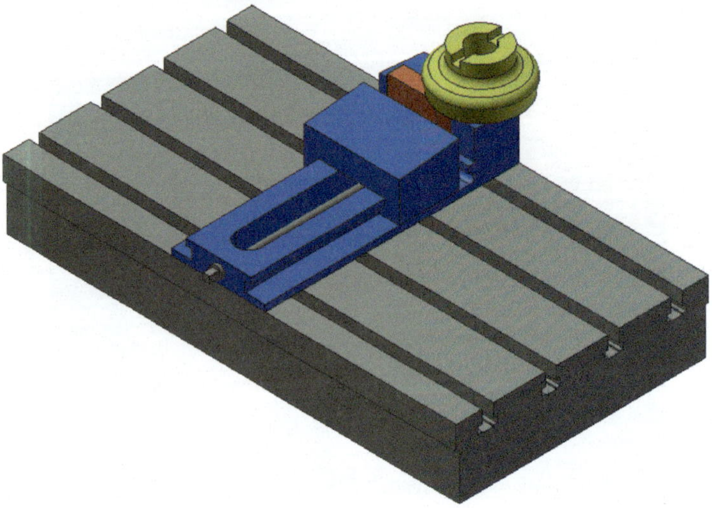

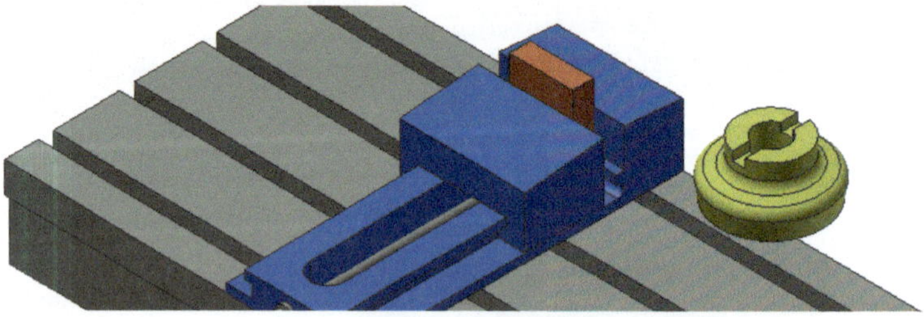

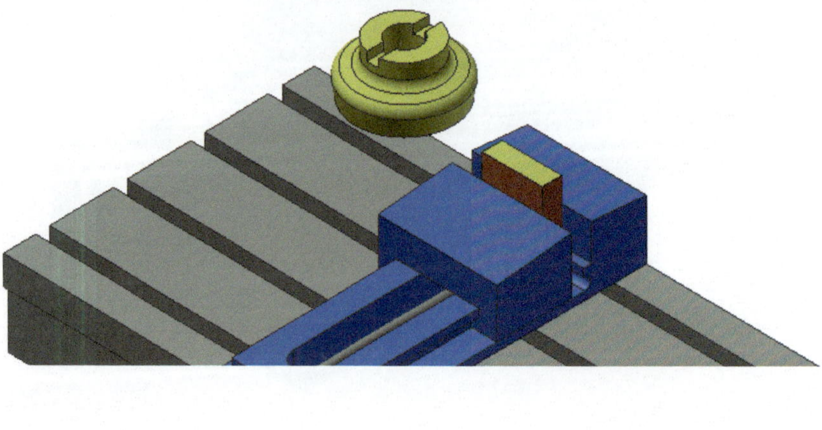

[07] 앞에서와 같이 거스러미를 제거한 다음 소재를 비번호 각인이 없는 면을 위로 하여 세 번째 면가공을 한다. 소재를 바이스에 물릴 때에는 에어건으로 불고 산업용걸레(또는 보루, 기름걸레)를 사용하여 바이스의 면을 닦아 깨끗하게 만들고 죄어야 한다. 직각자(보통 양날형 직각자를 많이 쓴다)를 사용하여 소재가 직각으로 정확하게 맞추어져 있는지 확인하고 가공을 시작한다.

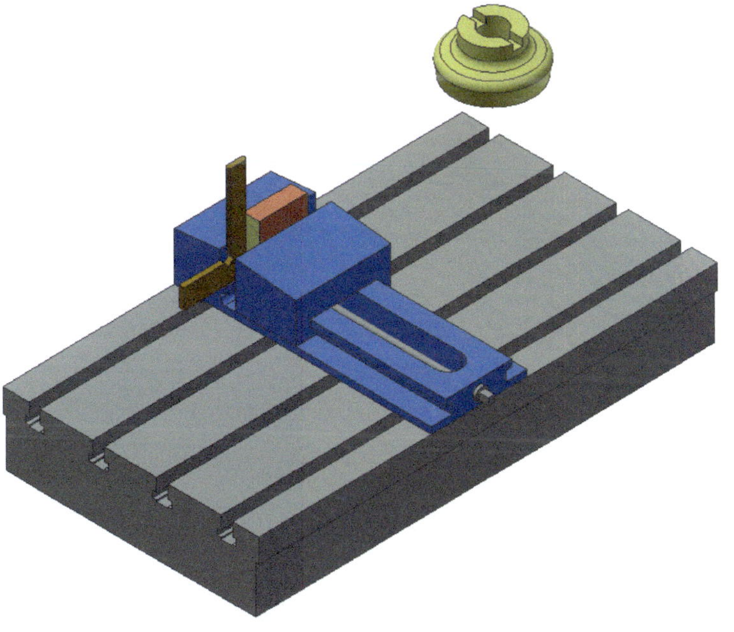

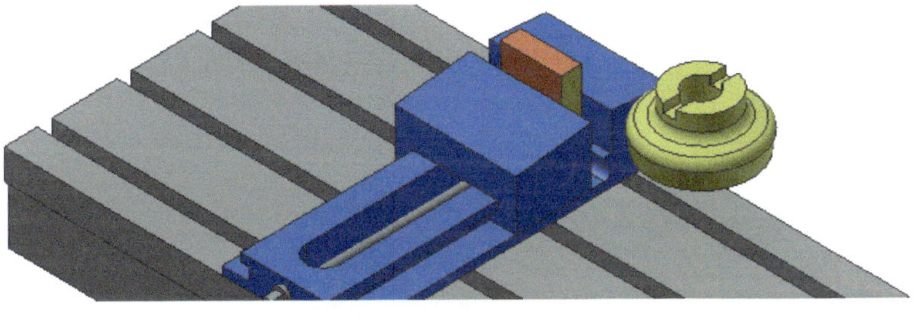

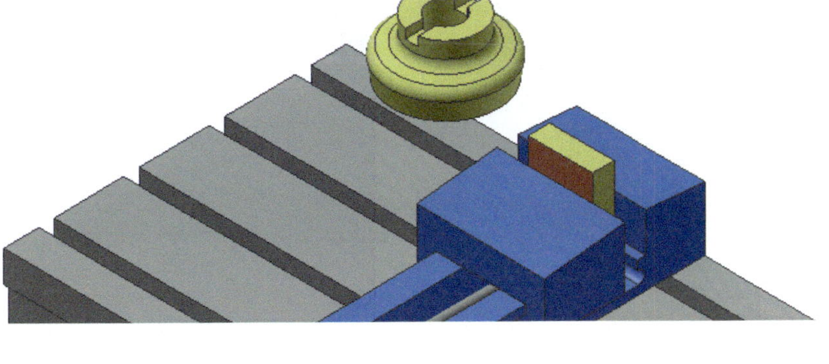

[08] 앞의 7번까지의 가공에서 75×75인 치수를 최종 가공물의 치수인 70×69mm로 가공하였다. 이제 남은 두 넓은 면을 가공해야 한다. 치수는 소재의 원래 값인 25mm에서 최종 값인 21mm로 절삭 가공할 것이다. 넓은 면을 가공할 때는 소재의 높이가 낮아지게 되므로 바이스에서 가공을 할 수 있을 정도로 충분히 바이스 위로 튀어나오지 못한다. 때문에 적당한 높이의 평행대(또는 패러럴 블록)를 사용하여 바이스 윗면 밖으로 소재가 충분히 나올 수 있게 맞춘 다음 바이스 핸들을 사용하여 바이스를 죄어야 한다. 어느 정도 손으로 죄고 나면 연질 망치로 소재의 윗면을 가볍게 두드려 평행대와 밀착시킨 다음 핸들이 본체를 두드려 확실하게 고정시킨다. 아래 그림을 참고하자.

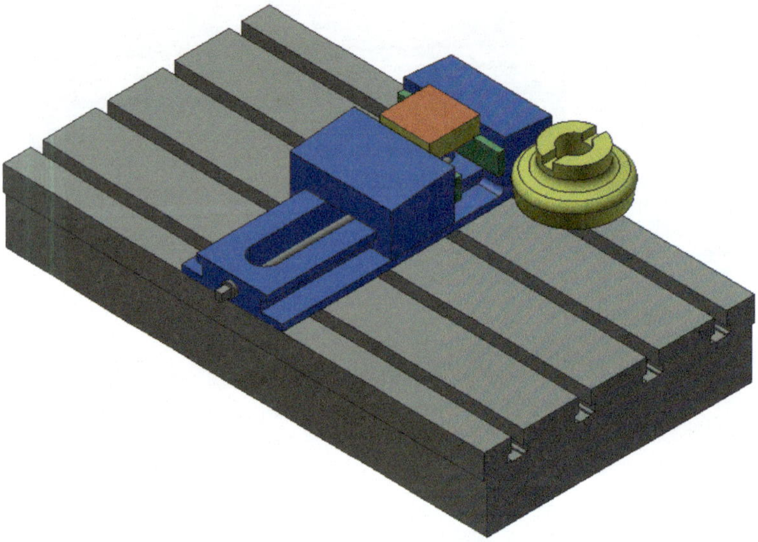

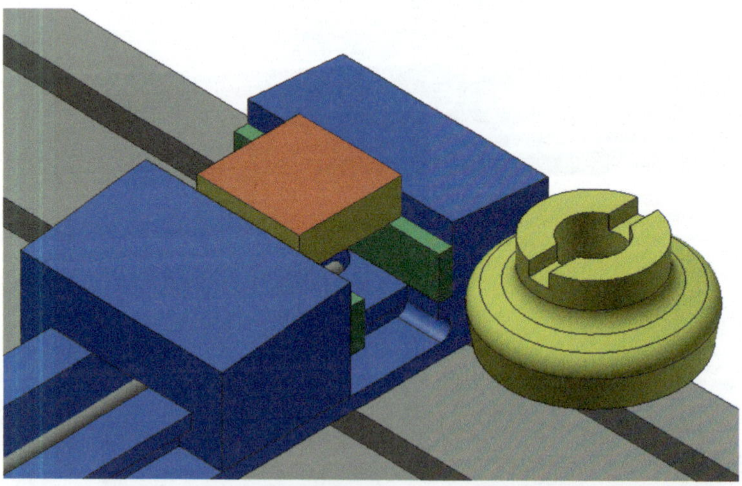

[09] 3번 및 4번과 같이 페이스커터를 회전시킨 상태에서 소재의 위에 살짝 닿으면 테이블 이송핸들은 돌려 페이스커터를 뒤로 빼고 니 이송핸들의 마이크로칼라를 0으로 맞춘다. 그런 다음 5번과 같이 2mm 단면을 절삭한다.

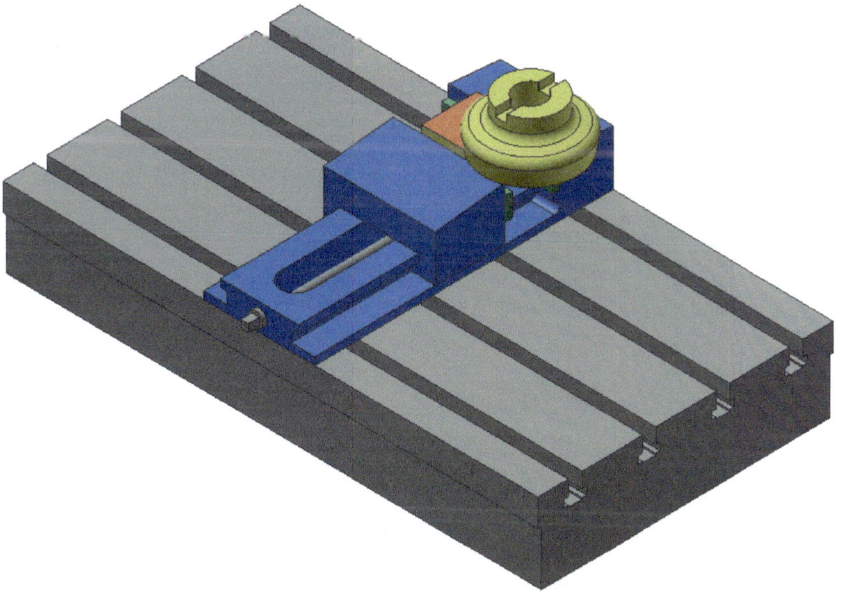

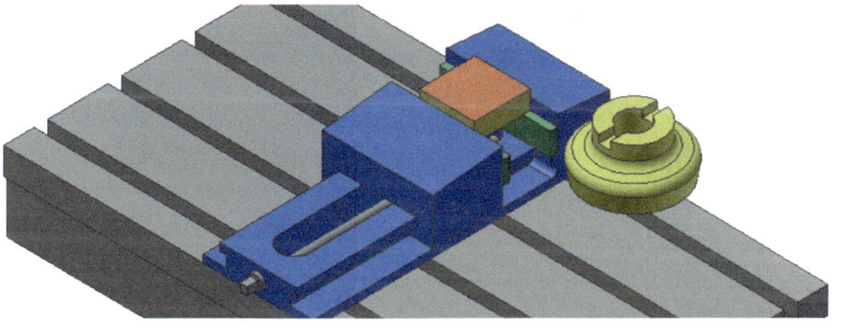

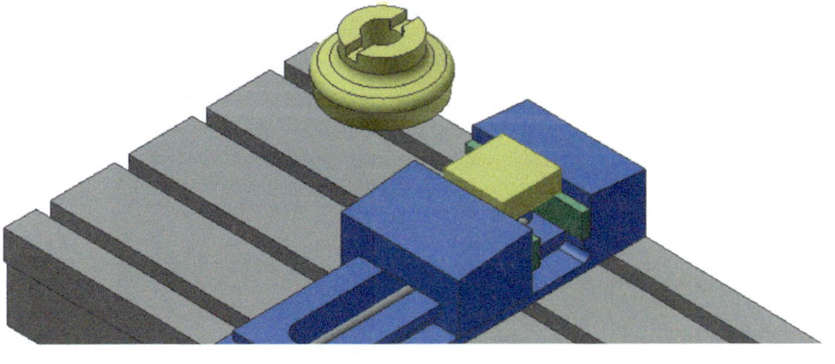

[10] 이제 기본적인 외곽치수를 페이스커터를 사용하여 절삭가공을 통해 맞추었다. 바이스에서 소재를 풀지 말고 줄을 사용하여 거스러미를 정리한다. 급속 교환 어댑터의 죔 링을 풀어 페이스커터를 빼고 엔드밀을 부착한 밀링 척을 스핀들의 끝에 장착되어 있는 어댑터에 밀어 넣고 죔 링을 죄어 빠지지 않게 단단히 고정한다. 통상 직경 10mm의 엔드밀을 사용하며 12mm를 사용하여도 가공하는 방법은 동일하다(지급재료 목록에는 10mm로 되어있다). 여기서는 직경 10mm 엔드밀을 기준으로 설명한다. 예시된 1번 도면에서 깊이 4mm로 절삭하는 곳과 7mm로 절삭하는 곳의 2가지가 있다. 우선 4mm부터 먼저 가공할 것이다. 금긋기 바늘이나 매직을 사용해서 도면과 같이 표시해 앤드밀이 가는 길을 알기 쉽게 해놓고 가공하기도 하는데, 여기서는 그러한 작업 없이 바로 하는 것으로 가정한다. 주축의 회전속도는 페이스 커터와 같이 하여도 무방하다. 엔드밀 작업 시에는 절삭유를 수동 또는 자동으로 공급하면서 작업하여야 한다.

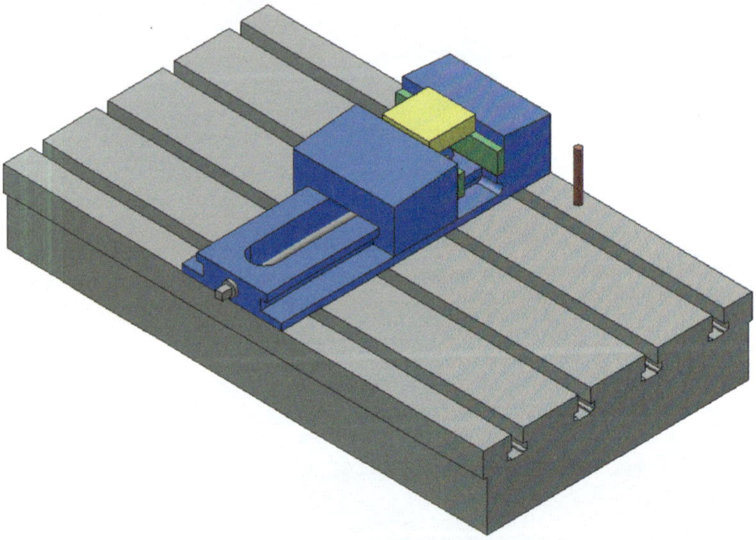

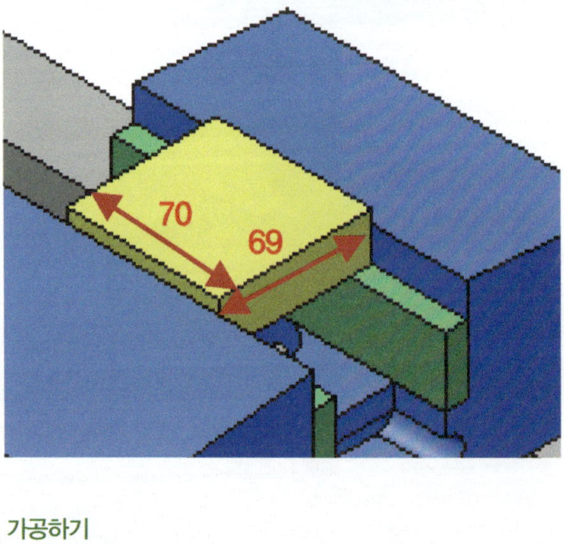

[11] 우선 가공하기 전에 평행대에 의해 소재의 윗면이 바이스의 윗면에서 충분한 거리만큼 떨어져 있는지 확인하여야 한다. 예시 도면에 의하면 최소 7mm의 거리가 필요한데 아래 그림에서는 6mm 밖에 떨어져 있지 않아 평행대를 더 높은 것으로 교체하였다.

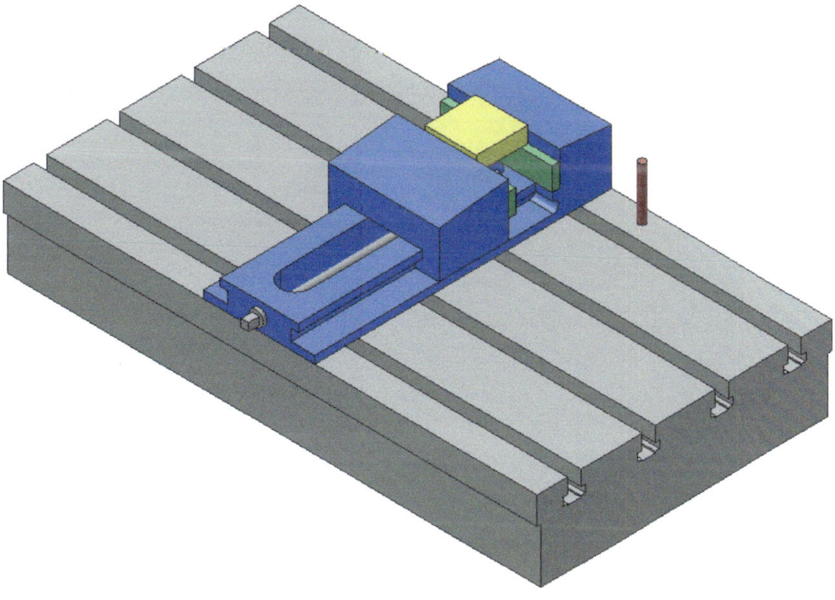

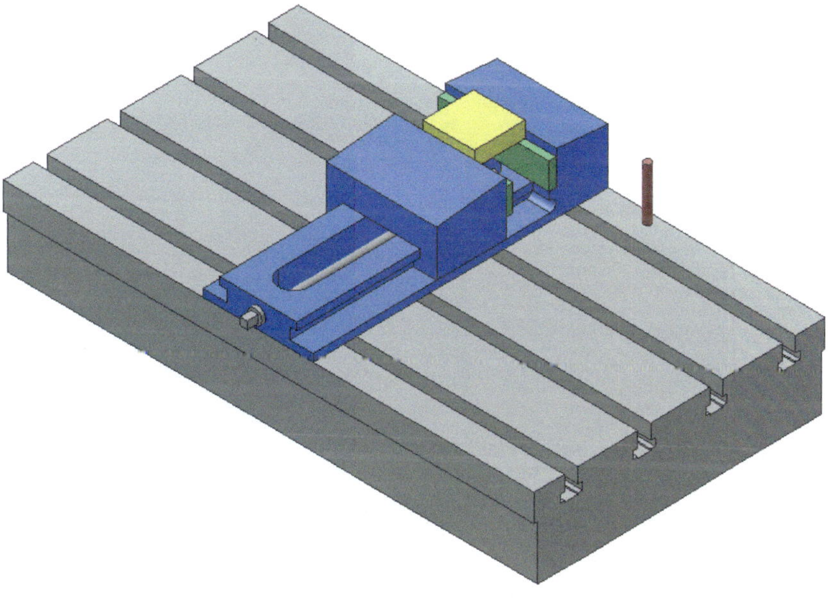

[12] 3번 및 4번과 동일하게 회전하는 엔드밀을 소재의 윗면에 살짝 닿은 상태에서 공구를 소재 밖으로 뺀 다음 니 이송핸들의 마이크로칼라의 값을 0으로 맞추고 가공할 깊이만큼 니 이송핸들을 시계방향으로 돌린다. 이 예시도면에서는 4mm만큼 가공할 것이기 때문에 2바퀴 돌려야 한다. 2mm씩 2번에 나누어 가공하여도 상관없으며 여기서는 통상적으로 시험에서 많이 쓰는 1번 만에 수행하는 가공에 대해 설명한다.

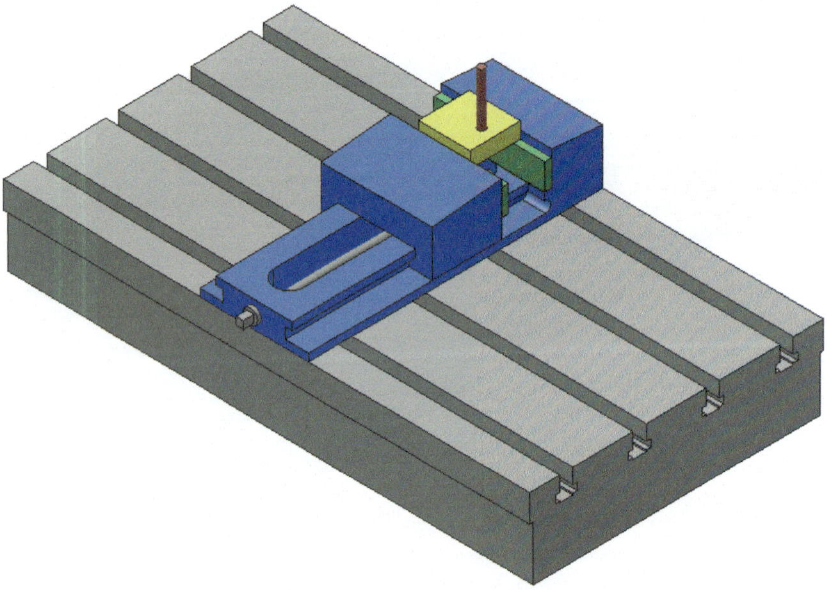

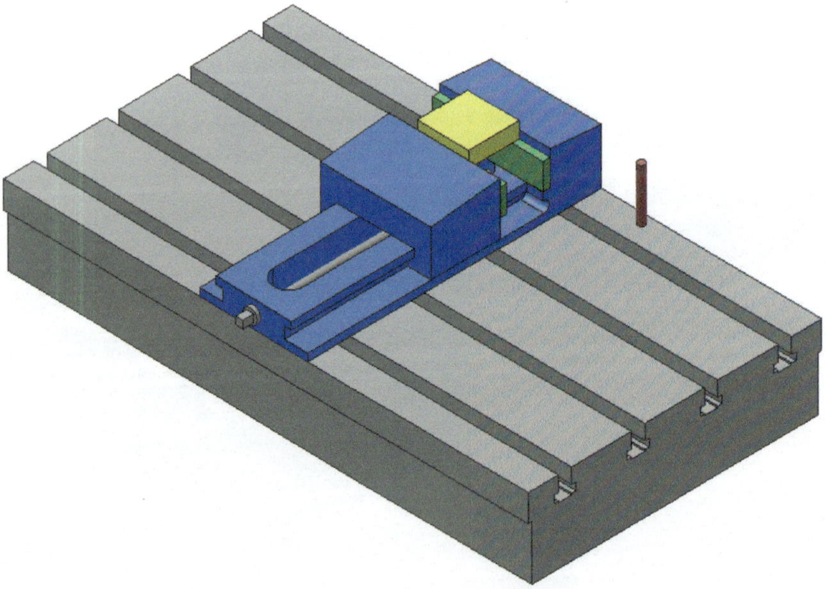

[13] 우선 X 방향부터 먼저 가공하고자 한다. 테이블 이송핸들을 사용해서 가공을 수행하는데 그 전에 새들 이송핸들을 사용하여 Y 방향의 위치를 정해 주어야 한다. 우선 소재의 앞면에 엔드밀을 살짝 부딪친 다음 테이블을 옆으로 뺀다. 이동이 완료되면 새들 이송핸들에 부착된 마이크로칼라를 0으로 맞추고 고정볼트를 죄어 핸들과 같이 움직이게 한다.

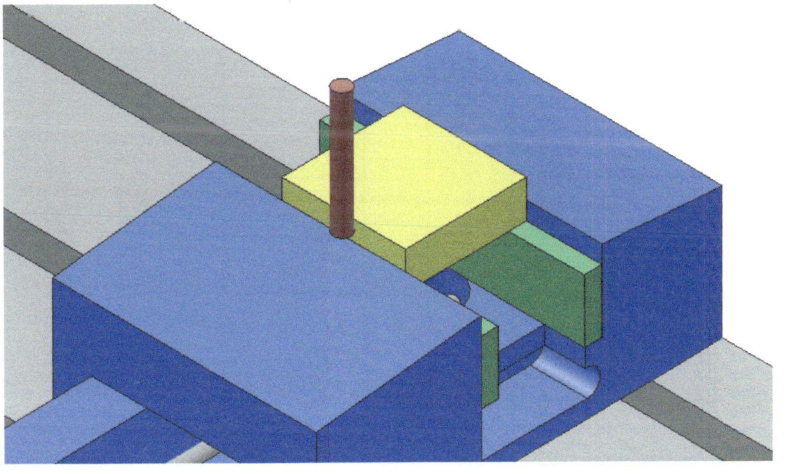

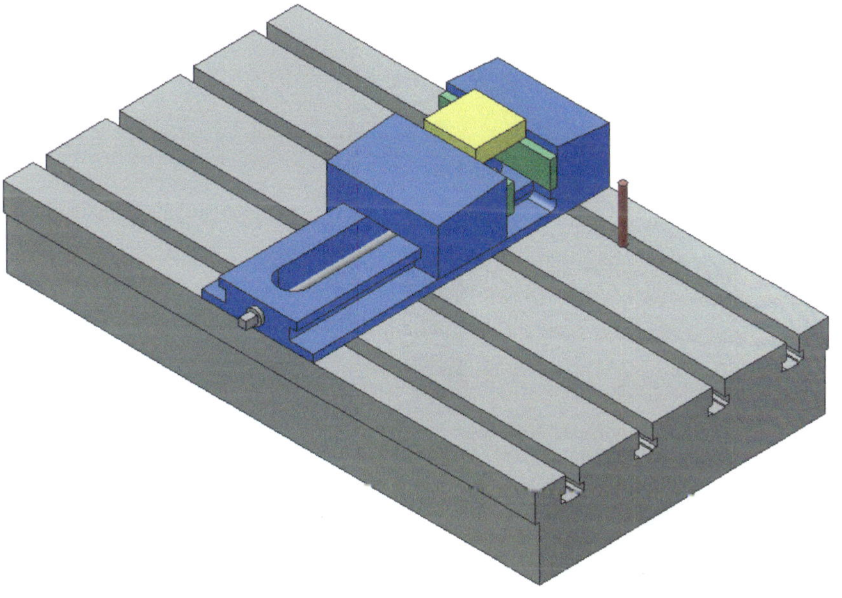

[14] 예시된 도면에 따르면 새들 이송핸들을 시계방향으로 돌려 27mm에 공구의 지름을 더한 37mm만큼 움직여야 한다. 일반적인 범용밀링의 새들 이송핸들에 부착된 마이크로칼라는 한 바퀴가 4mm이므로 9바퀴를 돌리고 1mm 더 돌려야 한다.

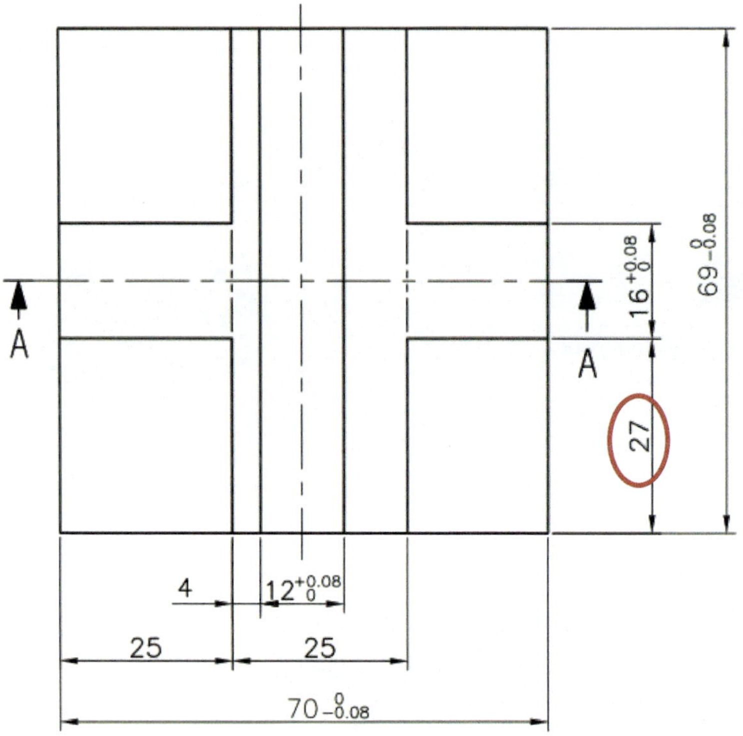

[15] 테이블 이송핸들을 천천히 움직이면서 부드럽게 가공이 되는 이송속도를 찾아 엔드밀이 소재를 가로지르게 한다. 가로지른 영역은 절삭가공이 된다.

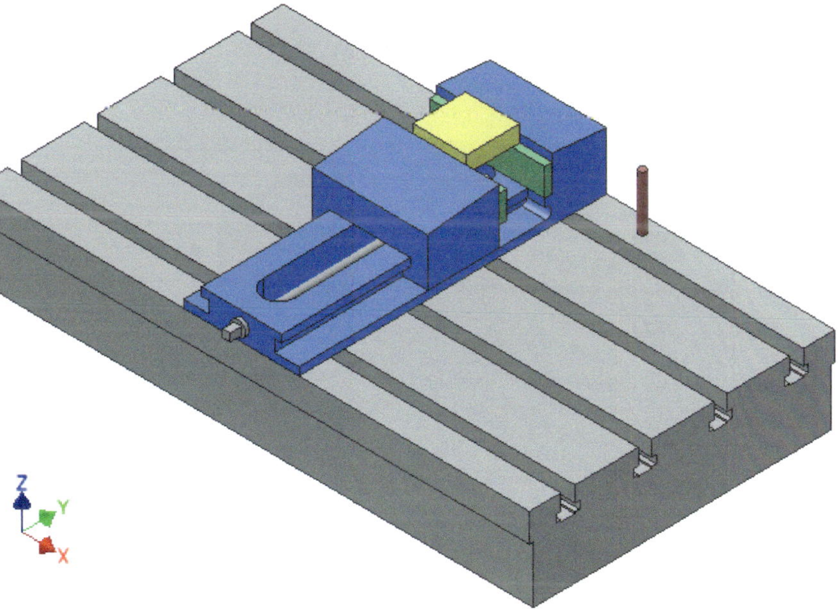

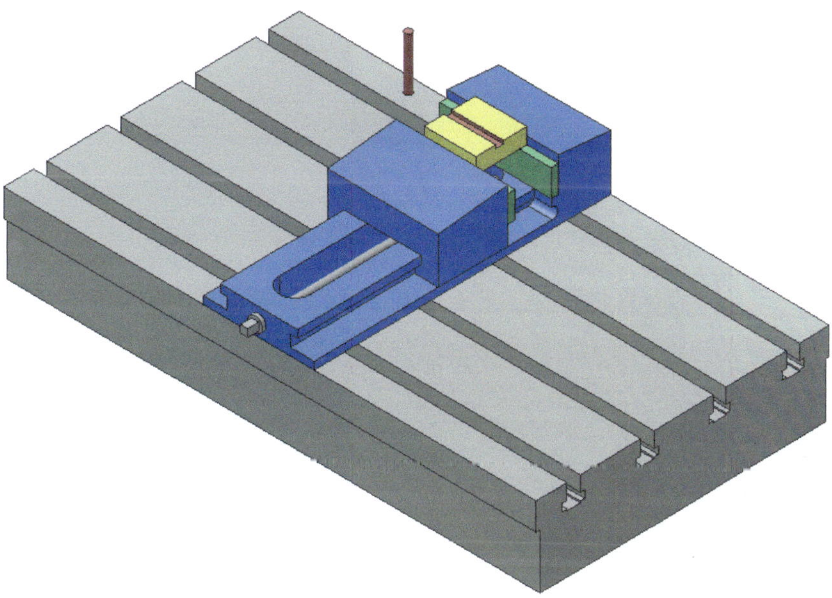

[16] 그리고 새들 이송핸들을 6mm만큼 시계방향으로 돌려서 이송시킨 뒤 다시 X 방향 가공을 해서 마무리 지어야 하는데 바로 새들 이송핸들을 돌린 뒤 X 방향으로 원래 위치로 돌아올 수도 있지만 아래 그림은 14번의 가공을 마치고 X 방향의 가공 전 위치로 돌아와서 다시 가공을 시작한다고 가정한다.

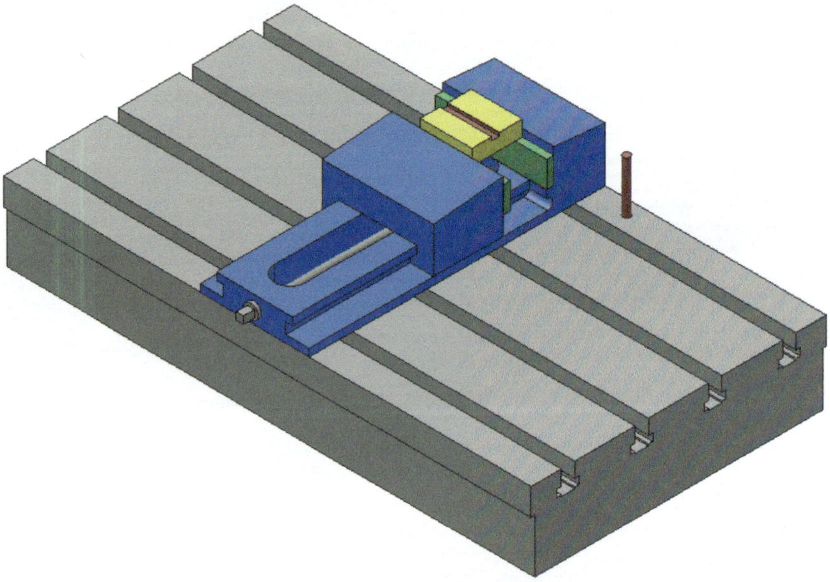

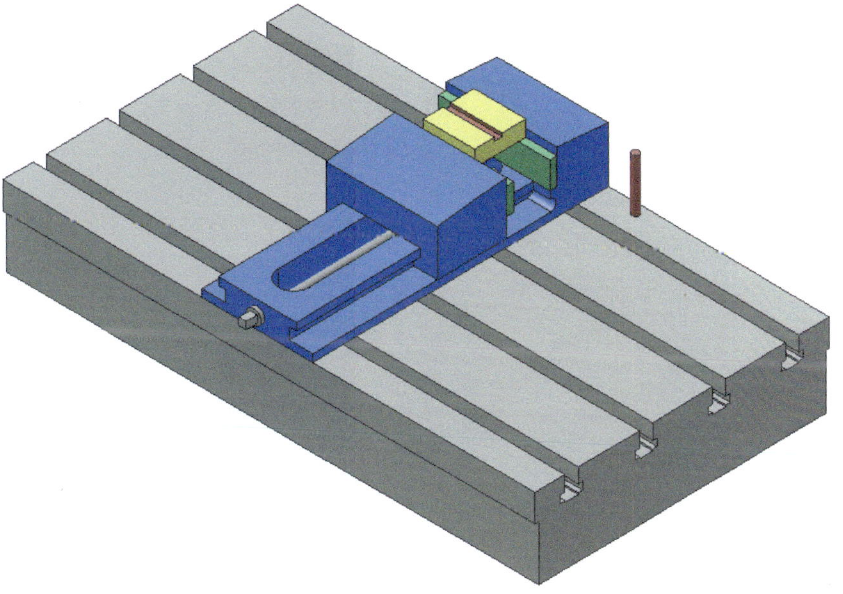

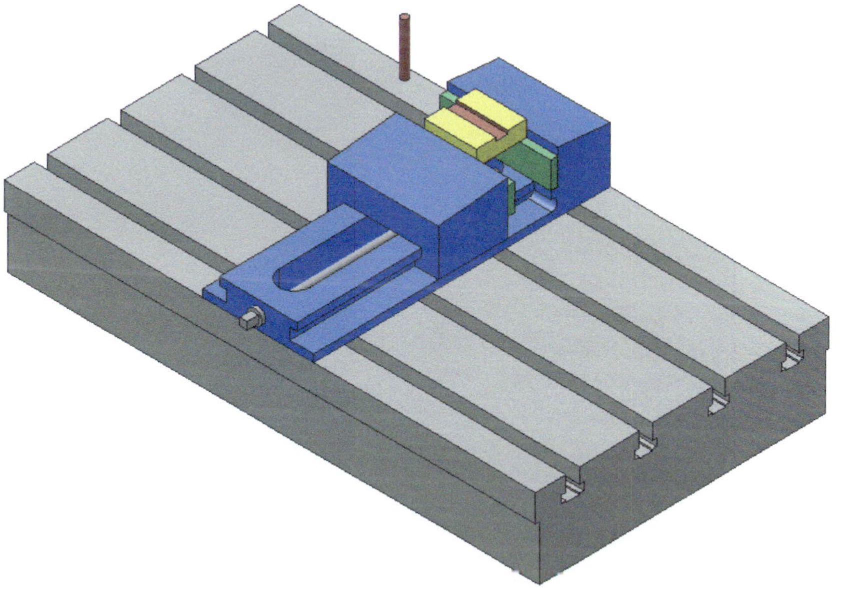

[17] 이제 Y 방향으로 가공하기 위해 13번에서와 같이 테이블 이송핸들을 사용하여 X 방향의 위치를 정해 주어야 한다. 우선 소재의 앞면에 엔드밀을 살짝 부딪친 다음 테이블을 기계가 있는 방향으로 뺀다. 이동이 완료되면 새들 이송핸들에 부착된 마이크로칼라를 0으로 맞추고 고정볼트를 죄어 핸들과 같이 움직이게 한다.

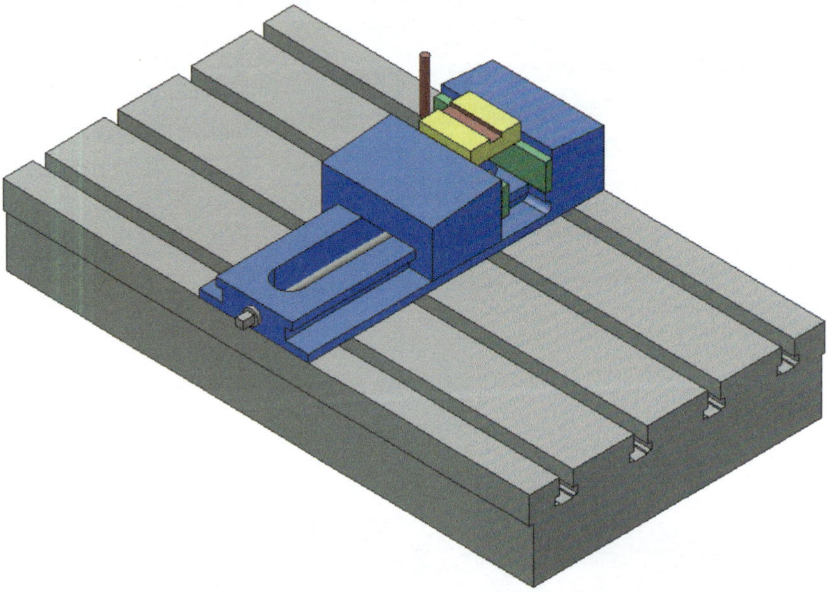

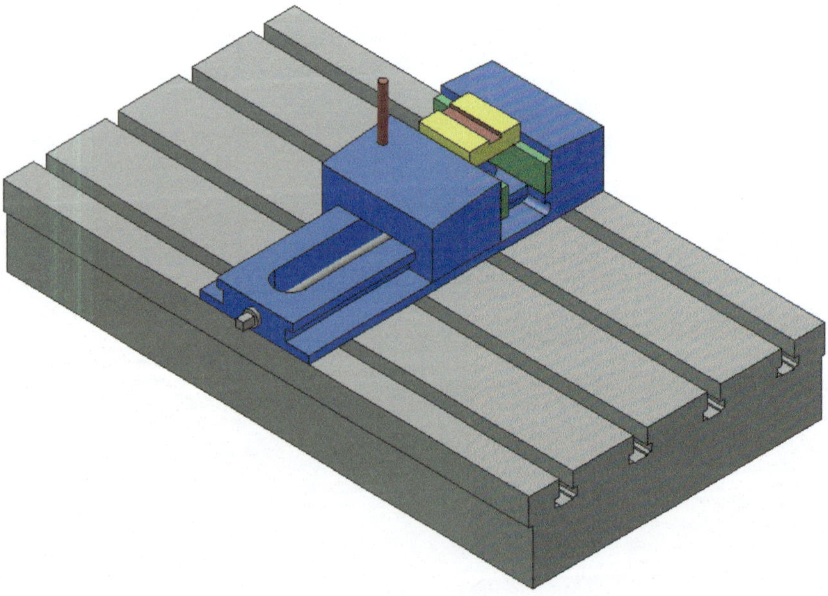

[18] 예시된 도면에 따르면 테이블 이송핸들을 반시계방향으로 돌려 25mm에 공구의 지름을 더한 35mm만큼 움직여야 한다. 일반적인 범용밀링의 테이블 이송핸들에 부착된 마이크로칼라는 한 바퀴가 4mm이므로 8바퀴를 돌리고 3mm 더 돌려야 한다.

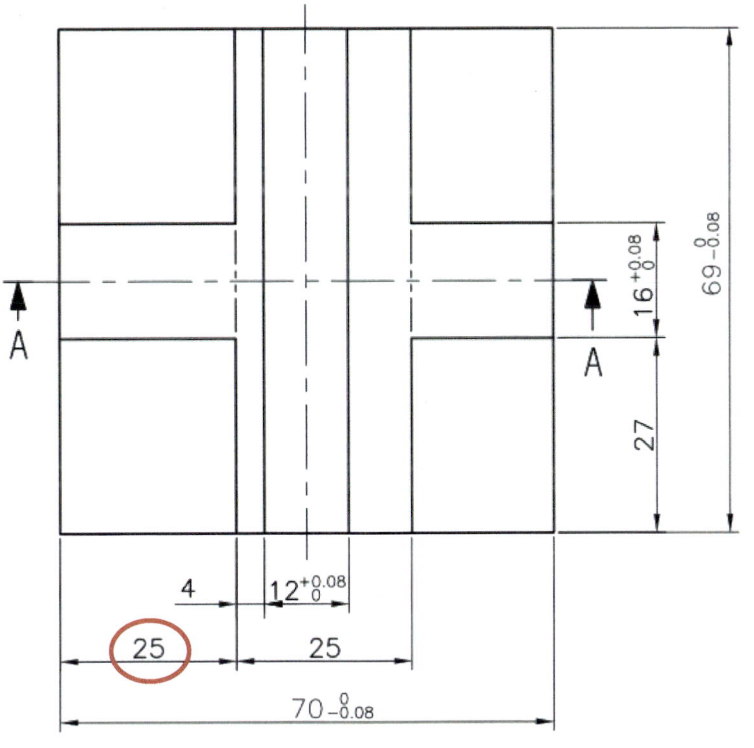

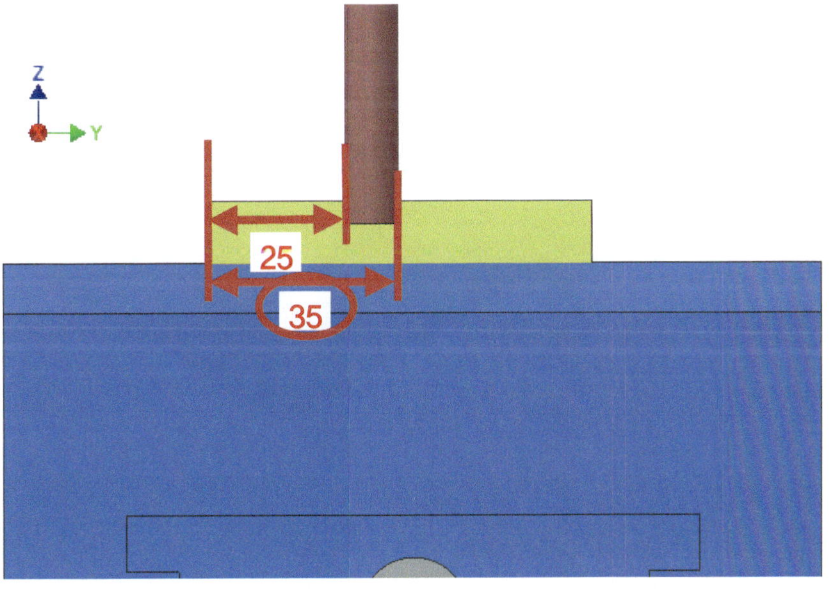

[19] 새들 이송핸들을 천천히 움직이면서 부드럽게 가공이 되는 이송속도를 찾아 엔드밀이 소재를 가로지르게 한다. 가로지른 영역은 절삭가공이 된다.

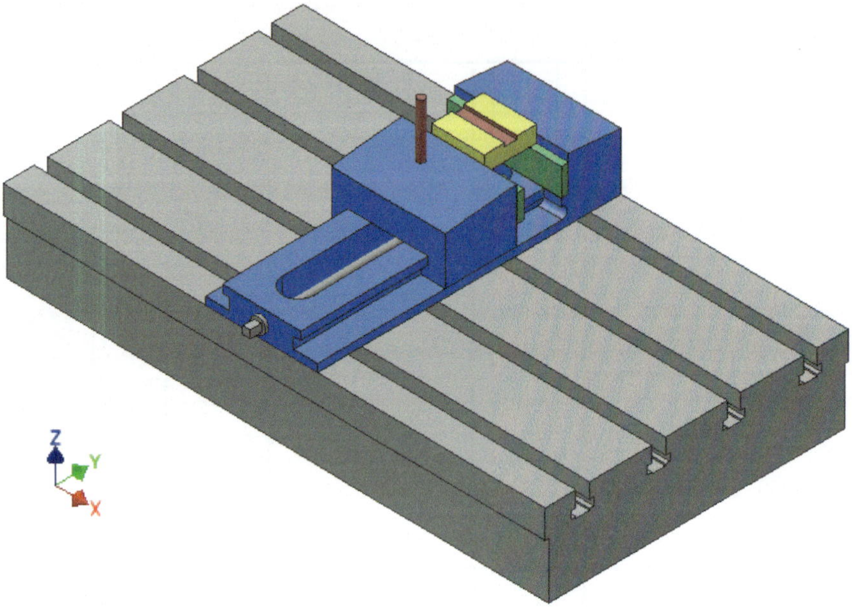

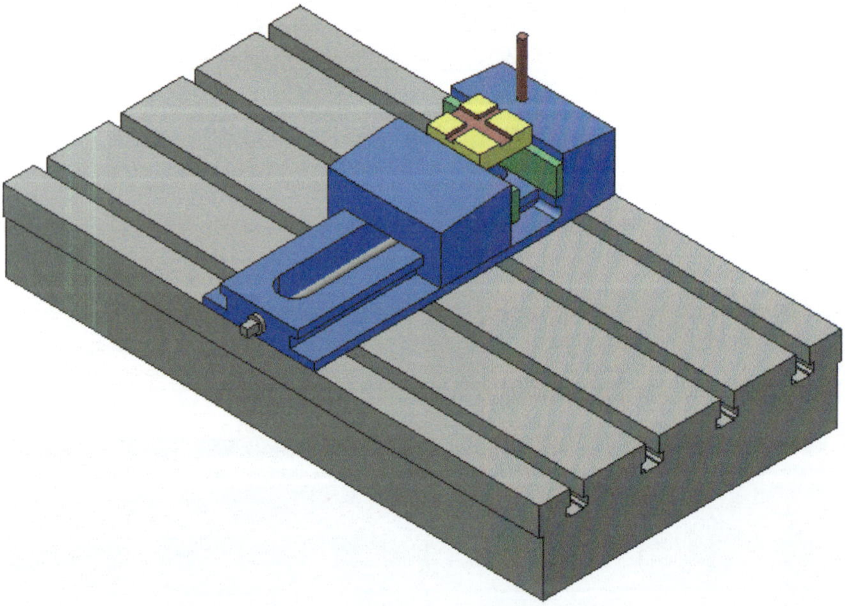

[20] 테이블 이송핸들을 조작하여 19번에서 가공하기 전의 위치로 돌아온 다음 테이블 이송핸들을 시계 반대반향으로 5mm만큼 이동하도록 돌린다. 이동을 마치면 새들 이송핸들을 시계 반대방향으로 돌려 테이블과 소재를 이동시키며 절삭 가공을 수행하고 다시 원래의 위치로 돌아온다. 이 작업을 3번 하여 25mm를 절삭하고 마무리를 짓는다.

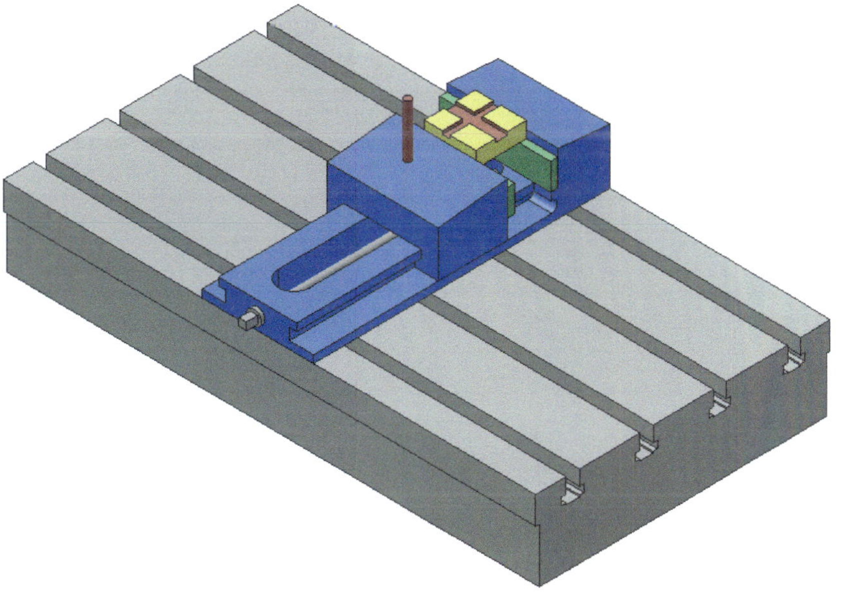

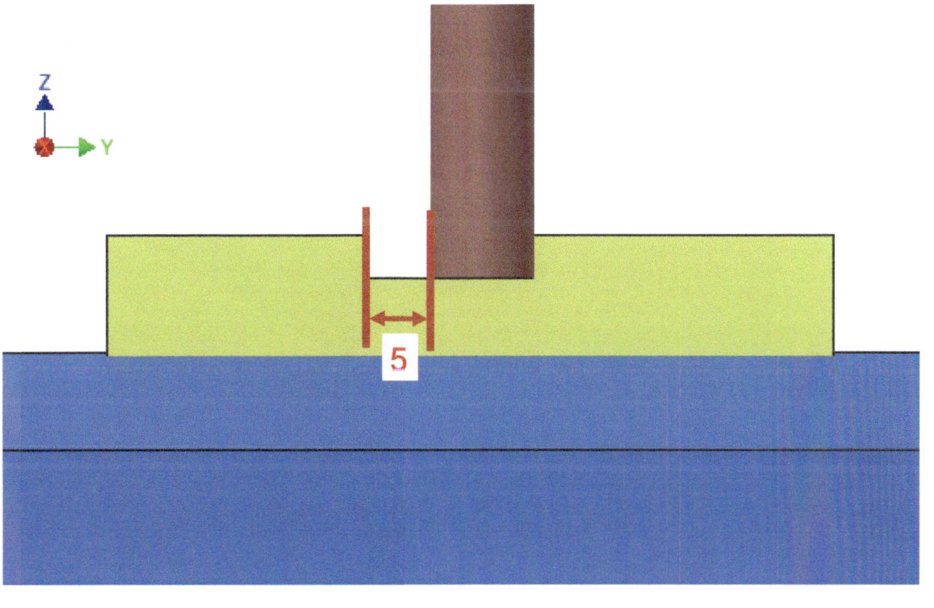

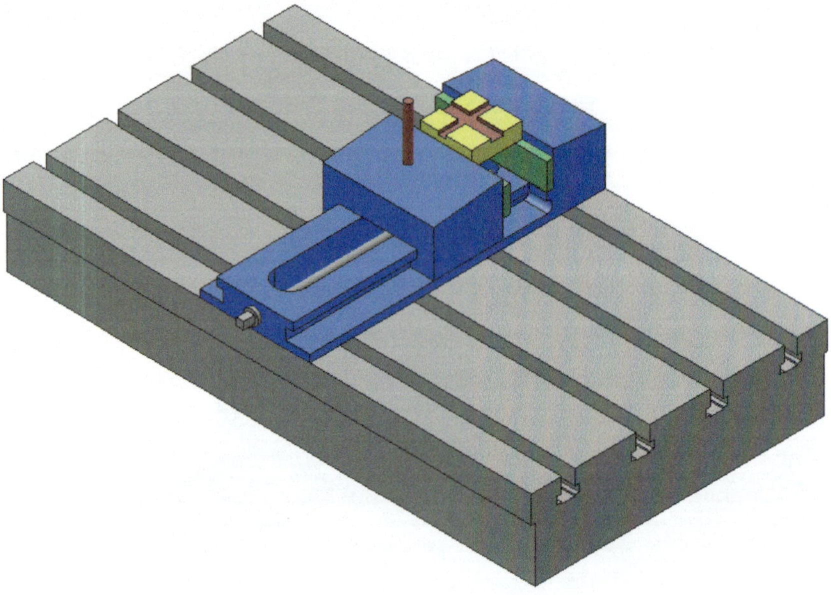

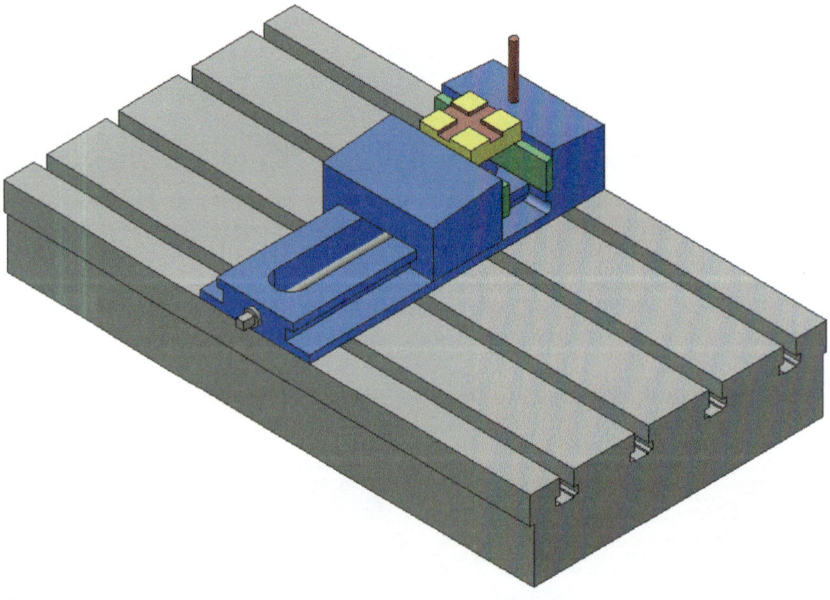

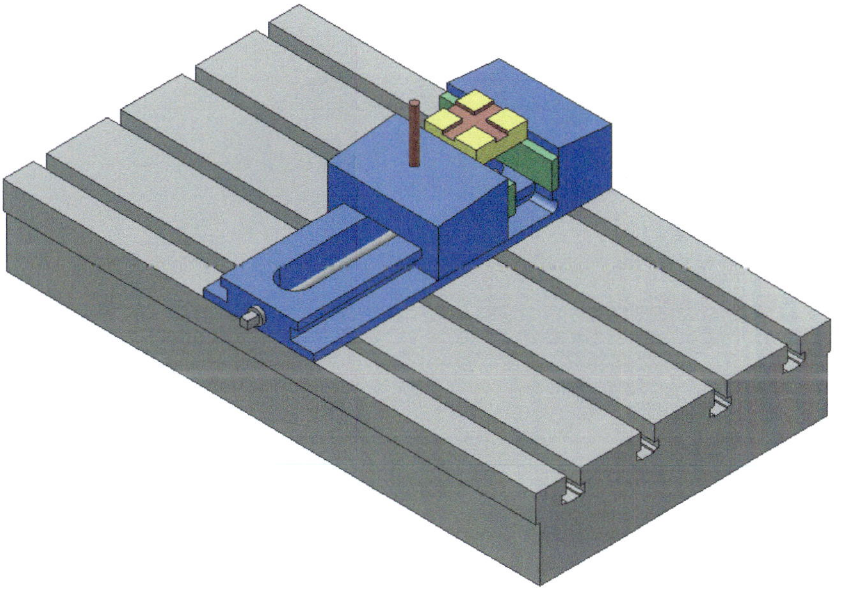

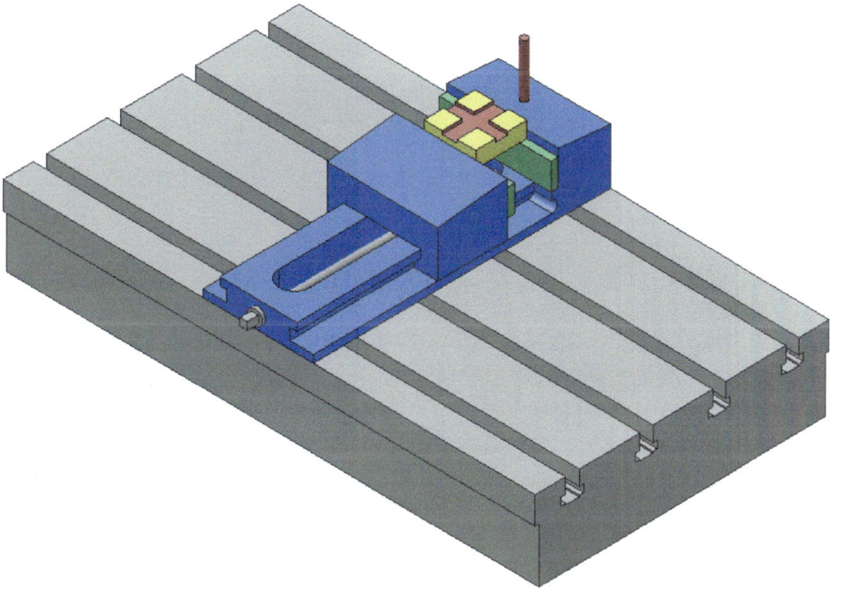

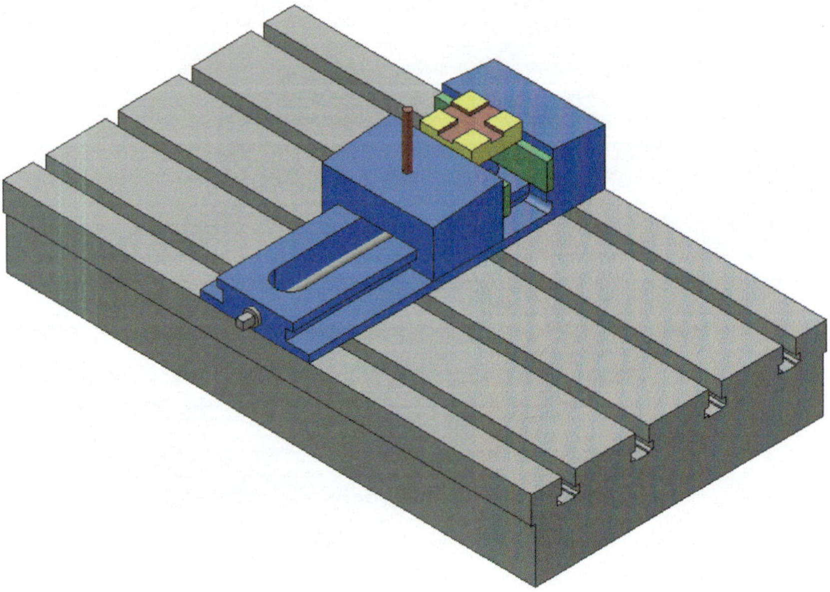

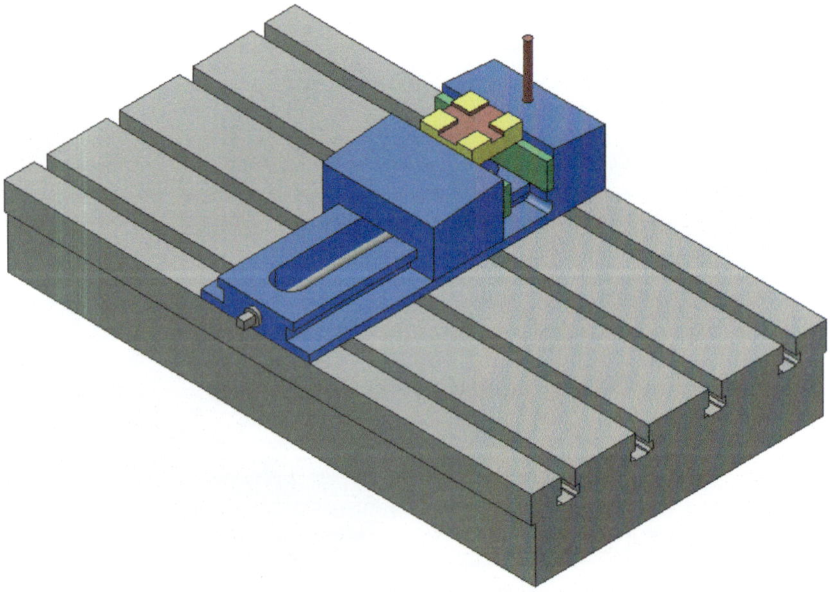

[21] 새들 이송핸들을 시계방향으로 돌려 원래 위치로 복귀한 다음 테이블 이송핸들을 돌려 처음 마이크로칼라의 세팅을 한 지점(X 방향의 원점)으로 옮긴 다음 29mm에서 엔드밀의 지름 10mm를 더한 39mm만큼 이동한다. 원점으로 갔다 다시 이동하는 이유는 핸들의 백래시 때문인데 이 현상에 대해 잘 알고 있다면 본인에게 맞는 방법으로 작업해도 무방하다. 그리고 니 이송핸들을 시계방향으로 돌려서 테이블과 소재를 3mm 더 올린다.

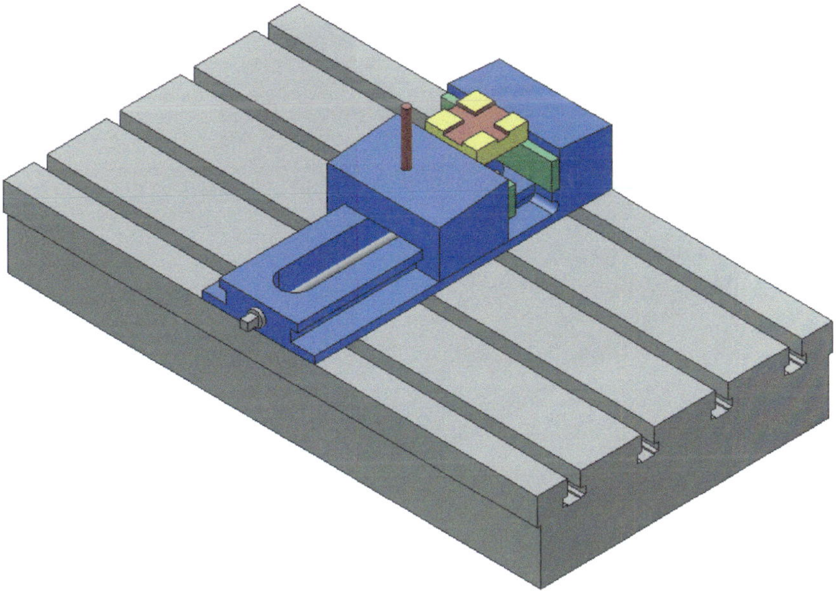

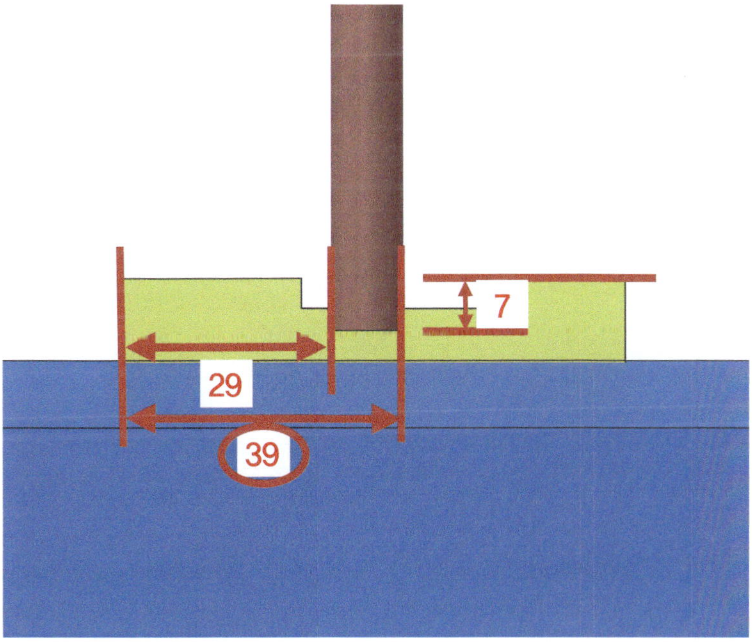

[22] 새들 이송핸들을 반시계방향으로 돌려 Y 방향으로 가공을 한다. 마치면 원래 위치로 돌아와 테이블 이송핸들을 반시계방향으로 2mm 움직인 다음 다시 새들 이송핸들을 반시계방향으로 돌려 Y 방향으로 가공을 하여 최종 가공을 마무리 짓는다. 가공이 마무리 되고 나면 가공물에 붙어있는 거스러미를 줄을 이용하여 제거한다.

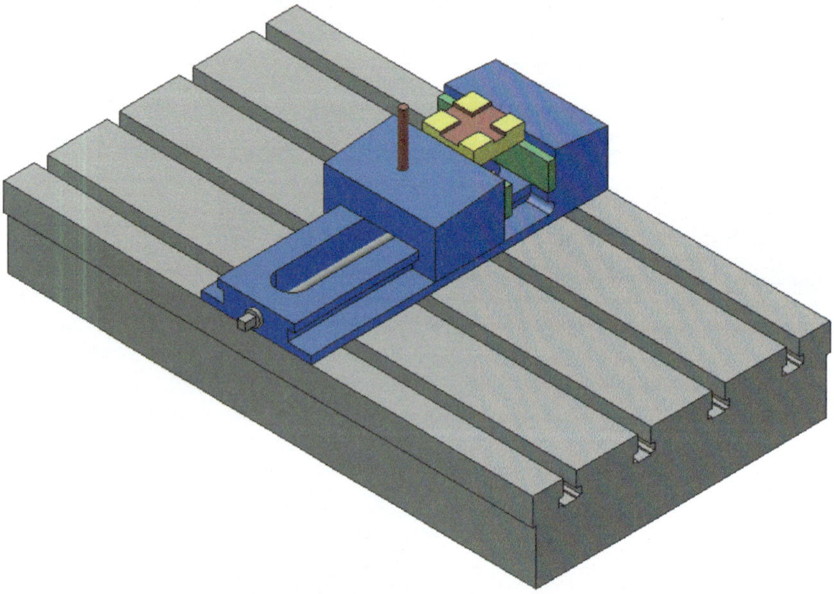

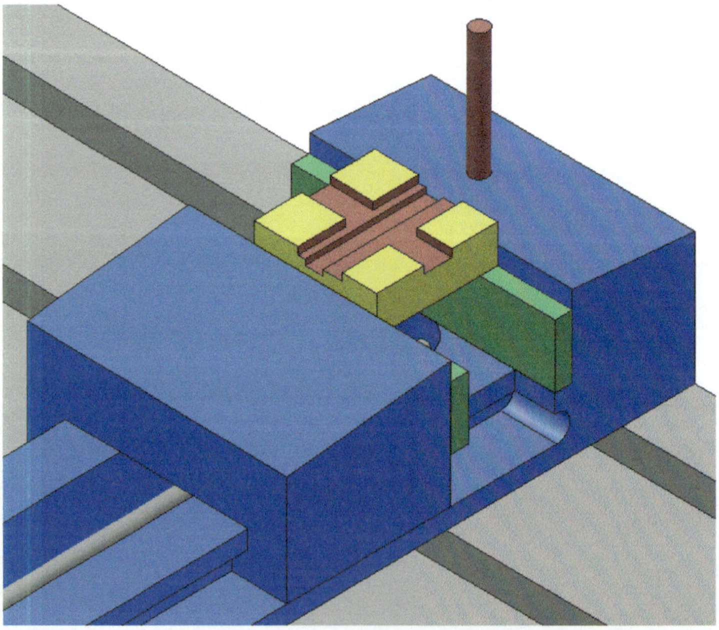

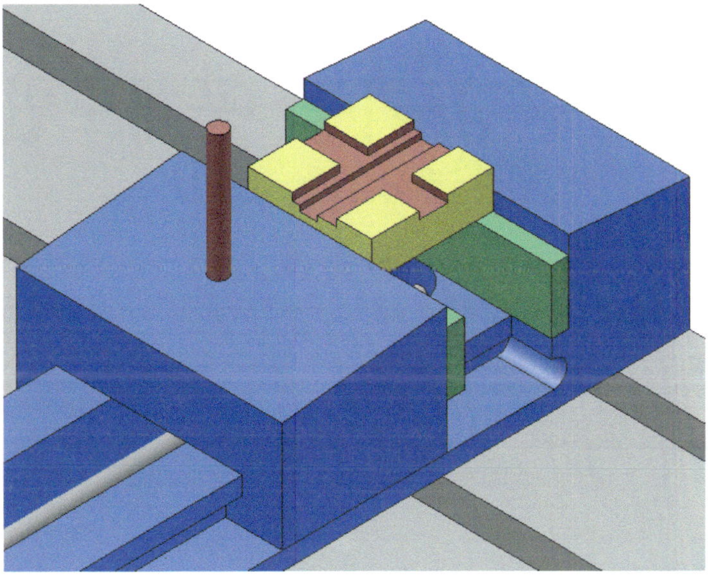

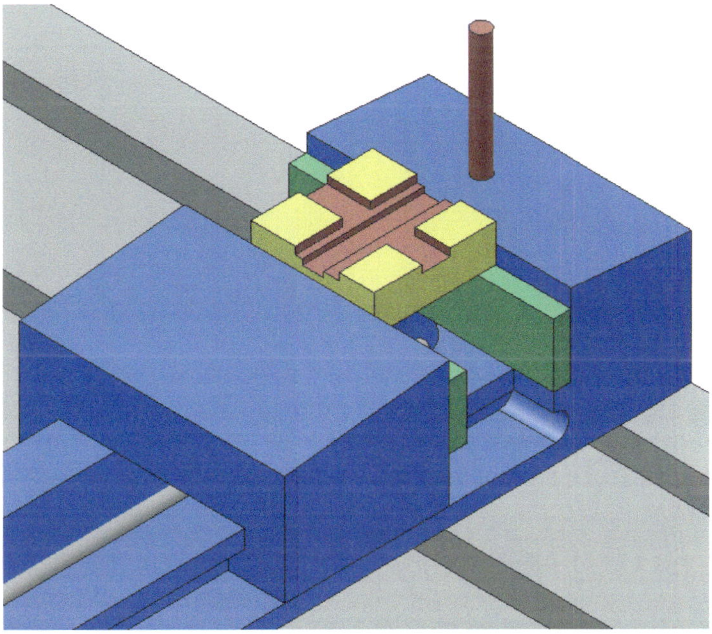

STEP 03

범용밀링 가공 공개도면 (기능사 1~30번)

[공개]

①

4. 도 면(범용밀링가공)

자격종목	컴퓨터응용밀링기능사	과제명	밀링가공작업	척도	N S

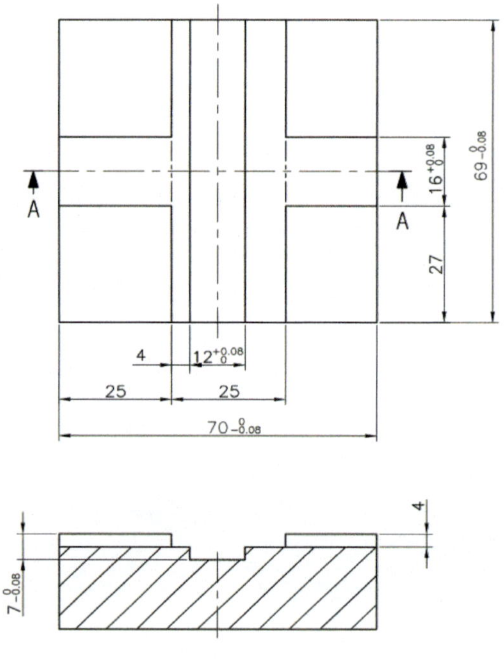

단면 A-A

HRDK 6 - 5

[공개]

②

4. 도 면(범용밀링가공)

자격종목	컴퓨터응용밀링기능사	과제명	밀링가공작업	척도	N S

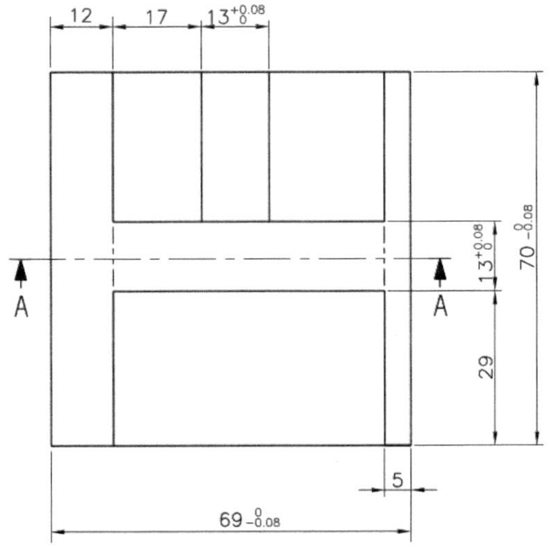

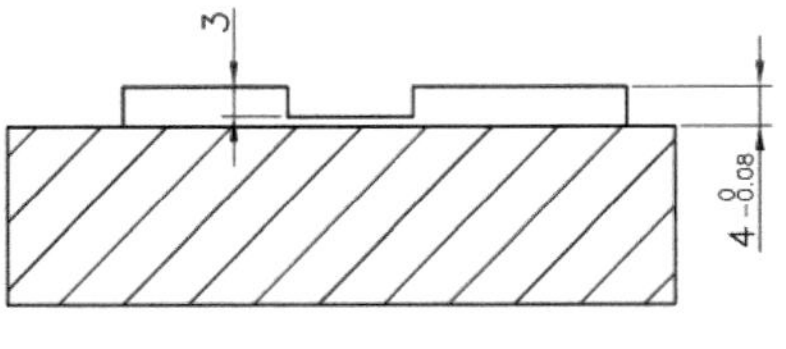

단면 A-A

HRDK 6 - 5

[공개]

③

4. 도 면(범용밀링가공)

자격종목	컴퓨터응용밀링기능사	과제명	밀링가공작업	척도	N S

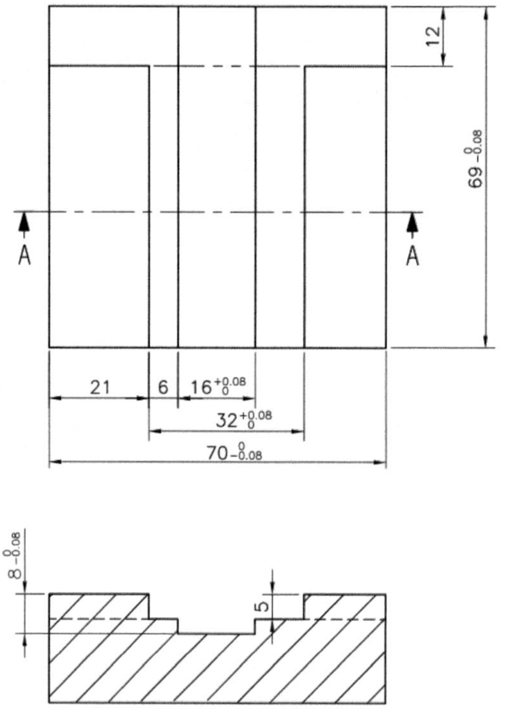

단면 A-A

HRDK 6 – 5

[공개]

4

4. 도 면(범용밀링가공)

자격종목	컴퓨터응용밀링기능사	과제명	밀링가공작업	척도	N S

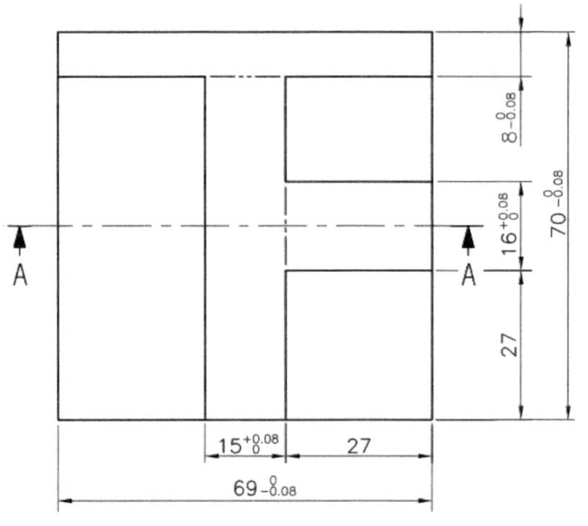

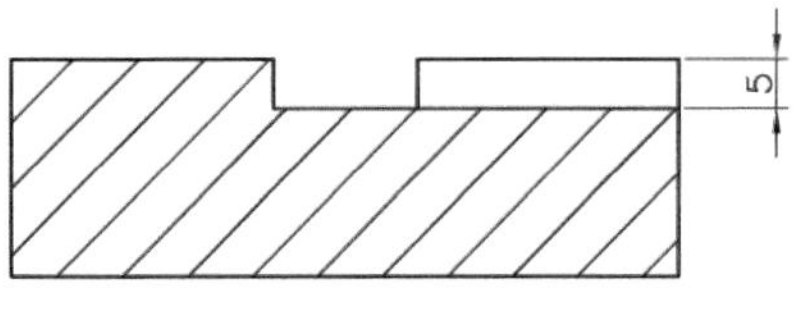

단면 A-A

HRDK 6 - 5

[공개]

5

4. 도 면(범용밀링가공)

자격종목	컴퓨터응용밀링기능사	과제명	밀링가공작업	척도	N S

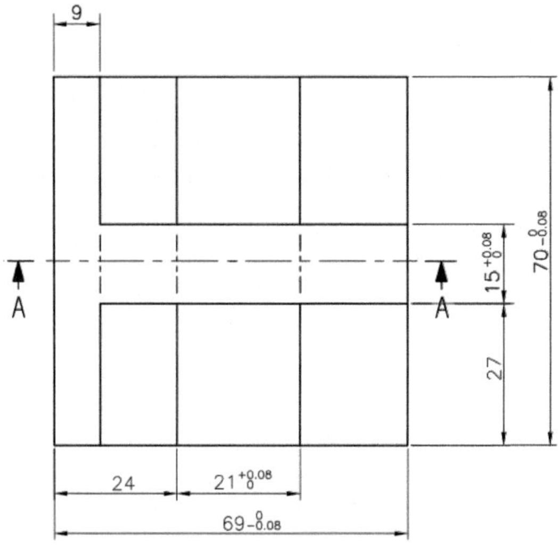

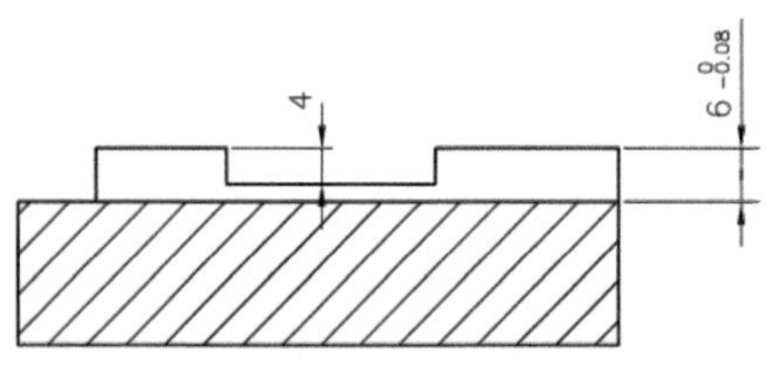

단면 A-A

HRDK 6 - 5

[공개]

⑥

4. 도 면(범용밀링가공)

자격종목	컴퓨터응용밀링기능사	과제명	밀링가공작업	척도	N S

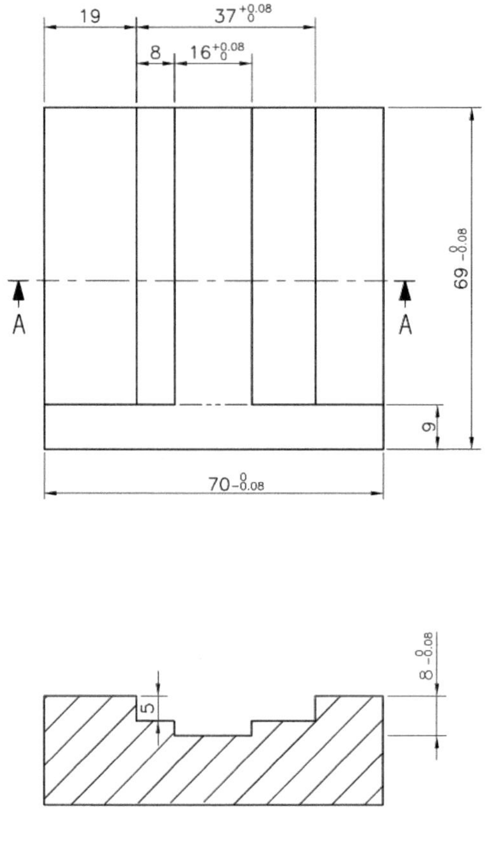

HRDK 6 – 5

[공개]

⑦

4. 도 면(범용밀링가공)

자격종목	컴퓨터응용밀링기능사	과제명	밀링가공작업	척도	N S

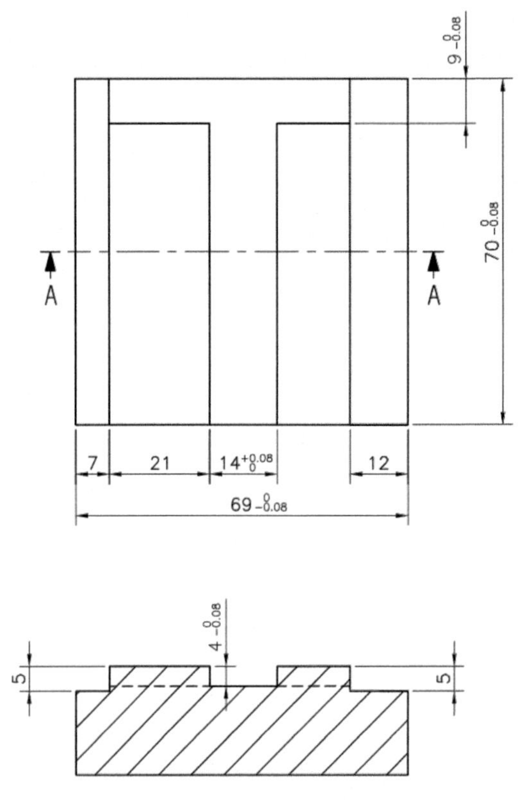

단면 A-A

HRDK 6 - 5

[공개]

8

4. 도 면(범용밀링가공)

자격종목	컴퓨터응용밀링기능사	과제명	밀링가공작업	척도	N S

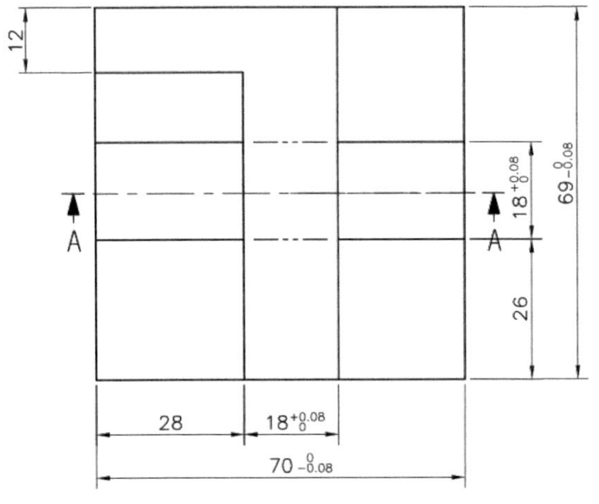

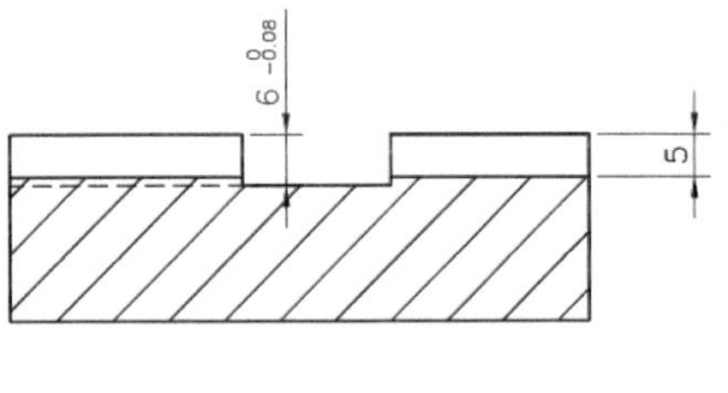

단면 A-A

HRDK 6 - 5

[공개]

9

4. 도 면(범용밀링가공)

자격종목	컴퓨터응용밀링기능사	과제명	밀링가공작업	척도	N S

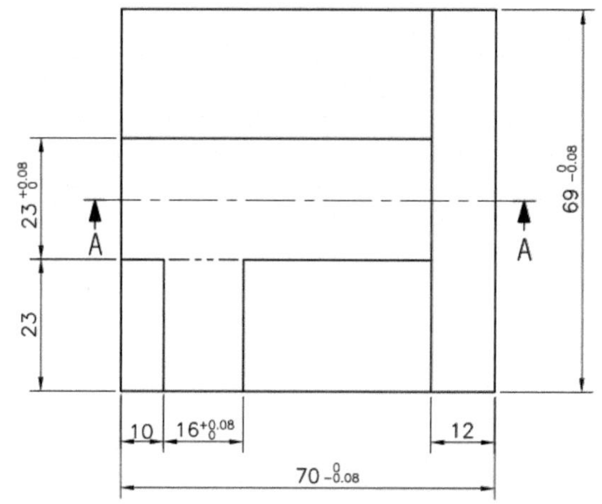

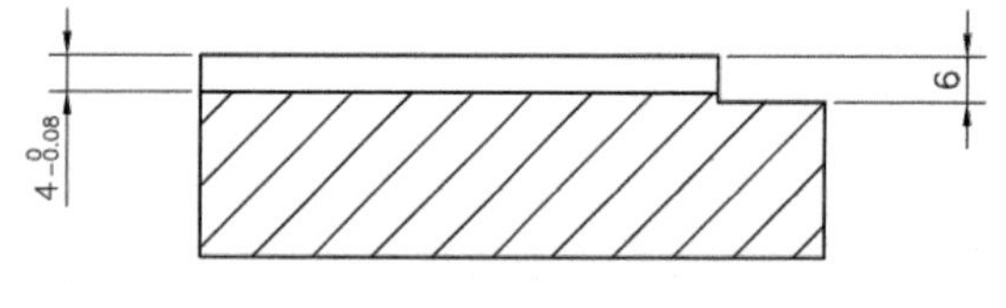

단면 A-A

HRDK 6 - 5

[공개]

4. 도 면(범용밀링가공)

(10)

자격종목	컴퓨터응용밀링기능사	과제명	밀링가공작업	척도	N S

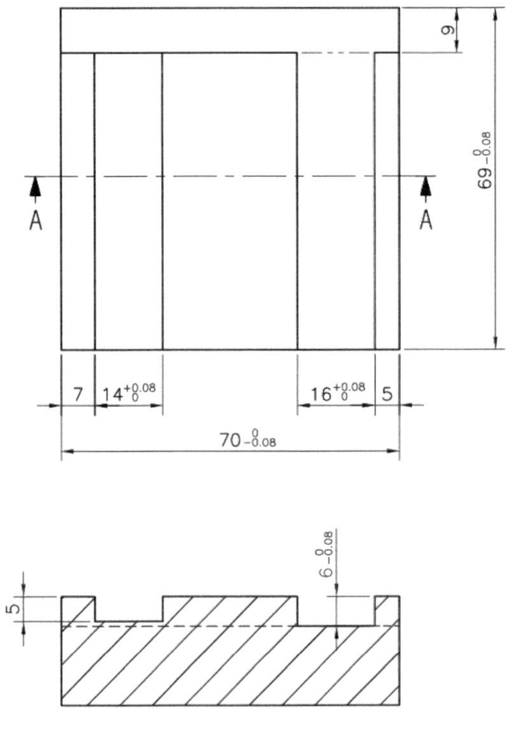

단면 A-A

HRDK 6 - 5

[공개]

11

4. 도 면(범용밀링가공)

자격종목	컴퓨터응용밀링기능사	과제명	밀링가공작업	척도	N S

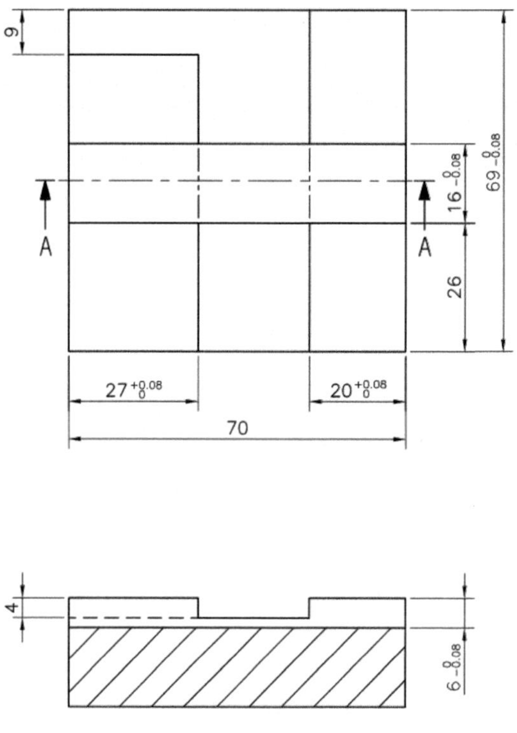

단면 A-A

HRDK 6 - 5

[공개]

12

4. 도 면(범용밀링가공)

자격종목	컴퓨터응용밀링기능사	과제명	밀링가공작업	척도	N S

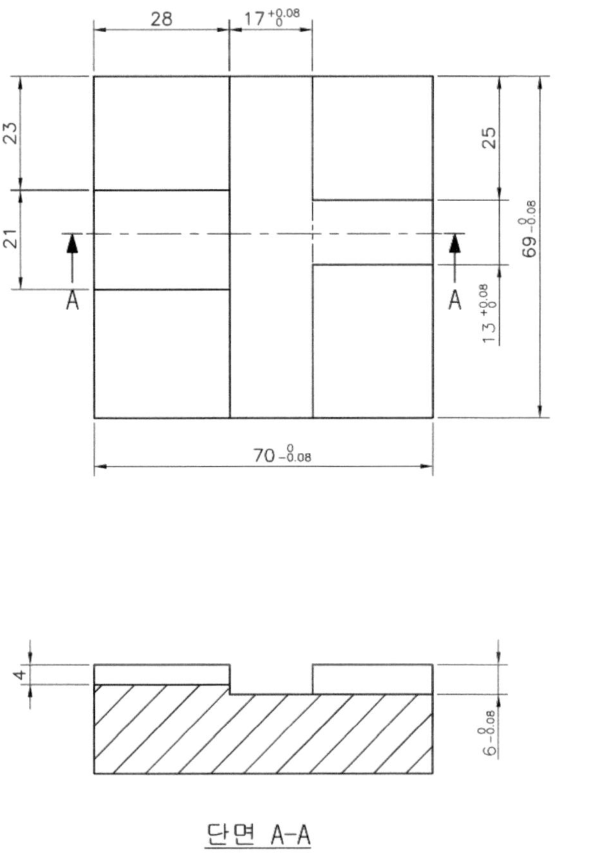

단면 A-A

HRDK 6 - 5

[공개]

13

4. 도 면(범용밀링가공)

자격종목	컴퓨터응용밀링기능사	과제명	밀링가공작업	척도	N S

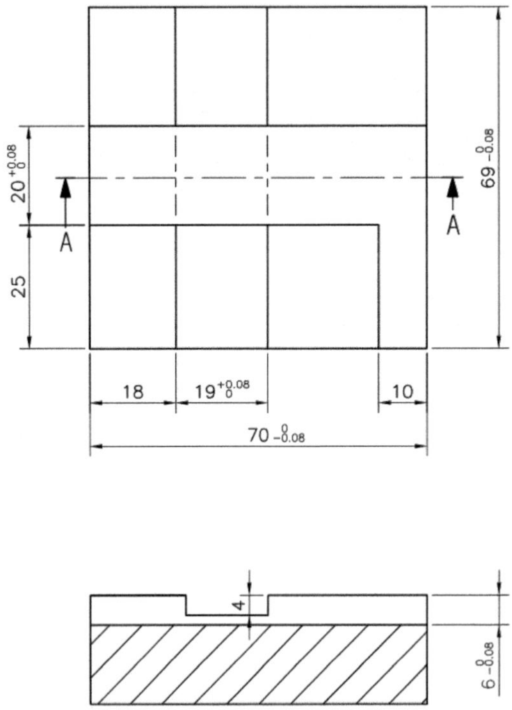

단면 A-A

HRDK 6 - 5

[공개]

14

4. 도 면(범용밀링가공)

자격종목	컴퓨터응용밀링기능사	과제명	밀링가공작업	척도	N S

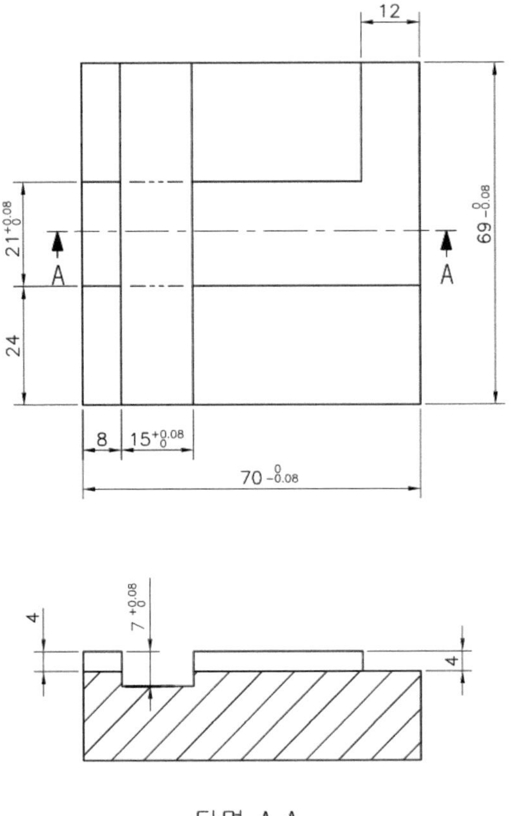

단면 A-A

HRDK 6 - 5

[공개]

15

4. 도 면(범용밀링가공)

자격종목	컴퓨터응용밀링기능사	과제명	밀링가공작업	척도	N S

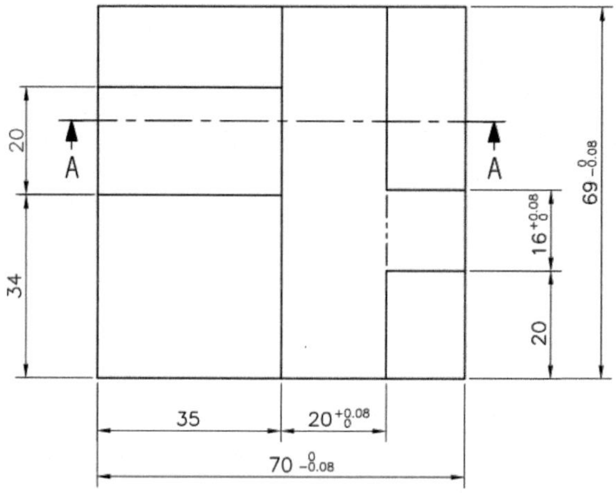

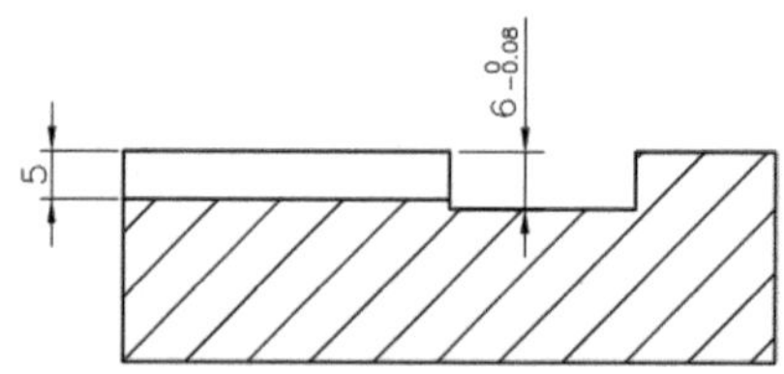

단면 A-A

HRDK 6 – 5

[공개]

16

4. 도 면(범용밀링가공)

자격종목	컴퓨터응용밀링기능사	과제명	밀링가공작업	척도	N S

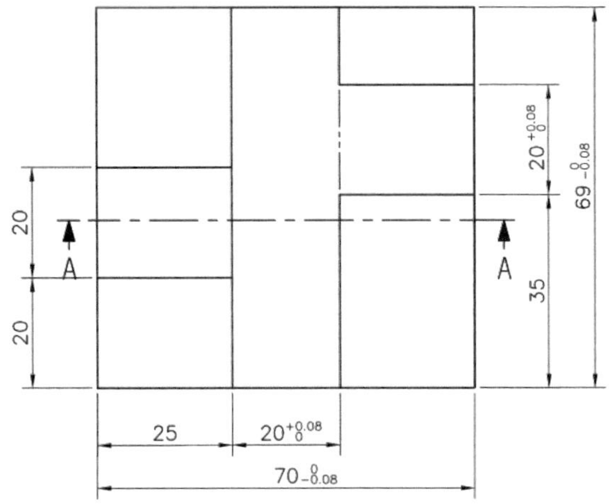

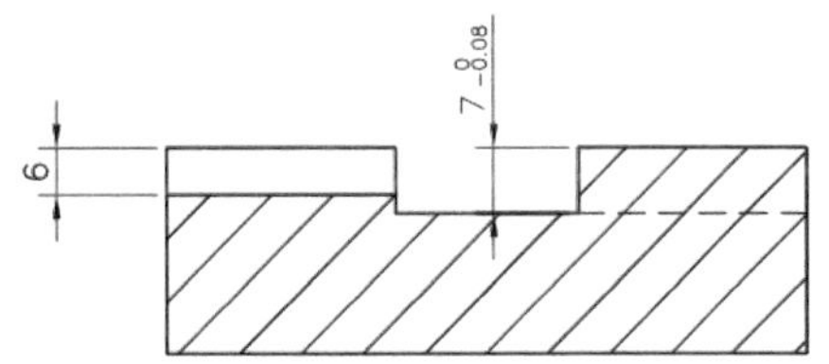

단면 A-A

HRDK 6 - 5

[공개]

17

4. 도 면(범용밀링가공)

자격종목	컴퓨터응용밀링기능사	과제명	밀링가공작업	척도	N S

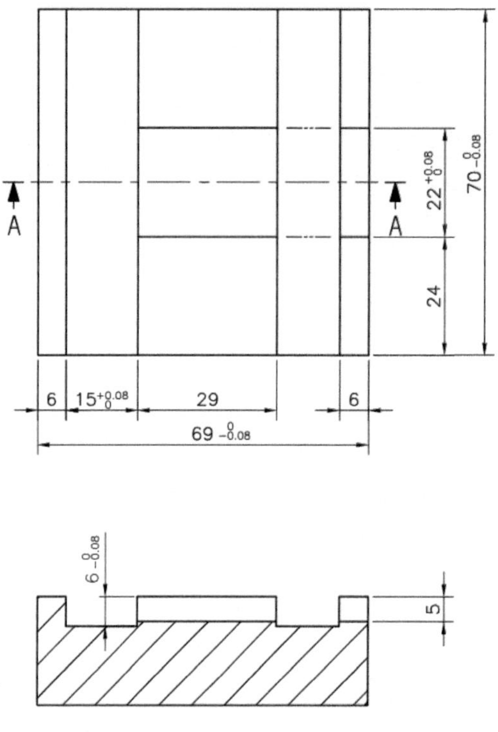

단면 A-A

HRDK 6 - 5

[공개]

18

4. 도 면(범용밀링가공)

자격종목	컴퓨터응용밀링기능사	과제명	밀링가공작업	척도	N S

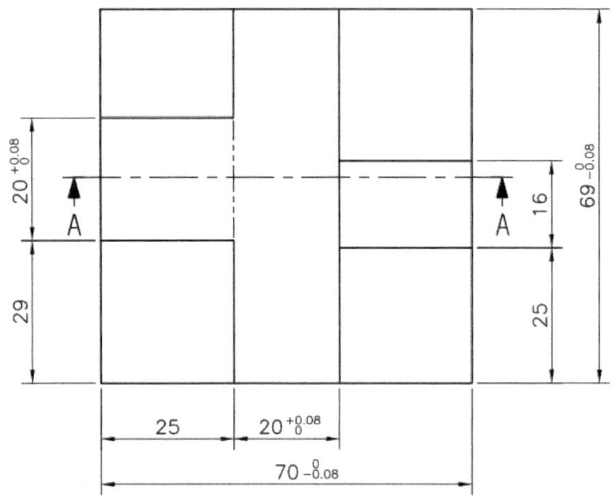

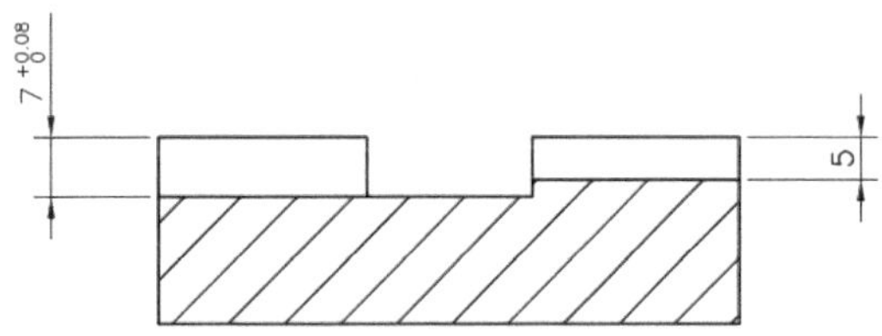

단면 A-A

HRDK 6 - 5

[공개]

19

4. 도 면(범용밀링가공)

자격종목	컴퓨터응용밀링기능사	과제명	밀링가공작업	척도	N S

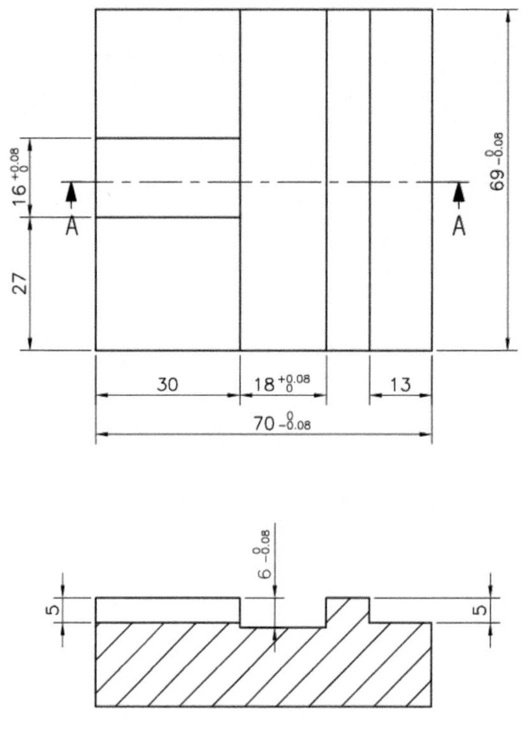

단면 A-A

HRDK 6 - 5

[공개]

20

4. 도 면(범용밀링가공)

자격종목	컴퓨터응용밀링기능사	과제명	밀링가공작업	척도	N S

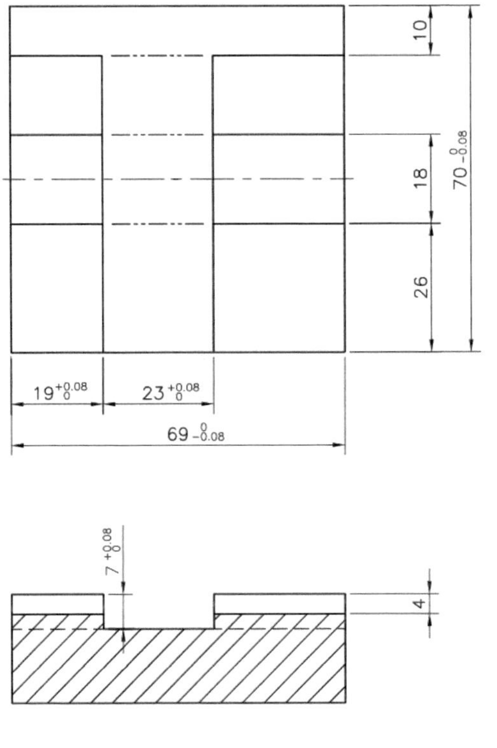

HRDK 6 - 5

[공개]

21

4. 도 면(범용밀링가공)

자격종목	컴퓨터응용밀링기능사	과제명	밀링가공작업	척도	N S

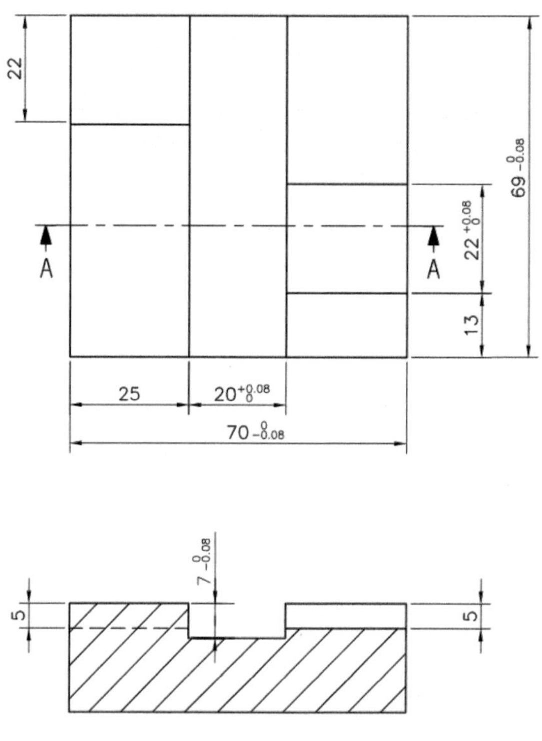

단면 A-A

HRDK 6 - 5

[공개]

(22)

4. 도 면(범용밀링가공)

자격종목	컴퓨터응용밀링기능사	과제명	밀링가공작업	척도	N S

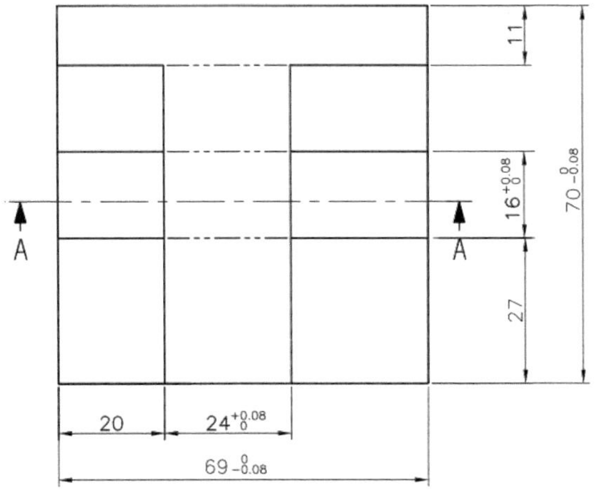

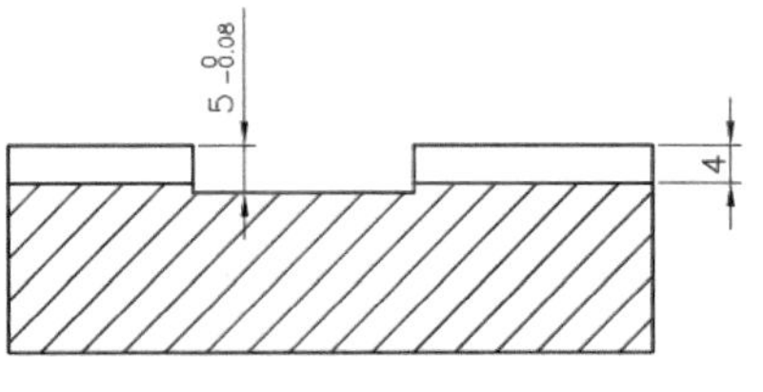

단면 A-A

HRDK 6 - 5

[공개]

(23)

4. 도 면(범용밀링가공)

자격종목	컴퓨터응용밀링기능사	과제명	밀링가공작업	척도	N S

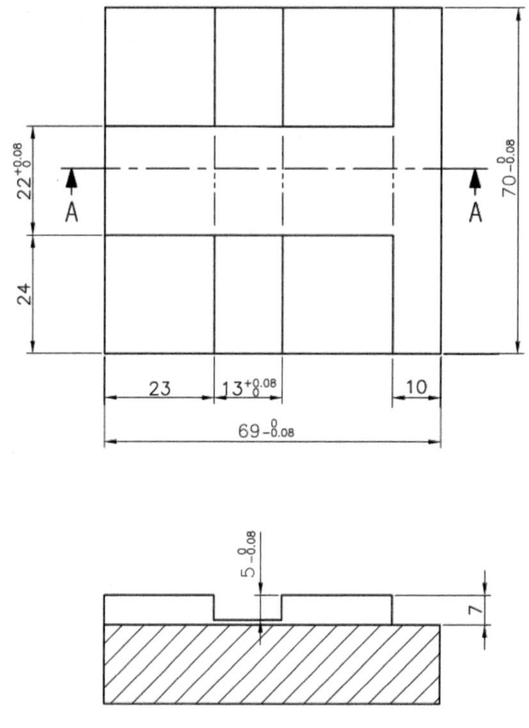

단면 A-A

HRDK 6 - 5

[공개]

(24)

4. 도 면(범용밀링가공)

자격종목	컴퓨터응용밀링기능사	과제명	밀링가공작업	척도	N S

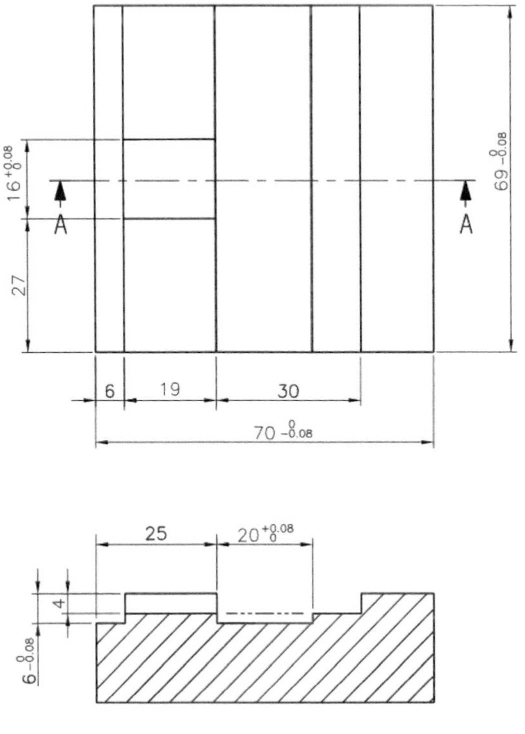

단면 A-A

HRDK 6 - 5

[공개]

25

4. 도 면(범용밀링가공)

자격종목	컴퓨터응용밀링기능사	과제명	밀링가공작업	척도	N S

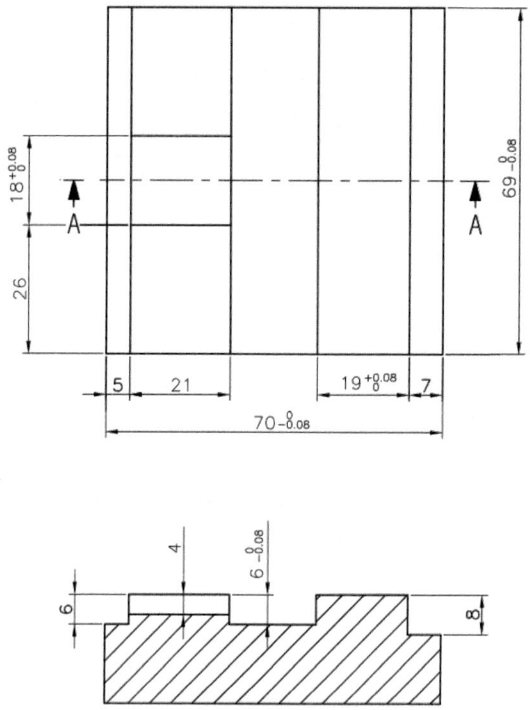

단면 A-A

HRDK 6 - 5

[공개]

(26)

4. 도 면(범용밀링가공)

자격종목	컴퓨터응용밀링기능사	과제명	밀링가공작업	척도	N S

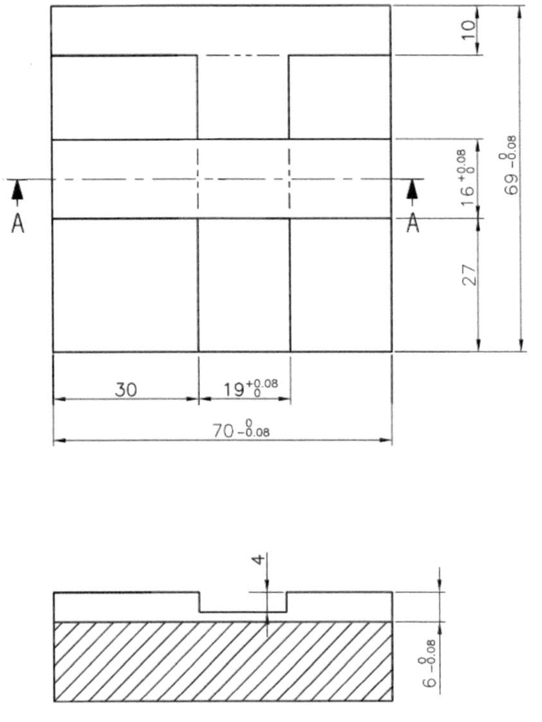

단면 A-A

HRDK 6 – 5

[공개]

27

4. 도 면(범용밀링가공)

자격종목	컴퓨터응용밀링기능사	과제명	밀링가공작업	척도	N S

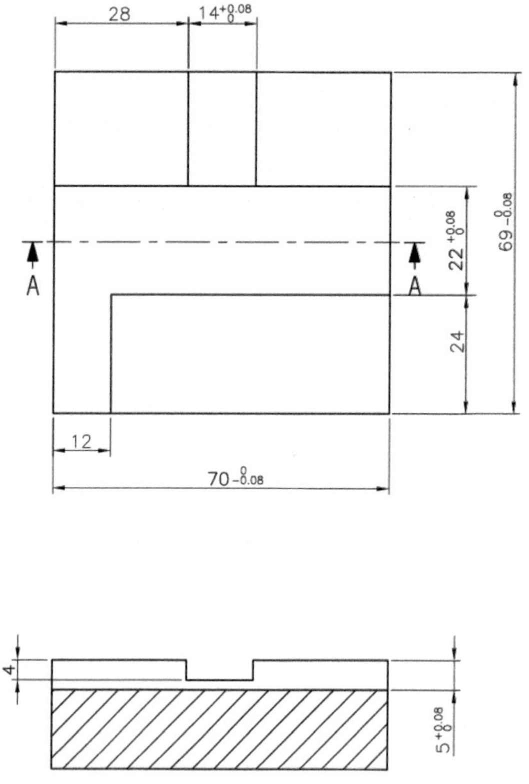

단면 A-A

HRDK 6 - 5

[공개]

(28)

4. 도 면(범용밀링가공)

자격종목	컴퓨터응용밀링기능사	과제명	밀링가공작업	척도	N S

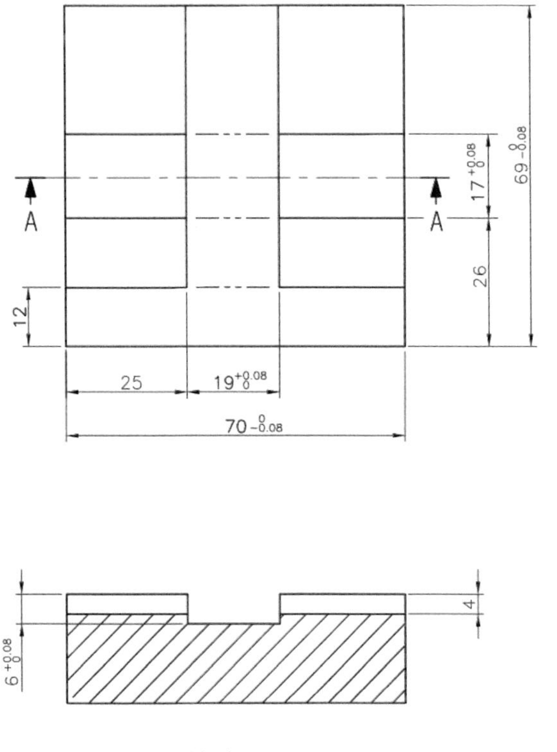

단면 A-A

HRDK 6 - 5

[공개]

(29)

4. 도 면(범용밀링가공)

자격종목	컴퓨터응용밀링기능사	과제명	밀링가공작업	척도	N S

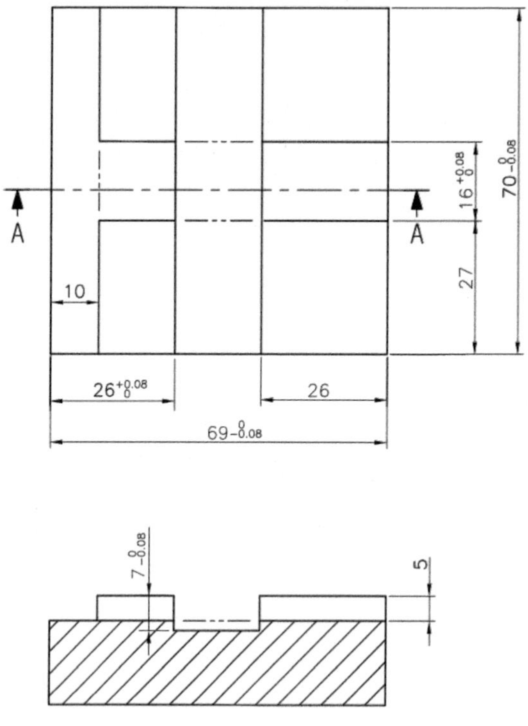

단면 A-A

HRDK 6 - 5

[공개]

30

4. 도 면(범용밀링가공)

자격종목	컴퓨터응용밀링기능사	과제명	밀링가공작업	척도	N S

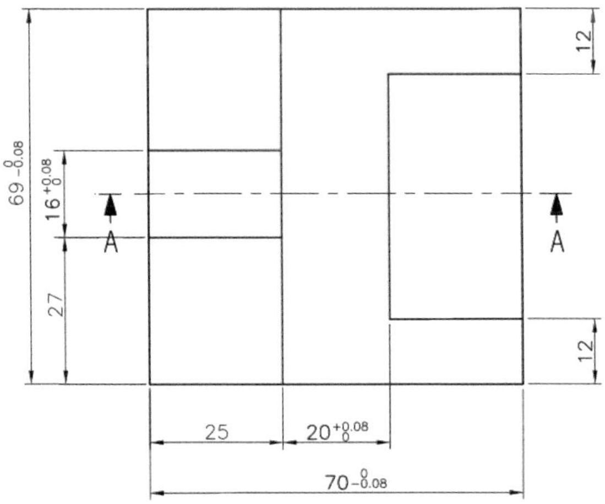

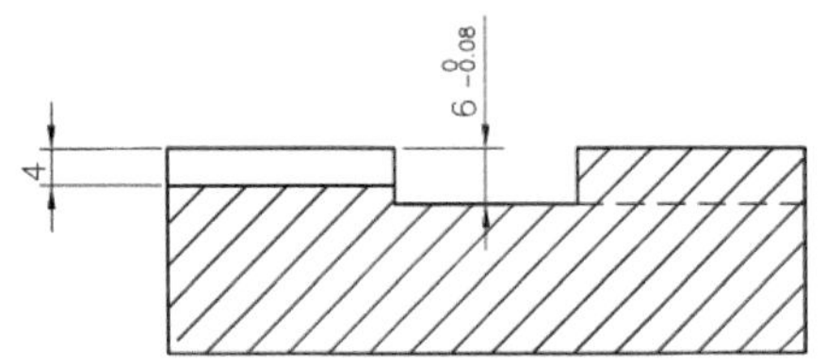

단면 A-A

HRDK 6 - 5

STEP 04

범용밀링 가공 작업 (기능장 공개문제 1번)

자격종목	기계가공기능장	[시험 1] 과제명	범용 밀링 가공품	척도	N S

※도면 ③

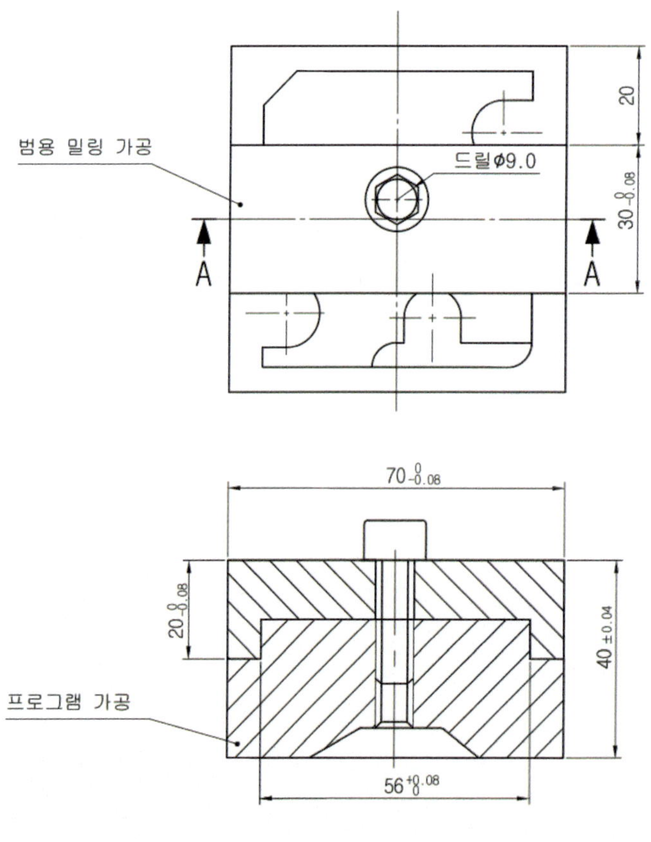

A-A

주서

1. 범용 밀링 제작품의 치수는 주어진 도면의 상대치수를 활용하여 제작 및 조립합니다.

설명에 앞서 독자들이 기능사에 대한 설명을 충분히 보았거나 본래 기본적인 범용밀링 작업에 대해서 잘 알고 있기 때문에 기능장에 응시했을 것이라고 생각하여 세세한 설명은 생략하고자 한다. 따라서 마이크로칼라 세팅이나 절삭유 공급, 거스러미(버) 제거, 백래시, 드릴가공 등에 대해서 언급하지 않거나 최소한의 내용만 기재하고자 한다.

- 소재 : AL6061(T6). 육면체. 32 × 72 × 22t [mm]
- 외곽가공치수 : 30 × 70 × 20t [mm]

[01] 소재를 32 × 72 × 22t에서 30 × 70 × 20t로 육면체 가공을 한다. 한쪽에 비번 음각되어 있을 것이므로 기능사에서와 동일하게 5면 가공이 될 것이다. 주축의 속도는 1,000RPM 정도로 세팅한다. 조금씩 깎으며 버니어 켈리퍼스로 치수를 계속 확인해 가면서 작업한다.

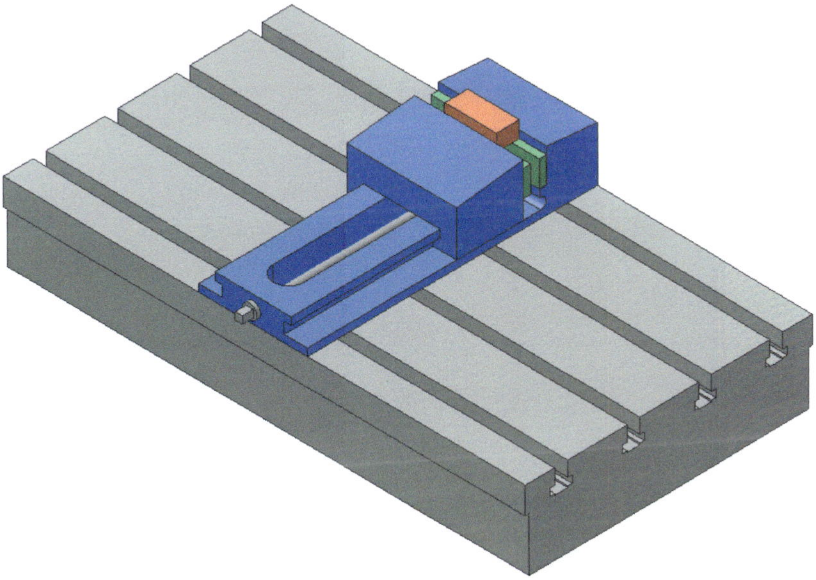

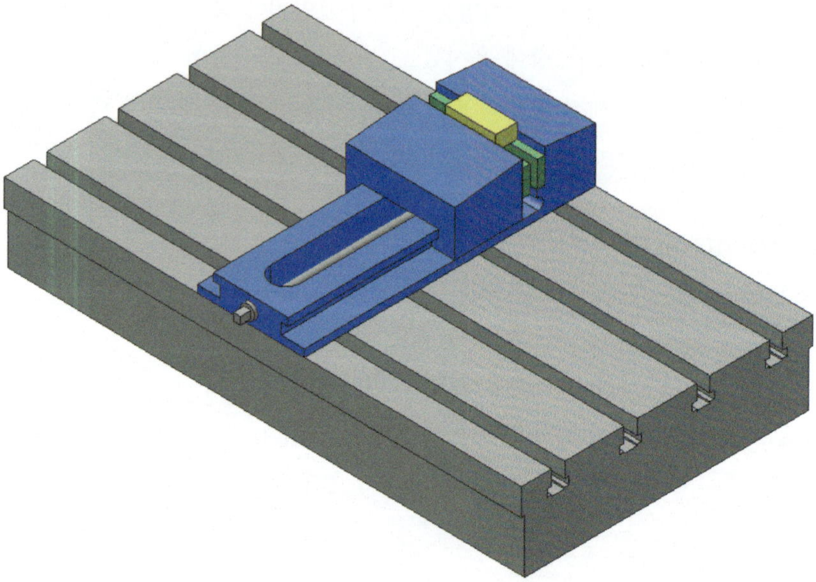

[02] 소재의 윗면에 하이트 게이지를 사용하여 금을 긋고 센터펀치(또는 센터링펀치)로 아래 그림과 같이 홈을 낸다.

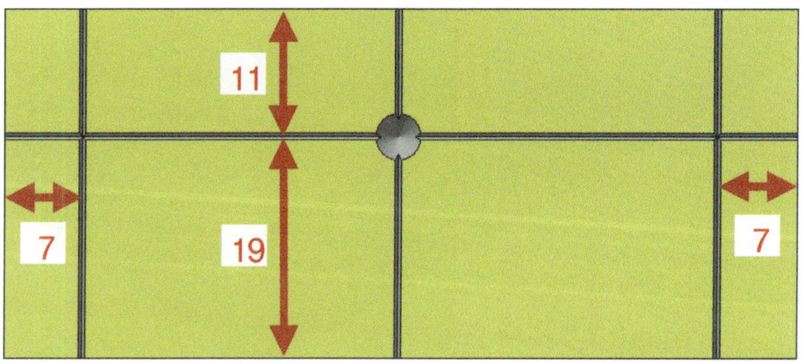

[03] 센터드릴과 직경 9mm의 드릴로 드릴링머신(또는 드릴머신)에서 작업하여 아래 그림과 같이 구멍을 낸다.

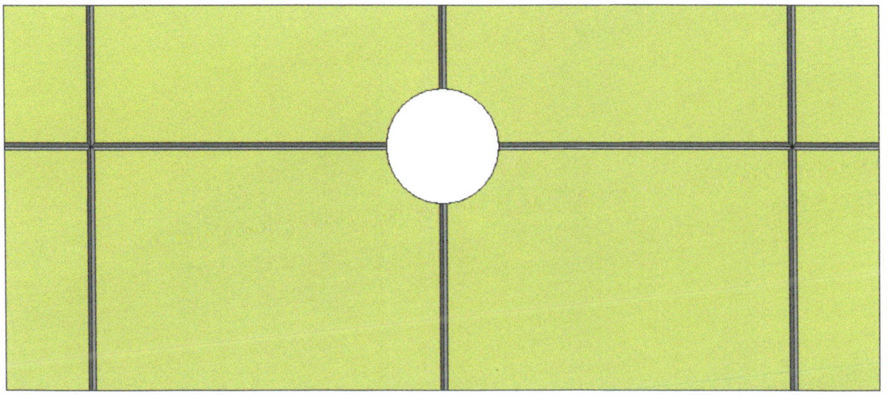

[04] 아래의 그림과 같이 바이스에 물리고 소재의 가운데 윗면을 터치한 다음 기준을 잡고 Z 방향으로 8mm만큼 절삭해야 하는데 보통 2mm씩 절삭하여 가공하는 것이 일반적이다.

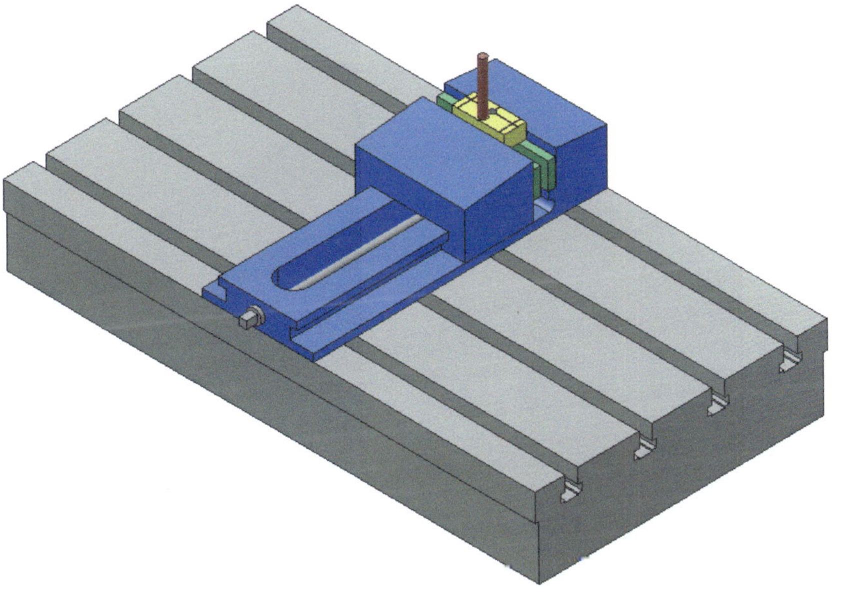

[05] Z 방향으로 8mm만큼 절삭하면서 옆면도 같이 절삭을 하는데 이때 Z 방향은 윗면을 터치하면서 기준을 잡았지만 옆으로는 기준을 잡기 어려우므로 어느 정도 절삭하여 눈금 근처에 가면 버니어 캘리퍼스로 측정하며 정확한 치수를 맞추어 간다.

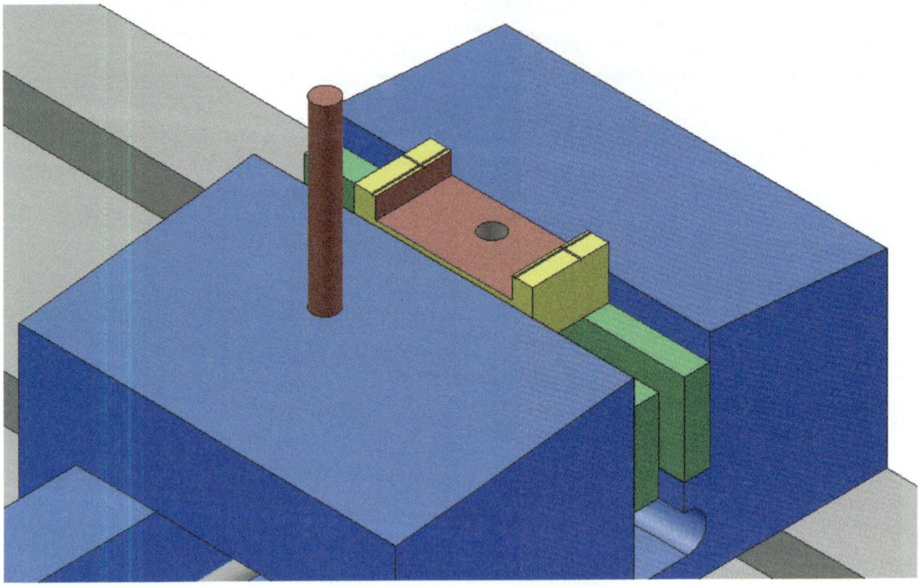

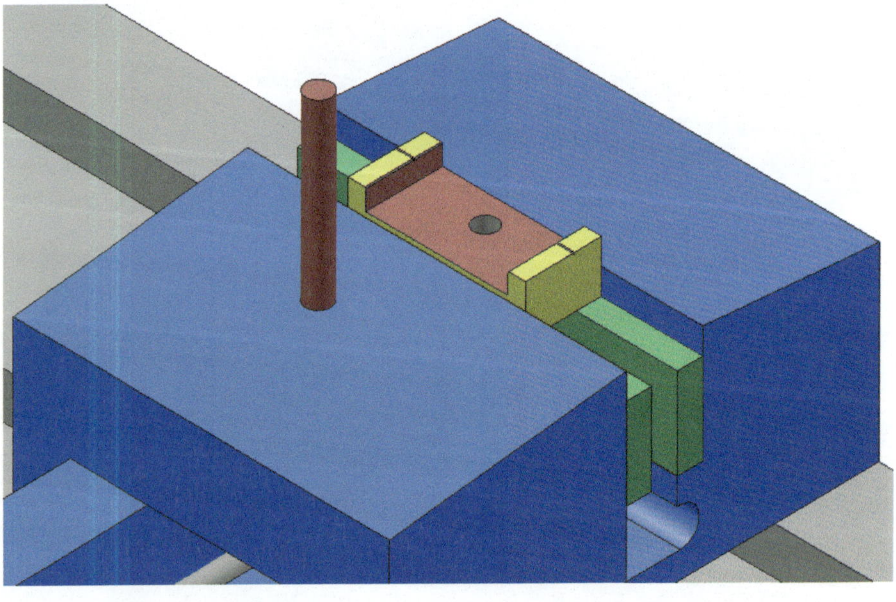

STEP 05

범용밀링 가공 공개도면 (기능장 1~12번)

[공개]

①

4. 도 면(범용밀링가공&조립도)

자격종목	기계가공기능장	[시험 1] 과제명	범용 밀링 가공품	척도	N S

※도면 ③

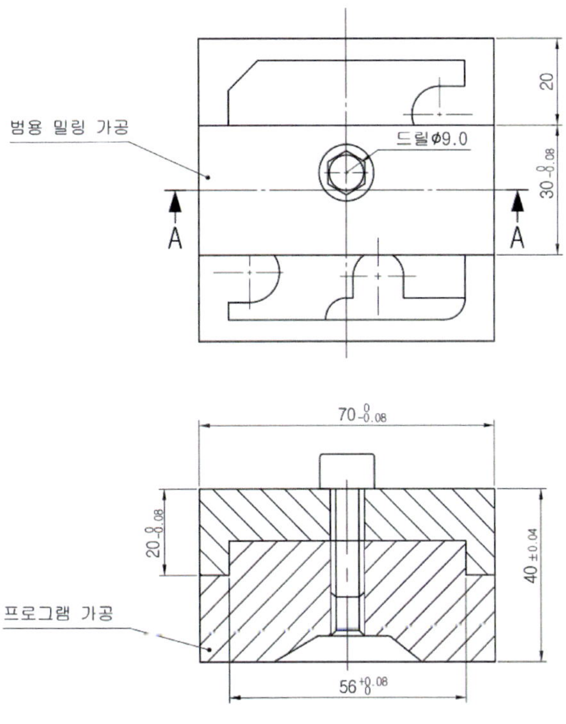

A-A

주서

1. 범용 밀링 제작품의 치수는 주어진 도면의 상대치수를 활용하여 제작 및 조립합니다.

HRDK [시험 1] 8 - 8

[공개]

②

4. 도 면(범용밀링가공&조립도)

자격종목	기계가공기능장	[시험 1] 과제명	범용 밀링 가공품	척도	N S

※도면 ③

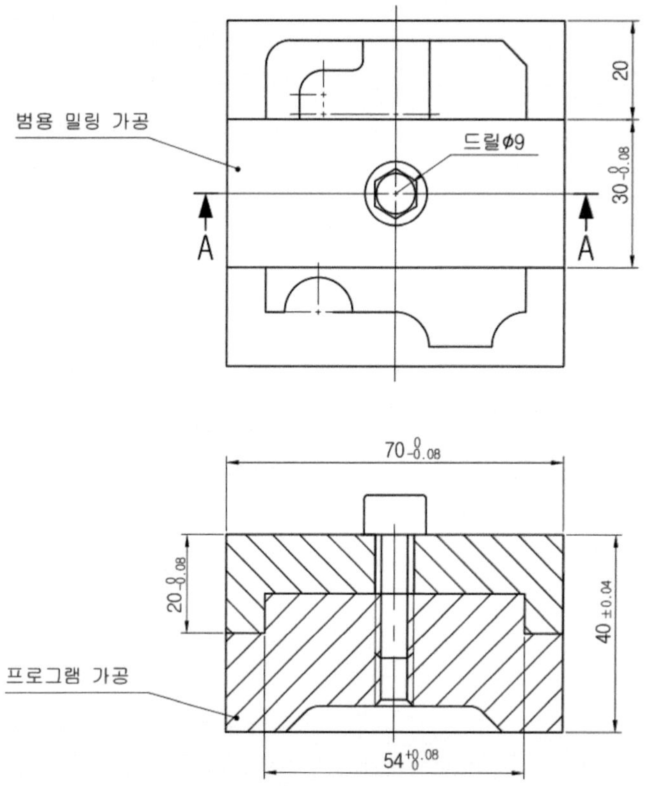

A-A

주서

1. 범용 밀링 제작품의 치수는 주어진 도면의 상대치수를 활용하여 제작 및 조립합니다.

HRDK [시험 1] 8 - 8

[공개]

③

4. 도 면(범용밀링가공&조립도)

자격종목	기계가공기능장	[시험 1] 과제명	범용 밀링 가공품	척도	N S

※도면 ③

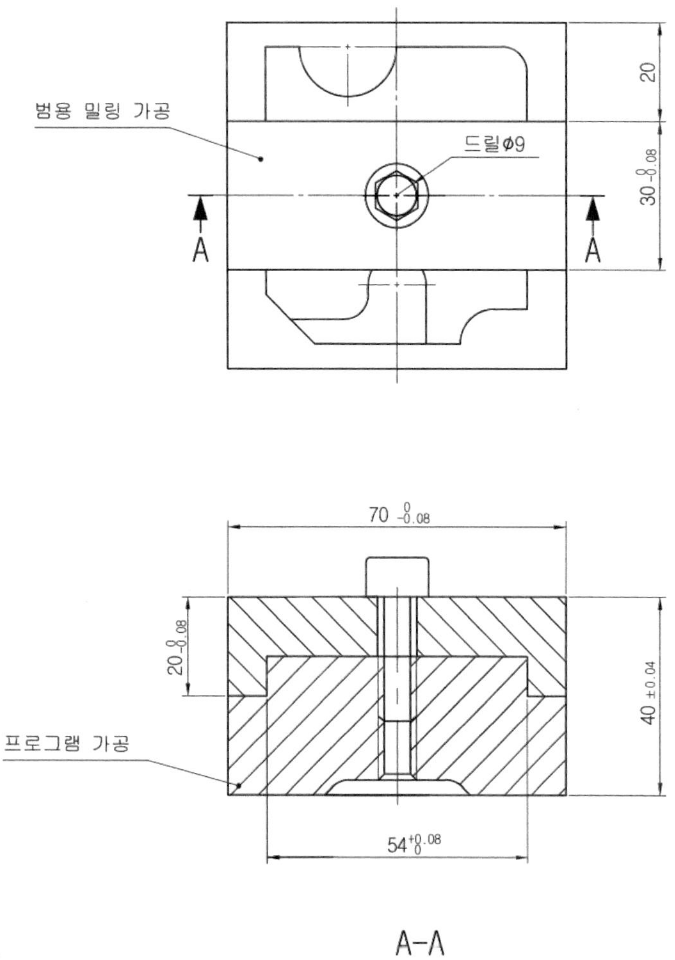

주서

1. 범용 밀링 제작품의 치수는 주어진 도면의 상대치수를 활용하여 제작 및 조립합니다.

HRDK [시험 1] 8 - 8

[공개]

④

4. 도 면(범용밀링가공&조립도)

자격종목	기계가공기능장	[시험 1] 과제명	범용 밀링 가공품	척도	N S

※도면 ③

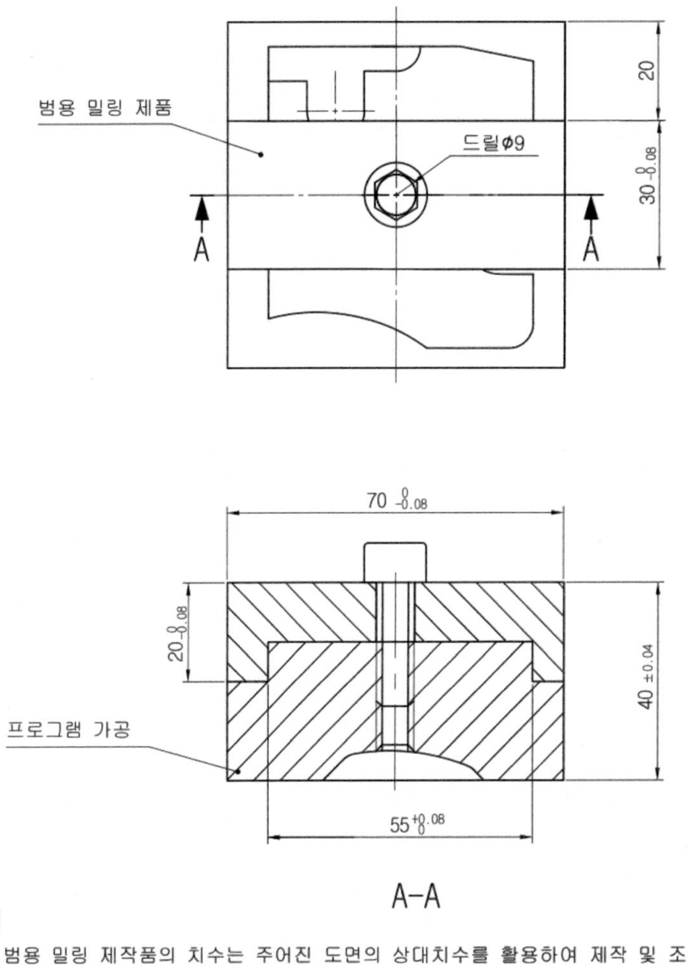

주서

1. 범용 밀링 제작품의 치수는 주어진 도면의 상대치수를 활용하여 제작 및 조립합니다.

HRDK [시험 1] 8 - 8

[공개]

⑤

4. 도 면(범용밀링가공&조립도)

자격종목	기계가공기능장	[시험 1] 과제명	범용 밀링 가공품	척도	N S

※도면 ③

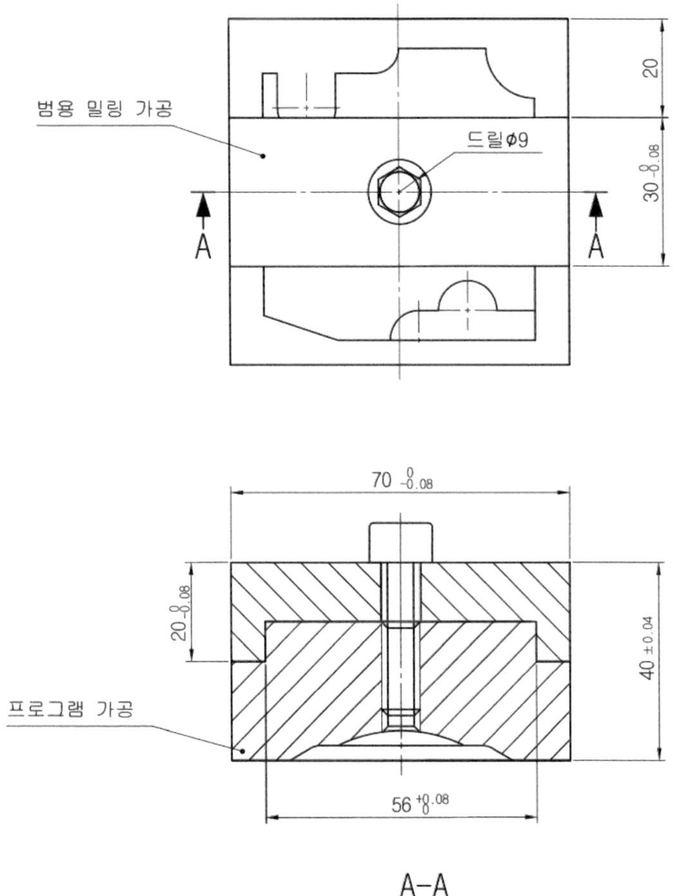

A-A

주서

1. 범용 밀링 제작품의 치수는 주어진 도면의 상대치수를 활용하여 제작 및 조립합니다.

HRDK [시험 1] 8 - 8

[공개]

⑥

4. 도 면(범용밀링가공&조립도)

자격종목	기계가공기능장	[시험 1] 과제명	범용 밀링 가공품	척도	N S

※도면 ③

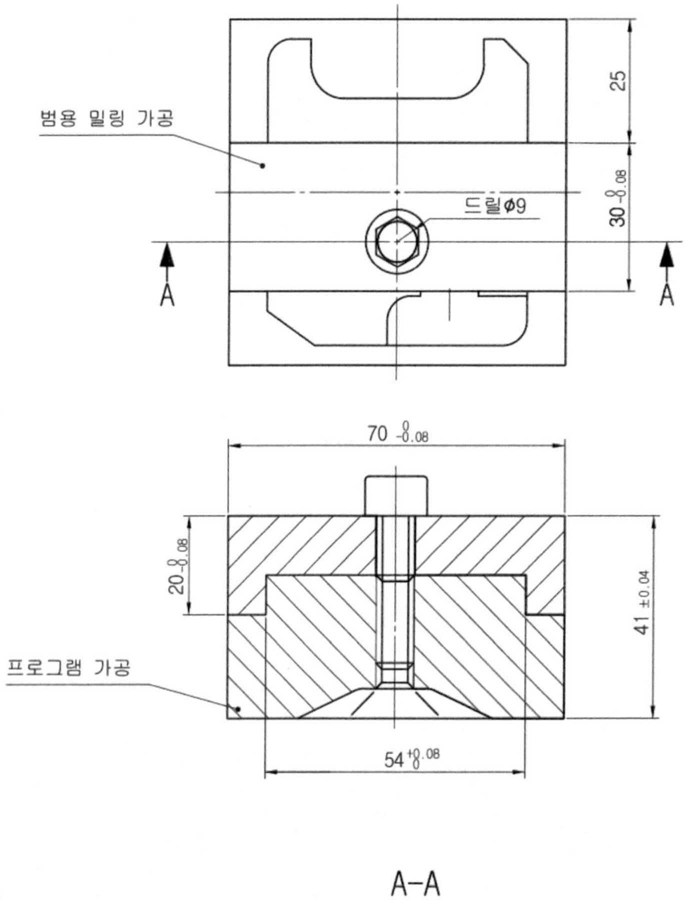

주서

1. 범용 밀링 제작품의 치수는 주어진 도면의 상대치수를 활용하여 제작 및 조립합니다.

HRDK [시험 1] 8 - 8

[공개]

⑦

4. 도 면(범용밀링가공&조립도)

자격종목	기계가공기능장	[시험 1] 과제명	범용 밀링 가공품	척도	N S

※도면 ③

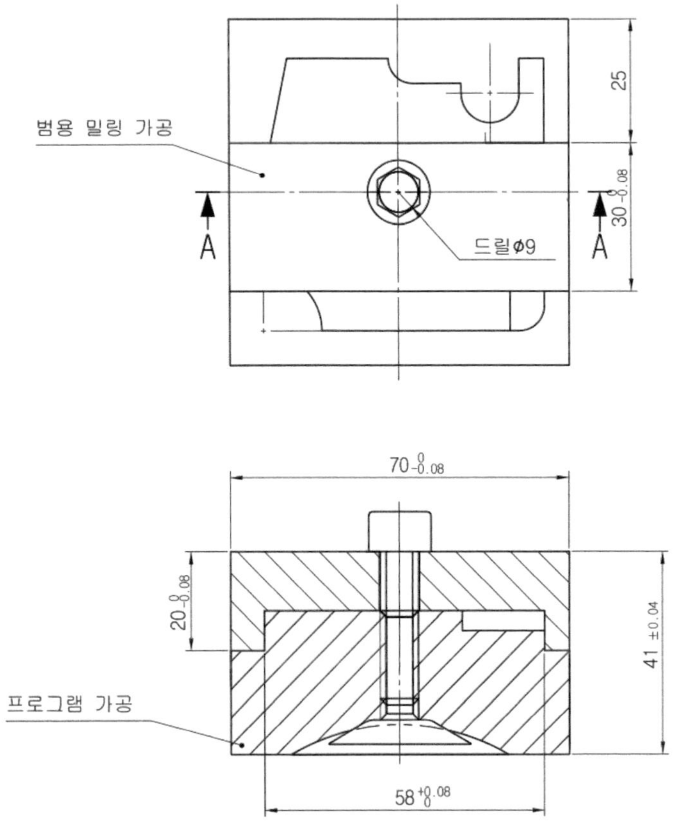

A-A

주서

1. 범용 밀링 제작품의 치수는 주어진 도면의 상대치수를 활용하여 제작 및 조립합니다.

HRDK [시험 1] 8 - 8

[공개]

⑧

4. 도 면(범용밀링가공&조립도)

자격종목	기계가공기능장	[시험 1] 과제명	범용 밀링 가공품	척도	N S

※도면 ③

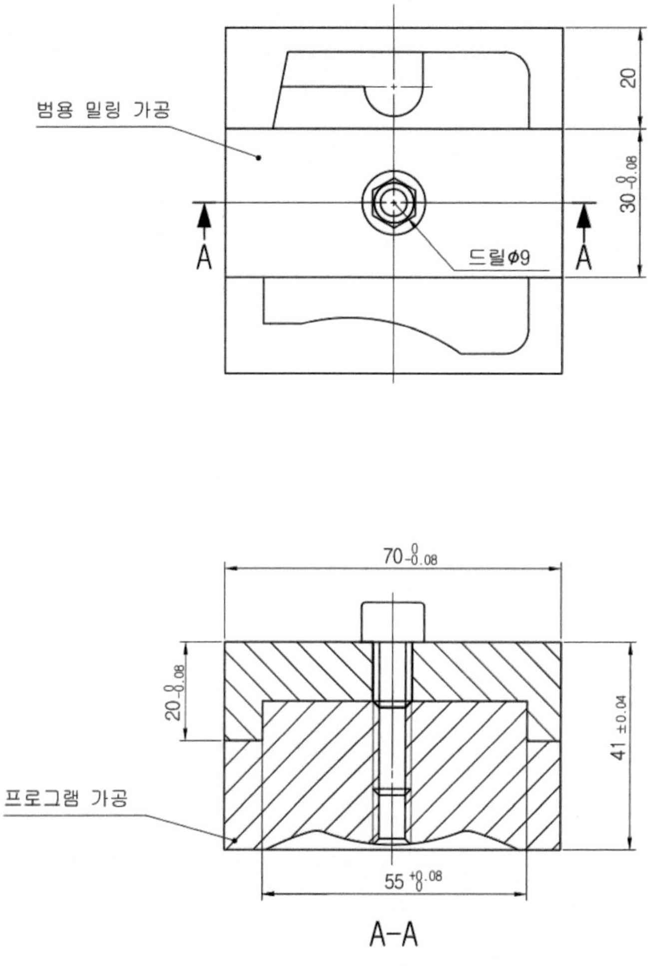

주서

1. 범용 밀링 제작품의 치수는 주어진 도면의 상대치수를 활용하여 제작 및 조립합니다.

HRDK [시험 1] 8 - 8

[공개]

⑨

4. 도 면(범용밀링가공&조립도)

자격종목	기계가공기능장	[시험 1] 과제명	범용 밀링 가공품	척도	N S

※도면 ③

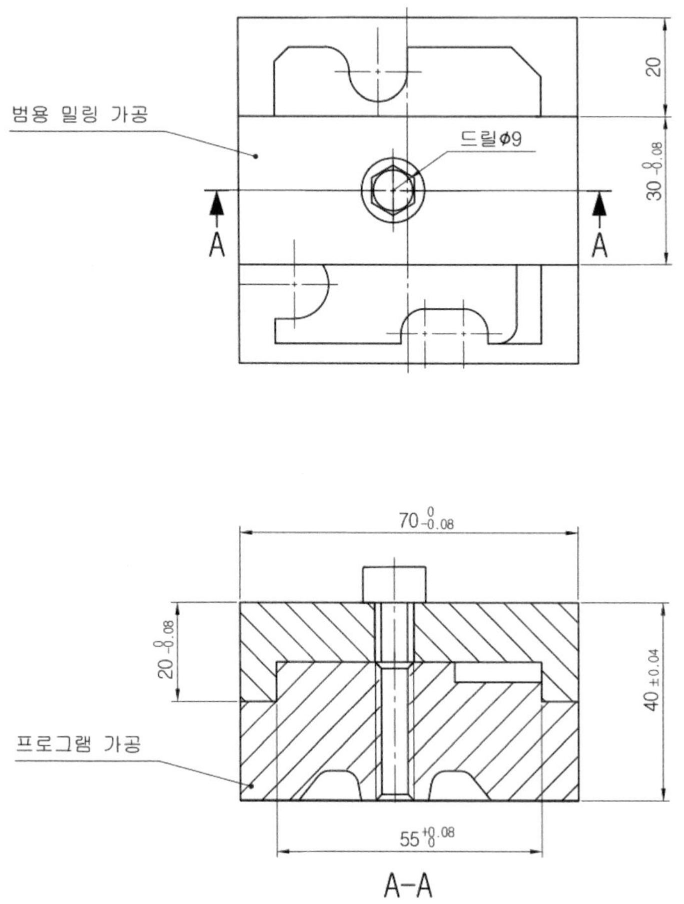

주서

1. 범용 밀링 제작품의 치수는 주어진 도면의 상대치수를 활용하여 제작 및 조립합니다.

HRDK [시험 1] 8 - 8

[공개]

⑩

4. 도 면(범용밀링가공&조립도)

자격종목	기계가공기능장	[시험 1] 과제명	범용 밀링 가공품	척도	N S

※도면 ③

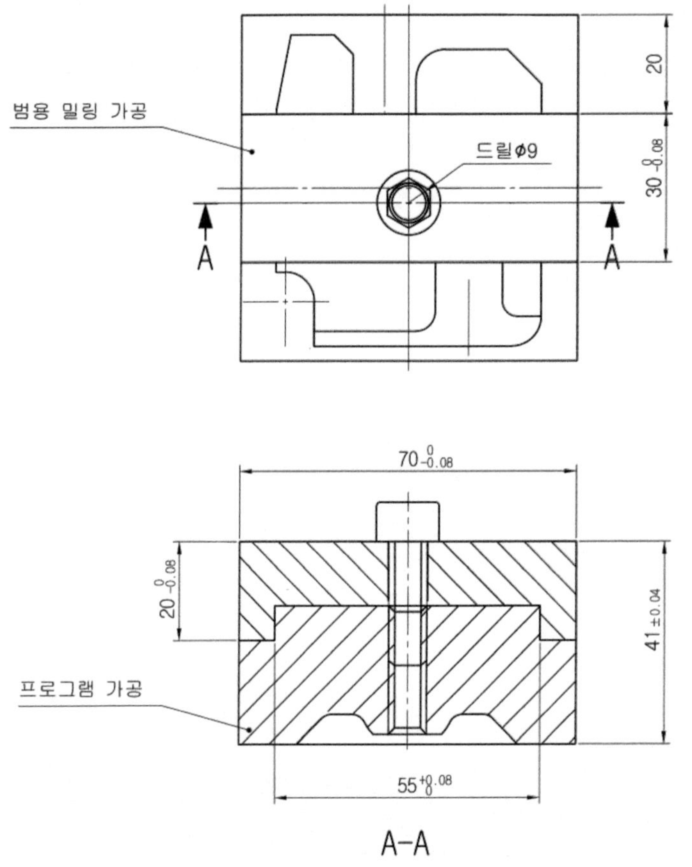

주서

1. 범용 밀링 제작품의 치수는 주어진 도면의 상대치수를 활용하여 제작 및 조립합니다.

HRDK [시험 1] 8 - 8

[공개]

⑪

4. 도 면(범용밀링가공&조립도)

자격종목	기계가공기능장	[시험 1] 과제명	범용 밀링 가공품	척도	N S

※도면 ③

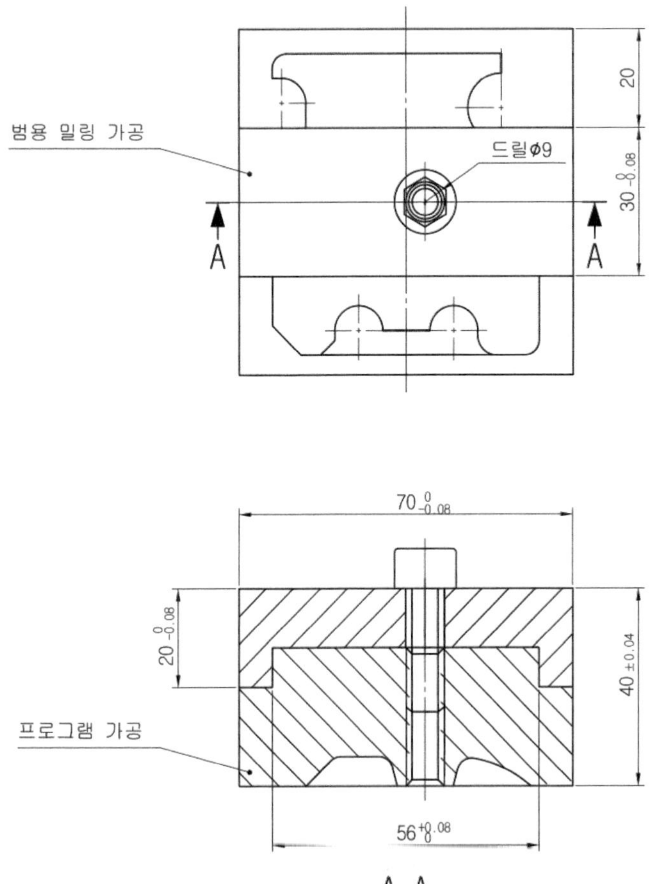

A-A

주서

1. 범용 밀링 제작품의 치수는 주어진 도면의 상대치수를 활용하여 제작 및 조립합니다.

HRDK [시험 1] 8 - 8

[공개]

⑫

4. 도 면(범용밀링가공&조립도)

자격종목	기계가공기능장	[시험 1] 과제명	범용 밀링 가공품	척도	N S

※도면 ③

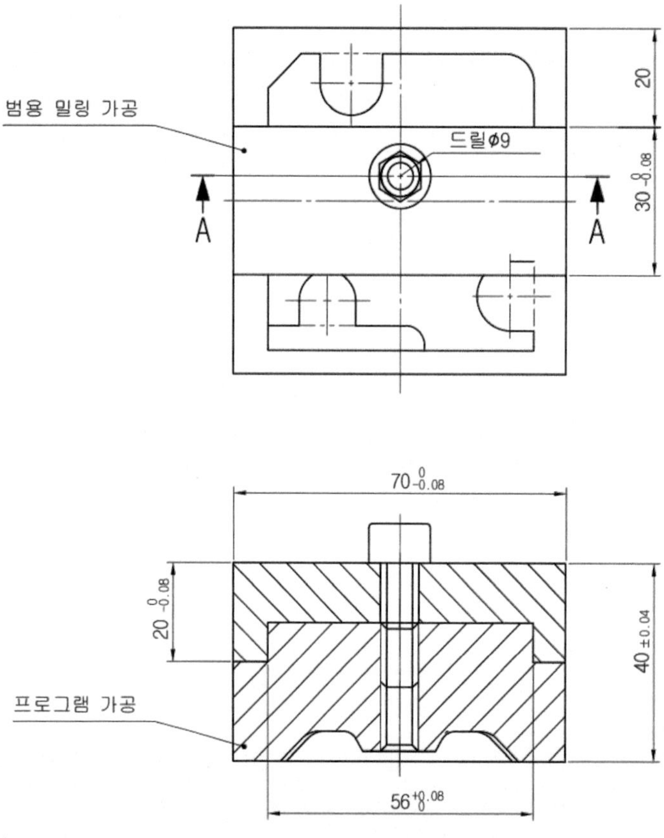

주서

1. 범용 밀링 제작품의 치수는 주어진 도면의 상대치수를 활용하여 제작 및 조립합니다.

HRDK [시험 1] 8 - 8

제2장

머시닝센터(MCT) 수기가공

STEP 06 | 머시닝센터(MCT)용 G코드 작성해보기

STEP 07 | 프로그램 작성 따라해보기

STEP 08 | 머시닝센터 국가기술자격 수기작성(산업기사/기능장)

STEP 09 | 머시닝센터 3D 수기가공 공개도면(산업기사 1~8번)

STEP 10 | 머시닝센터 2.5D 수기가공 공개도면(기능장 1~12번)

STEP 06

머시닝센터(MCT)용 G코드 작성해보기

6.1 MCT의 정의

범용밀링에 컨트롤러(Controller)를 장착한 기계를 CNC 밀링이라고 한다. 수치제어장치로 공구를 회전시켜 제품을 가공하는 기계이다. 그리고 이 CNC 밀링에 툴매거진(Tool Magazine)과 자동 공구교환장치(ATC : Automatic Tool Changer)를 장착하여 연속적인 작업에 필요한 공구를 자동으로 교환하면서 가공하는 기계를 머시닝센터(Machining Center)라고 한다.

머시닝센터에서는 직선절삭, 원호절삭, 헬리컬절삭뿐 아니라, 드릴링, 보링, 태핑 등 공작기계를 이용한 절삭가공의 모든 부분을 가공할 수 있다. 본 서에서는 자격증 실기시험에서 사용되는 내용 위주로 설명할 것이다.

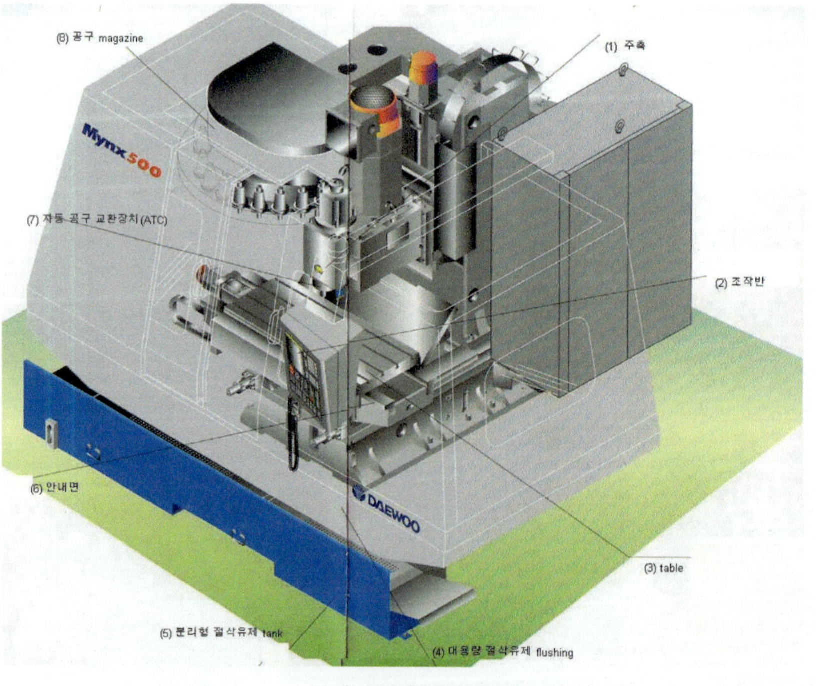

머시닝센터 구조도

6.2 MCT 프로그램의 구성

6.2.1 워드(Word)의 구성

프로그램을 구성하는 가장 작은 단위이고, 주소(Address)와 수치(Data)의 조합으로 구성된다.

X		100.		
어드레스	+	수 치	=	워드

워드의 구성

6.2.2 블록(Block)의 구성

다수의 워드(Word)가 모여 구성된 하나의 명령 단위를 블록(Block)이라고 하며, 블록의 끝에 EOB(End Of Block)를 사용하여, 블록 간의 구분을 한다. EOB는 ';'의 부호로 간단하게 표시한다.

N___	G___	X___	Y___	Z___	F___	S___	T___	M___	;
번호	준비 기능	좌	표	값	이송 기능	주축 기능	공구 기능	보조 기능	EOB

블록의 구성

6.2.3 프로그램(Program)의 구성

여러 개의 워드(Word)가 모여서 하나의 블록(Block)을 구성하고, 여러 개의 블록이 모여서 하나 프로그램(Program)을 구성한다. 프로그램은 한 블록의 실행이 종료되면 다음 블록이 실행되는 블록 단위의 순차적 실행법을 따른다.

O1229;	프로그램 번호	실행순서
N01 __________ ;	N01 블록	↓
N02 __________ ;	N02 블록	↓
…	중간 생략	↓
N36 M30 ;	프로그램 종료	↓

프로그램의 구성

6.3 좌표계

6.3.1 머시닝센터 좌표

머시닝센터에서 좌표축은 일명 제어축이라고도 하며, 각각의 축에 대하여 제어 대상이 되는 축을 의미한다. 혼선을 피하기 위하여 ISO 및 KS 규격에서 공작기계의 좌표축은 오른손 직교 좌표계를 표준 좌표계로 지정해 놓았다. 제어축 방향은 다음과 같다.

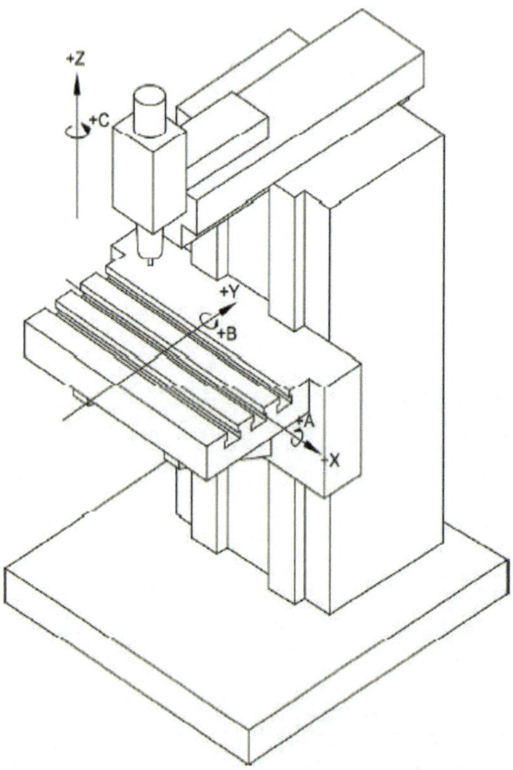

머시닝센터 좌표축

3축 머시닝센터는 테이블의 병진 운동으로 정의되는 X, Y 2개의 축과 주축의 병진운동으로 정의되는 Z축이 합해져서 3개의 축을 이루고, 5축 머시닝센터는 3축에서 회전축 2개가 더해져서, 5개의 축으로 이루어진다.

6.3.2 좌표계의 종류

(1) 기계 좌표계

기계를 제작한 메이커사가 정한 기계의 원점이다. 이 기계 원점을 기준으로 하는 좌표계를 기계 좌표계라고 한다. 기계에 고정되어 있는 좌표계로 전원 공급 후 원점복귀를 하면 기계 좌표의 원점으로 이동을 하며, 기계좌표의 설정이 이루어진다.

(2) 공작물 좌표계(절대 좌표계)

공작물의 가공을 위하여 공작물 임의의 위치를 원점으로 설정하는 좌표계를 공작물 좌표계라고 한다. 이 공작물 좌표계는 G54~G59의 좌표 파라미터를 이용하여 기계 좌표계의 위치의 보정을 통하여 좌표원점의 설정이 이루어진다.

(3) 상대 좌표계

제품 가공을 위해 공작물 좌표계 원점을 정의한 후 프로그램을 작성할 때 특정 영역의 좌표 지정을 쉽게 하기 위하여 일시적으로 현재 공구위치가 좌표 원점이 되는 좌표계의 정의가 가능한데, 이것을 상대 좌표계라고 한다.

6.4 좌표값의 지령방법

공구의 이송량을 지령하는 방법에는 절대지령과 증분지령 총 2가지가 있다.

6.4.1 절대지령(G90)

공작물 좌표계 원점을 기준으로 종점의 직교 좌표계의 좌표 값을 입력하는 방식으로 G90과 함께 X, Y, Z 세 축의 종점 좌표 값을 지령한다.

6.4.2 증분지령(G91)

현재 공구의 위치를 원점으로 하여 종점까지 X, Y, Z 세 축의 증분 좌표 값을 입력하는 방식으로 G91과 함께 X, Y, Z 세 축의 증분 좌표 값을 지령한다.

아래의 그림과 표는 절대지령과 증분지령의 사용의 예를 나타낸 것이다.

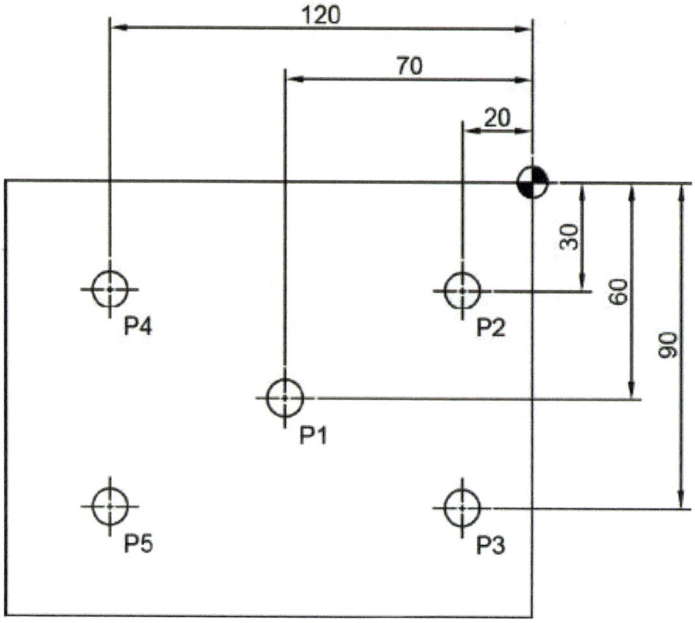

절대지령과 증분지령의 예시 도면

각 지령의 예		
위치	절대지령	증분지령
원점 → P1	X-70. Y-60. ;	X-70. Y-60. ;
P1 → P2	X-20. Y-30. ;	X50. Y30. ;
P2 → P3	X-20. Y-90. ;	Y-60. ;
P3 → P4	X-120. Y-30. ;	X-100. Y60. ;
P4 → P5	X-120. Y-90. ;	Y-60. ;

절대지령과 증분지령의 좌표 지령

6.5 보조기능(M코드)

보조 기능은 어드레스 "M" 뒤에 연속되는 두 자리 수치에 의해 프로그램을 제어하거나, 기계의 보조 기능을 제어하는 기능이다. M코드는 1개의 블록에서 1개만 유효하다.

M코드	기능
M00	프로그램 정지 (실행 중인 프로그램이 일시 정지된다.)
M01	선택 프로그램 정지 (컨트롤러의 M01 스위치가 ON인 경우 정지)
M02	프로그램 끝
M03	주축 정회전
M04	주축 역회전
M05	주축 정지
M06	공구교환
M08	절삭유 ON
M09	절삭유 OFF
M19	주축 정위치 정지
M30	프로그램 끝 & Rewind

M코드 일람표

6.6 준비기능(G코드)

6.6.1 G코드의 개요

준비기능은 제어장치의 기능을 동작하기 위한 준비를 하는 기능으로, 어드레스 “G” 뒤에 연속되는 두 자리 숫자(G00 ~ G99)로 구성되어 있다. 공구의 이동이나 절삭 등의 기능을 동작하기 위한 준비기능으로 G기능 또는 G코드라고 하며, 다음과 같이 크게 2가지로 구분된다.

구 분	의 미	구 별
One Shot G-Code	지령된 블록에서만 유효한 G코드	“00” 그룹
Modal G-Code	동일 Group의 다른 G코드가 지령될 때까지 유효한 G코드	“00” 제외 그룹

G코드 종류

그룹	G코드	기능	지령 예
01	G00	급속위치결정	G00 X ___ Y ___ Z ___ ;
	G01	직선보간(절삭)	G01 X ___ Y ___ Z ___ F ___ ;
	G02	원호보간(시계방향)	G02 X ___ Y ___ Z ___ F ___ R ___ ;
	G03	원호보간(반시계방향)	G03 X ___ Y ___ Z ___ F ___ R ___ ;
00	G04	휴지(Dwell) 기능	G04 P ___ ;
02	G17	X-Y 평면 지정	G17 ;
00	G28	자동 원점복귀	G28 X ___ Y ___ Z ___ ;
	G30	제2,3,4원점복귀	G30 X ___ Y ___ Z ___ ;
07	G40	공구지름 보정 취소	G40 ;
	G41	공구지름 좌측 보정	G41 D ___ G01 X ___ Y ___ Z ___ ;
	G42	공구지름 우측 보정	G42 D ___ G01 X ___ Y ___ Z ___ ;
08	G43	공구길이 보정 (+)	G43 H ___ Z ___ ;
	G44	공구길이 보정 (-)	G44 H ___ Z ___ ;
	G49	공구길이 보정 취소	G49 G00 Z ___ ;
14	G54	공작물 좌표계 1번	G54 G90 G00 X ___ Y ___ ;
	G55	공작물 좌표계 2번	G55 G90 G00 X ___ Y ___ ;
	G56	공작물 좌표계 3번	G56 G90 G00 X ___ Y ___ ;
	G57	공작물 좌표계 4번	G57 G90 G00 X ___ Y ___ ;
	G58	공작물 좌표계 5번	G58 G90 G00 X ___ Y ___ ;
	G59	공작물 좌표계 6번	G59 G90 G00 X ___ Y ___ ;

G코드 일람표

그룹	G코드	기능	지령 예
09	G80	고정 사이클 취소	G80 ;
	G81	드릴 사이클	G90 G98 G81 Z ___ R ___ F ___ ;
	G83	심공드릴 사이클	G90 G98 G83 Z ___ R ___ Q ___ F ___ ;
	G84	태핑 사이클	G90 G98 G84 Z ___ R ___ F ___ ;
03	G90	절대지령	G90 G0 X ___ Y ___ Z ___ ;
	G91	증분지령	G91 G0 X ___ Y ___ Z ___ ;
10	G98	고정 사이클 초기점 복귀	
	G99	고정 사이클 R점 복귀	

G코드 일람표

6.6.2 공작물 좌표계 설정(G54 ~ G59)

머시닝센터의 가공 프로그램은 도면 또는 제품의 기준점을 설정하여 그 원점을 기준으로 한 좌표 값으로 작성된다. 기계 원점을 기준으로 하여 공작물 원점까지 거리를 머시닝센터의 컨트롤러에 내장된 G54 ~ G59 파라미터에 입력하고 이것을 필요할 때 불러오는 기능이 G54 ~ G59이다. 기억을 할 수 있는 공작물 원점 파라미터가 6개이므로 하나의 프로그램으로 최대 6개의 공작물 원점을 선언하여 사용할 수 있으며, 하나의 공작물을 가공할 때는 일반적으로 G54를 사용한다.

G코드	내 용
G54	공작물 좌표계 1번
G55	공작물 좌표계 2번
G56	공작물 좌표계 3번
G57	공작물 좌표계 4번
G58	공작물 좌표계 5번
G59	공작물 좌표계 6번

공작물 좌표계

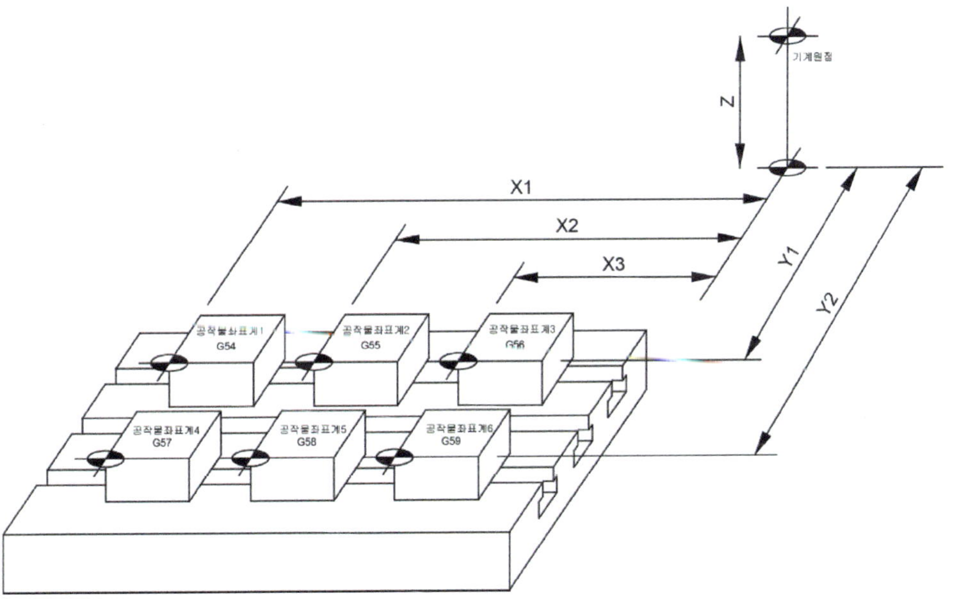

공작물 좌표계 설정(G54 ~ G59)

```
          ┌ G54 ┐
          │ G55 │
G90       │ G56 │     X ___ Y ___  Z ___ ;
          │ G57 │
          │ G58 │
          └ G59 ┘
```

공작물 좌표계 지령방법

지령워드의 의미	
X, Y, Z	기계원점을 기준으로 한 공작물 원점의 좌표

공작물 좌표계 지령워드의 의미

6.6.3 원점복귀

기계좌표란 기계장비가 가지고 있는 좌표를 말하며, 그 좌표의 원점을 기계 원점이라고 한다. 공구를 현재 위치에서 기계 원점으로 복귀시키는 것을 원점복귀라고 하고, 프로그램을 이용하여 원점복귀를 지령하는 것을 자동 원점복귀라고 한다.

(1) 자동 원점복귀(G28)

G28에서 지령된 각 축의 위치를 경유하여 급송이송으로 통상 원점에 복귀하게 된다. 이때 경유하는 점을 중간점이라 하며 NC는 이 중간점을 기억하게 된다.

자동 원점복귀는 절대지령이나 증분지령으로 프로그램을 할 수 있으며 원점에서 자동공구교환을 행할 때 유용하게 사용된다.

```
┌ G90 ┐
│     │  G28     X ___ Y ___  Z ___ ;
└ G91 ┘
```

G28 지령방법

지령워드의 의미	
G90	절대지령
G91	증분지령
X, Y, Z	중간 경유지의 좌표값

G28 지령워드의 의미

(2) 제2, 제3, 제4원점복귀(G30)

P2, P3, P4는 제2, 3, 4원점을 선택하며, 생략하면 제2원점이 선택되며 제2, 3, 4원점의 위치는 미리 파라미터로 설정하여 둔다. 이 지령은 일반적으로 자동공구교환 위치와 다를 때 사용한다. 이때 주축은 먼저 제1원점으로 복귀한 후에 G30 지령으로 제2원점에 복귀하여 공구를 교환하여야 한다. 만일 이 순서를 지키지 않고 공구교환을 수행할 경우에는 주축대와 자동공구교환 장치가 충돌할 위험이 있으므로 주의해야 한다.

```
[ G90 ]       [ P2 ]
[     ]  G30  [ P3 ]   X __ Y __ Z __ ;
[ G91 ]       [ P4 ]
```

G30 지령방법

지령워드의 의미	
G90	절대지령
G91	증분지령
P2 ~ P4	제2 ~ 4원점 (제2원점 복귀는 P2 생략 가능)
X, Y, Z	중간 경유지의 좌표값

G30 지령워드의 의미

6.6.4 보간기능

(1) 위치결정(G00)

G00으로 위치결정을 지령하며, 절대지령일 경우 절대좌표로 지정된 X, Y, Z 각 축의 위치로 공구가 급속으로 이동한다.

```
┌ G90 ┐
│     │ G00    X ___ Y ___  Z ___ ;
└ G91 ┘
```

G00 지령방법

지령워드의 의미	
G90	절대지령
G91	증분지령
X, Y, Z	이송 종점의 좌표값

G00 지령워드의 의미

아래의 그림과 표는 G00의 사용 예시를 보여주기 위한 것이다.

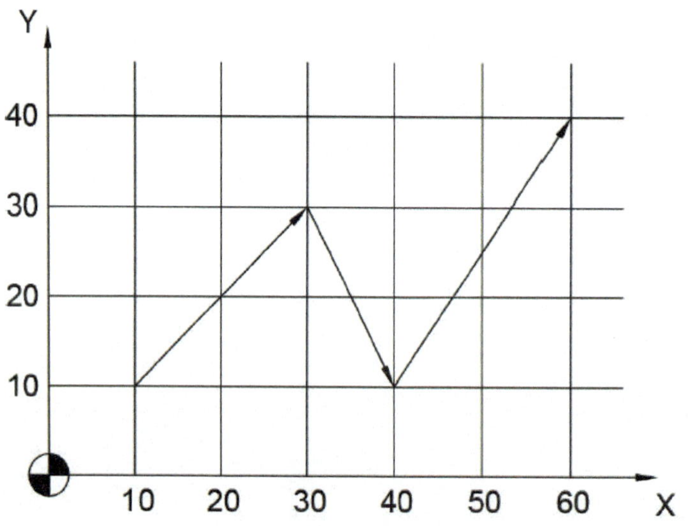

급속이송 경로

위 그림의 G00 프로그램	
절대지령	증분지령
G90 G00 X30. Y30. ;	G91 G00 X20. Y20. ;
X40. Y10. ;	X10. Y-20. ;
X60. Y40. ;	X20. Y30. ;

절대지령과 증분지령에 의한 급속이송의 적용

(2) 직선보간(G01)

G01의 지령으로 직선보간을 실행하여 각 축의 어드레스로 공구가 움직이는 방향과 거리를 절대지령과 증분지령으로 지령할 수 있다. 이송속도 지령에는 분당 이송지령(G94, [mm/min])과 주축 1회전당 이송지령(G95, [mm/rev])의 2가지 지령이 있으나, 머시닝센터의 경우에는 보통 분당 이송지령을 선택하고 있다.

```
[ G90 ]
[ G91 ] G01   X ___ Y ___  Z ___ F ___ ;
```

G01 지령방법

지령워드의 의미	
G90	절대지령
G91	증분지령
X, Y, Z	가공 종점의 좌표값
F	이송 속도 [mm/min]

G01 지령워드의 의미

아래 그림과 표는 G01의 사용 예시를 보여주기 위한 것이다. 이송속도를 100 mm/min으로 하여 예시를 보이면 아래와 같다.

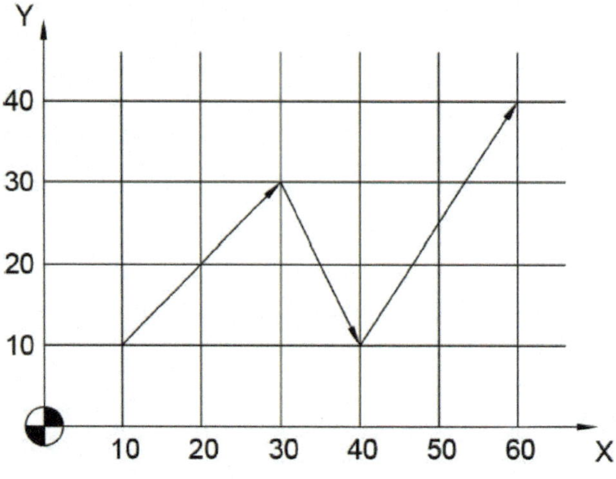

직선보간 경로

위 그림의 G01 프로그램	
절대지령	증분지령
G90 G01 X30. Y30. F100 ;	G91 G01 X20. Y20. F100 ;
X40. Y10. ;	X10. Y−20. ;
X60. Y40. ;	X20. Y30. ;

절대지령과 증분지령에 의한 직선보간의 적용

(3) 원호보간(G02, G03)

원호보간을 지령할 때는 가공방향이 시계방향(G02)인지 반시계방향(G03)인지를 NC에 알려주어야 한다. 시계방향, 반시계방향이라는 것은 오른손좌표계의 X-Y 평면, Z-X 평면 및 Y-Z 평면에서 법선방향의 축을 기준으로 정방향인지, 역방향인지를 말한다.

또한 원호의 중심을 I, J, K로 지정하는 대신에 원호의 반지름 R로 다음과 같이 지령할 수 있다. 2가지 방식 중 원호의 반지름 R을 통한 지령법은 180° 이상의 원호를 지령할 때 반지름 값을 음(-)의 값으로 지령한다.

G17	X–Y 평면
G18	Z–X 평면
G19	Y–Z 평면

작업평면 선택

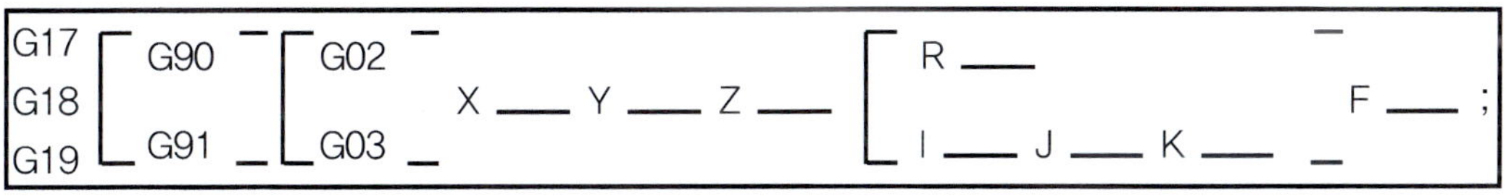

원호보간 지령방법

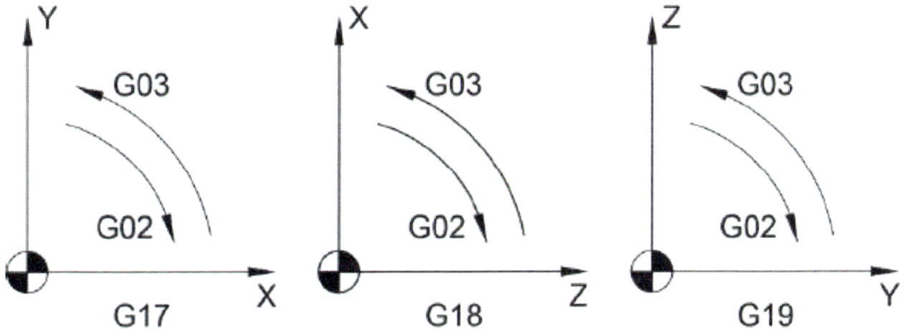

작업평면과 회전방향

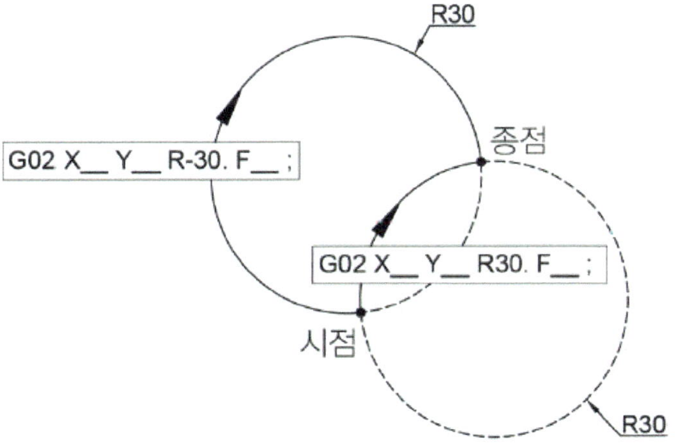

원호 보간에서 R 지령의 부호

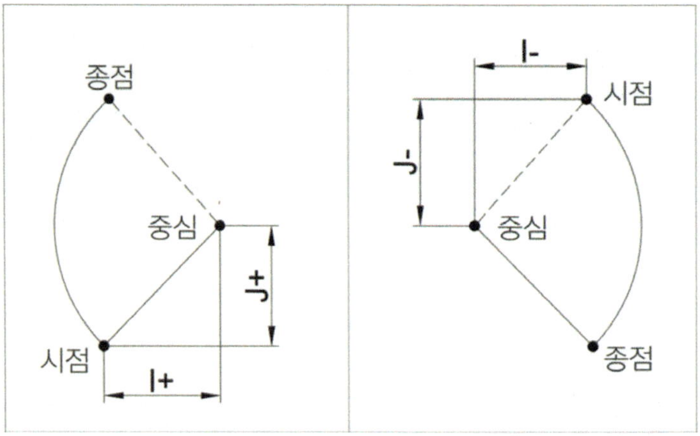

원호 보간에서 I, J, K 부호 결정

(4) 휴지 기능(G04)

G04 지령에 의해 지령된 시간만큼 다음 블록의 동작으로 옮기는 것을 늦출 수 있다. 실제로 프로그램 중에서 모서리 부분의 치수를 정밀하게 하거나 절삭 중에 공구를 냉각시키기 위하여 사용하는 경우가 있는데 휴지(dwell : 드웰)를 지령하는 어드레스는 X, U, P 3가지가 있으며 어드레스 P를 쓸 경우에는 소수점지령이 되지 않으며 설정 단위는 0.001초가 된다.

적용 예시	비고
G04 P1500 ;	1.5초간 공구 이송 정지
G04 U1. ;	1초간 공구 이송 정시
G04 X1. ;	1초간 공구 이송 정지

G04 지령방법

지령워드의 의미	
P	소수점 사용 불가(P 어드레스 : 1 = 1 / 1,000초)
X	정지시간을 소수점 3자리까지 입력 가능하다.
U	정지시간을 소수점 3자리까지 입력 가능하다.

G04 지령워드의 의미

6.6.5 공구 보정 기능

(1) 공구 길이 보정(G43, G44, G49)

```
┌ G43 ┐         ┌ G00 ┐
│     │  H ___  │     │  X ___ Y___ Z ___ ;
└ G44 ┘         └ G01 ┘
```

공구 길이 보정 지령방법

위 지령에 의해 Z축 이동지령의 종점의 위치를 길이 보정 파라미터에 설정한 값만큼 + 혹은 - 측으로 옮길 수 있다. 이 기능을 이용하면 프로그램 시 가정한 공구 길이의 값과 실제로 가공을 행할 때에 사용하는 공구의 길이 값과의 차이를 길이 보정 파라미터에 설정하면 프로그램을 변경하지 않고 보정할 수 있다.

준비기능	비고
G43	+ 방향 OFFSET
G44	– 방향 OFFSET (현재 거의 사용하지 않음)
G49	공구 길이 보정 취소

공구 길이 보정 G-Code

프로그램된 Z축의 이동지령의 종점 좌표치에 H CODE로 지령된 OFFSET량이 G43의 경우는 입력한 부호 그대로 좌표치의 종점이 된다.

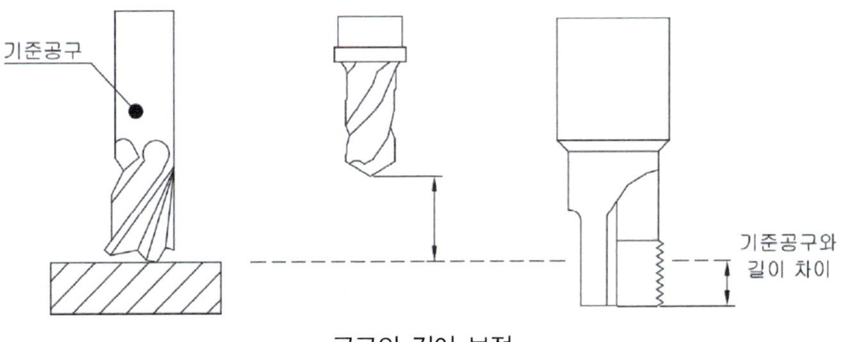

공구의 길이 보정

(2) 공구 직경 보정(G40, G41, G42)

```
┌ G41 ┐         ┌ G00 ┐
│     │ D ___   │     │ X ___ Y___ Z ___ ;
└ G42 ┘         └ G01 ┘
```

공구 지름 보정 지령방법

공구마다 각각의 사이즈가 있다. 공구의 반경을 일일이 계산하여 프로그램 좌표를 구하는 것은 쉽지 않은 일이므로 직경 보정 파라미터에서 공구 반경 값을 입력해 두고, 프로그램에서 파라미터에 입력된 공구의 반경 값을 불러들여 보정하며 가공한다. 종류는 공구 직경 보정 위치에 따라 G41, G42가 있다. G41은 진행 방향 기준으로 공구가 좌측 G42는 우측에 위치하여 가공을 한다.

공구 직경 보정 G코드	
G40	공구 직경 보정 취소
G41	공구 직경 좌측 보정
G42	공구 직경 우측 보정

공구 직경 보정 G코드

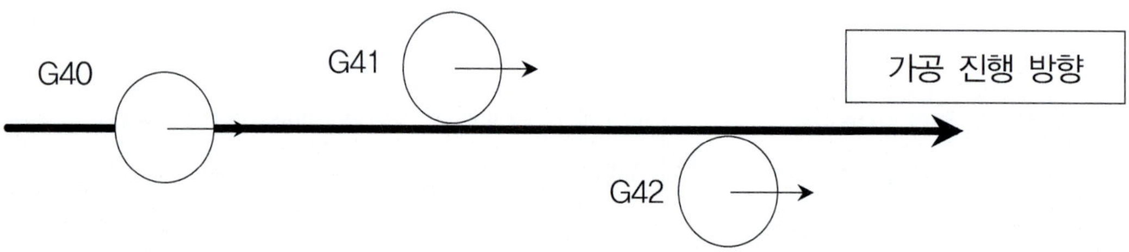

공구 직경 보정 시 공구 이동경로

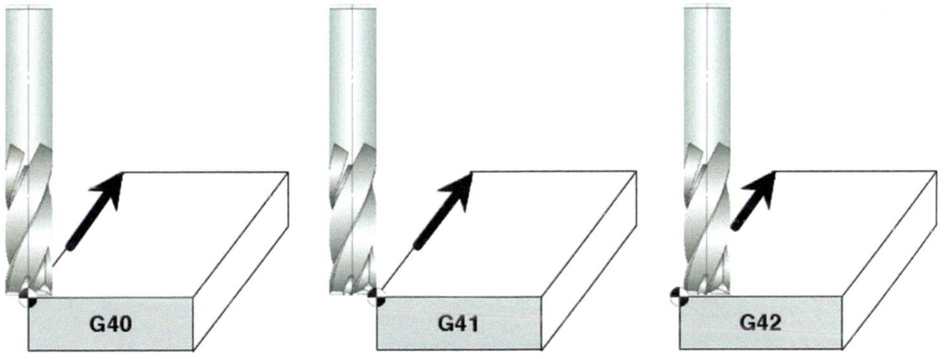

공구 직경 보정 시 공구 이동경로

6.6.6 주축 기능(S코드)

주축의 회전 속도를 지령하는 기능으로 Address 'S'를 사용하며, G96(주축 속도 일정제어) 또는 G97(주축 회전 수 일정제어)과 함께 사용된다.

(1) 주축 회전 수 일정제어(G97)

공작물의 직경과 관계없이 주축의 회전 수를 일정하게 제어하는 지령이며, 머시닝센터에서 주로 사용된다. G97를 생략하여 사용하는 경우가 많다(전원을 켜면 G97이 Default로 적용되어 있음).

```
G97 S ___ [ M03 ] ;
          [ M04 ]
```

G97 지령방법

지령워드의 의미	
S	주축 회전수(rpm)
M03	주축 정회전
M04	주축 역회전

G97 지령워드의 의미

(2) 주축 속도 일정제어(G96)

공작물이 가공되면서 직경이 변하더라도 절삭속도를 일정하게 하기 위해 주축의 회전수를 제어하는 지령이다.

```
          ┌ M03 ┐
G96 S ___ │     │ ;
          └ M04 ┘
```

G96 지령방법

지령워드의 의미	
S	주축 속도(mm/min)
M03	주축 정회전
M04	주축 역회전

G96 지령워드의 의미

6.6.7 이송기능(F코드)

(1) 분당 이송(G98)

G98은 절삭 시 공구의 1분당 이송량(이동거리)을 이송속도(mm/min)로 나타내며, Address 'F'와 함께 지령된 수치만큼 적용된다. 머시닝센터에서 주로 사용되며, G98을 생략하여 사용하는 경우가 많다(전원을 켜면 G98이 Default로 적용되어 있음).

```
G98 F ___ ;
```

G98 지령방법

지령워드의 의미	
F	주축 1회전당 이동거리(mm/min)

G98 지령워드의 의미

(2) 회전당 이송(G99)

G99는 주축이 1회전할 때 공구의 이송량(이동거리)을 이송속도(mm/rev)로 나타내며, Address 'F'와 함께 지령된 수치만큼 적용된다.

```
G99 F ___ ;
```

G99 지령방법

지령워드의 의미	
F	주축 1회전당 이동거리(mm/rev)

G99 지령워드의 의미

6.6.8 고정 사이클

(1) 고정 사이클의 개요

드릴이나 탭 등의 구멍을 가공하기 위해서는 여러 블록의 프로그램이 필요하다. 고정 사이클은 여러 블록으로 이루어진 가공을 하나의 블록으로 가공 지령을 할 수 있도록 프로그램을 간략화 한 것으로 고정 사이클의 종류와 용도는 다음과 같다.

그룹	G코드	기능	지령 예
09	G80	고정 사이클 취소	G80 ;
	G81	드릴 사이클	G90 G98 G81 Z ___ R ___ F ___ ;
	G83	심공드릴 사이클	G90 G98 G83 Z ___ R ___ Q ___ F ___ ;
	G84	태핑 사이클	G90 G98 G84 Z ___ R ___ F ___ ;
03	G90	절대지령	G90 G0 X ___ Y ___ Z ___ ;
	G91	증분지령	G91 G0 X ___ Y ___ Z ___ ;
10	G98	고정 사이클 초기점 복귀	
	G99	고정 사이클 R점 복귀	

고정 사이클 G코드 일람표

(2) 고정 사이클의 지령 형식

```
        ┌ G90 ┐┌ G98 ┐
G ___   │     ││     │ X___ Y___ Z___ R___ Q___ P___ F___ L___ ;
        └ G91 ┘└ G99 ┘
```

고정 사이클의 지령 방법

지령워드의 의미	
G90	절대지령
G91	증분지령
G98	초기점 복귀
G99	R점 복귀
X, Y, Z	구멍의 위치
R	가공을 시작하는 Z축 좌표 (공작물 좌표계 원점에서 Z축의 좌표)
Q	G73, G83에서 매회 절입량 G76, G87에서 구멍 바닥에서 도피량 증분 지령
P	구멍 바닥에서 휴지시간
F	이송 속도 [mm/min]
L	반복 횟수(생략 시 1회)

고정 사이클 지령워드의 의미

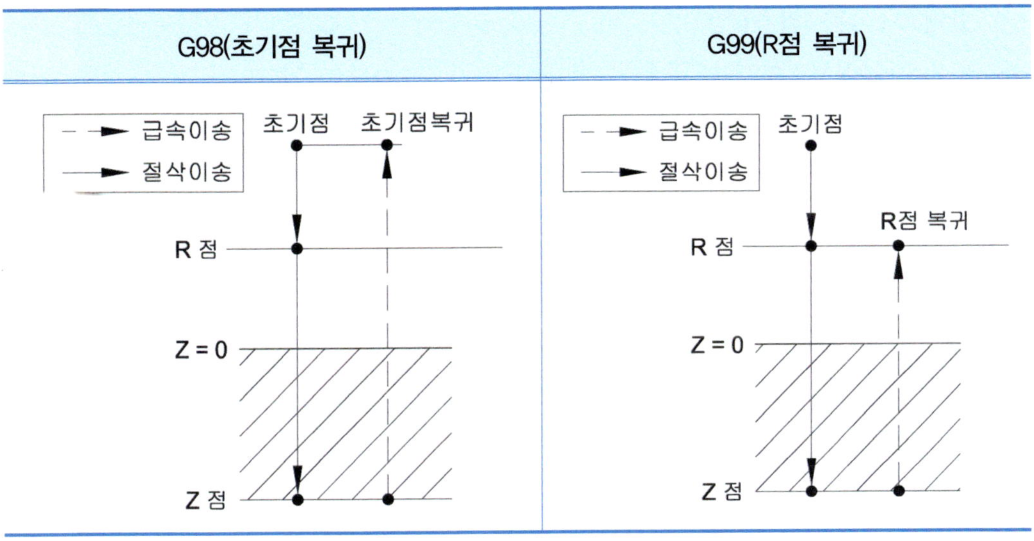

고정 사이클의 초기점 복귀와 R점 복귀

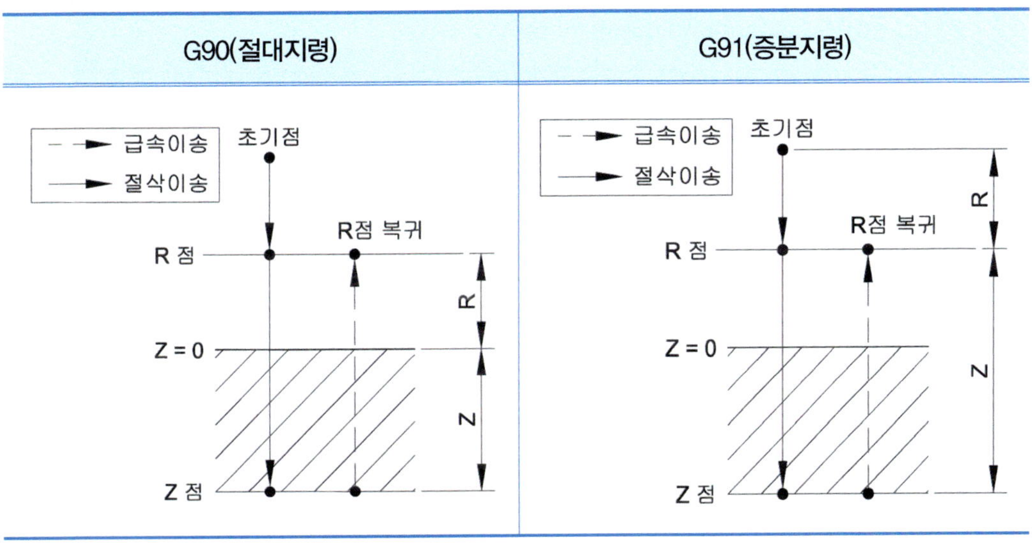

고정 사이클의 절대 지령과 증분 지령

(3) 고정 사이클 취소(G80)

G80은 기존에 실행되어 있는 모든 고정 사이클을 취소해주는 기능이다.

```
G80 ;
```

G80의 지령방법

(4) 드릴 사이클(G81)

일반 드릴링 사이클로서 드릴 가공 또는 센터 드릴 가공용이다. 구멍의 깊이가 깊지 않아 칩 배출이 용이한 경우에 사용한다.

```
     ┌ G90 ┐┌ G98 ┐
G81  │     ││     │X ___ Y ___ Z ___ R ___ F ___ L ___ ;
     └ G91 ┘└ G99 ┘
```

드릴 사이클의 지령 방법

지령워드의 의미	
G90	절대지령
G91	증분지령
G98	초기점 복귀
G99	R점 복귀
X, Y, Z	구멍의 위치
R	가공을 시작하는 Z축 좌표 (공작물 좌표계 원점에서 Z축의 좌표)
F	이송 속도 [mm/min]
L	반복 횟수(생략 시 1회)

드릴 사이클 지령워드의 의미

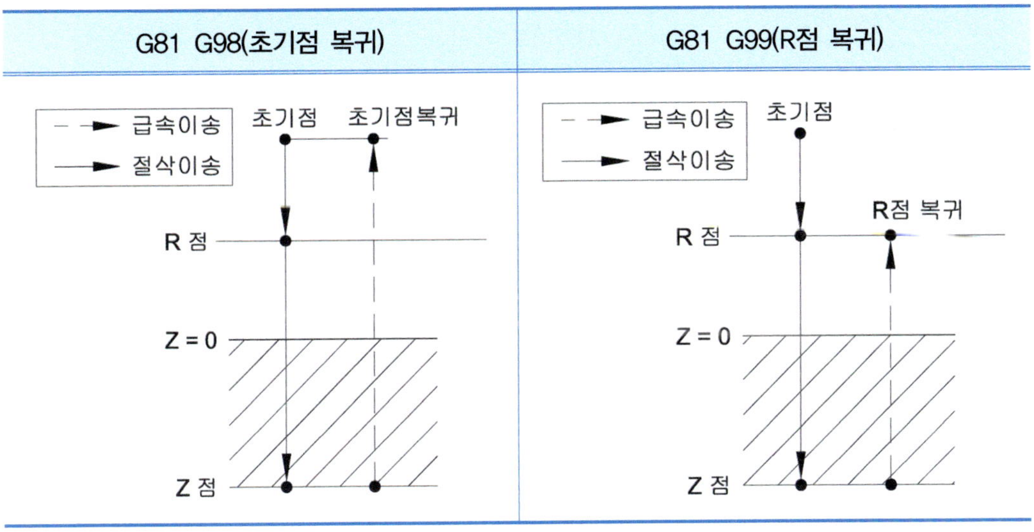

드릴 사이클의 동작

(5) 심공 드릴 사이클(G83)

절입 후 매번 R점까지 복귀하여 다시 절삭지점으로 급속 이송한 후 가공하므로 칩 배출이 용이하여, 깊은 구멍 가공에 적합하다. d 값은 파라미터로 설정하며, Q 값은 '+(양수)'의 값으로 지정한다.

G83 [G90 / G91] [G98 / G99] X ___ Y ___ Z ___ Q ___ R ___ F ___ L ___ ;

심공 드릴 사이클의 지령 방법

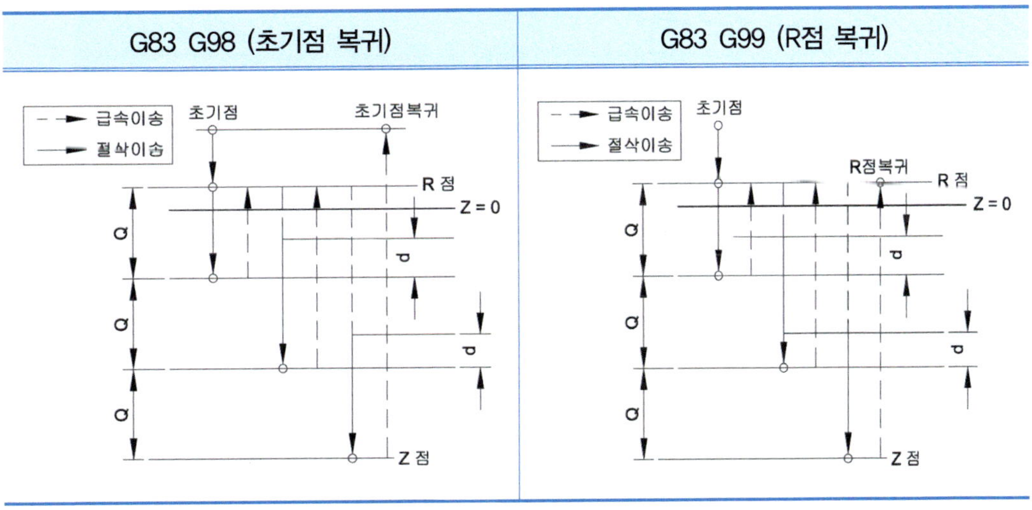

심공 드릴 사이클의 동작

지령워드의 의미	
G90	절대지령
G91	증분지령
G98	초기점 복귀
G99	R점 복귀
X, Y, Z	구멍의 위치
R	가공을 시작하는 Z축 좌표
Q	매회 절입량
F	이송 속도 [mm/min]
L	반복 횟수 (생략 시 1회)

심공 드릴 사이클 지령워드의 의미

(6) 태핑 사이클(G84)

탭을 이용하여 오른나사를 가공하는 고정 사이클이다.

G84 [G90 / G91] [G98 / G99] X ___ Y ___ Z ___ R ___ F ___ L ___ ;

태핑 사이클의 지령 방법

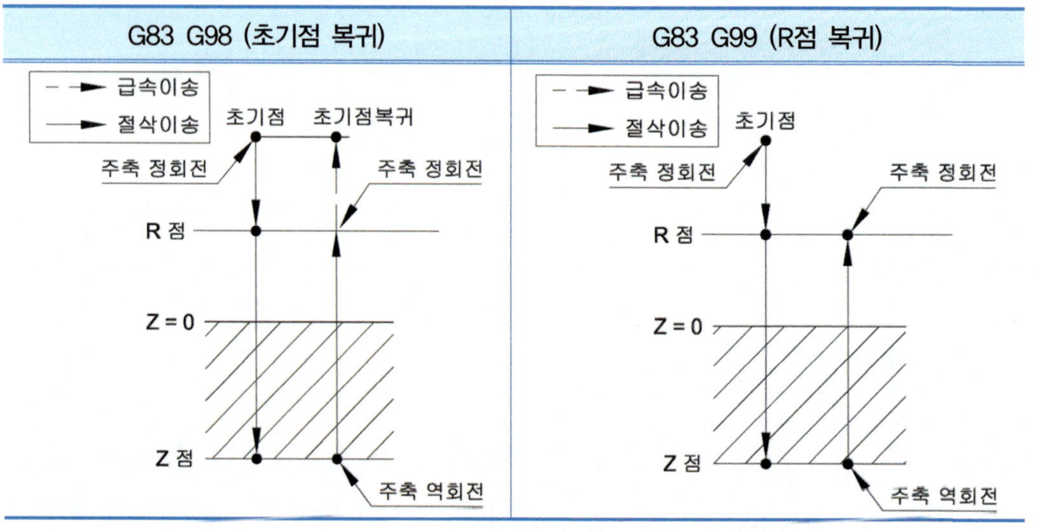

태핑 사이클의 동작

지령워드의 의미	
G90	절대지령
G91	증분지령
G98	초기섬 복귀
G99	R점 복귀
X, Y, Z	구멍의 위치
R	가공을 시작하는 Z축 좌표 (공작물 좌표계 원점에서 Z축의 좌표)
F	이송 속도 [mm/min]
L	반복 횟수(생략 시 1회)

태핑 사이클 지령워드의 의미

STEP 07

프로그램 작성 따라해보기

7.1 따라해보기 1

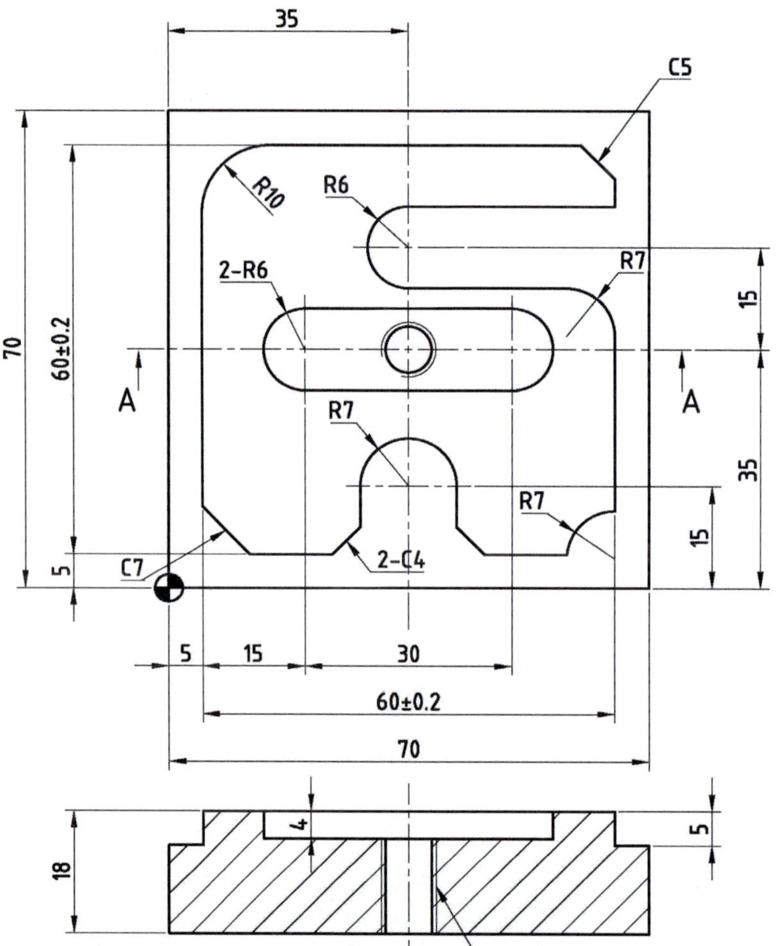

T1	Ø10 엔드밀
T3	Ø3 센터드릴
T6	Ø6.8 드릴
T7	M8×1.25 탭

단면 A-A

7.1.1 가공경로 좌표 확인하기

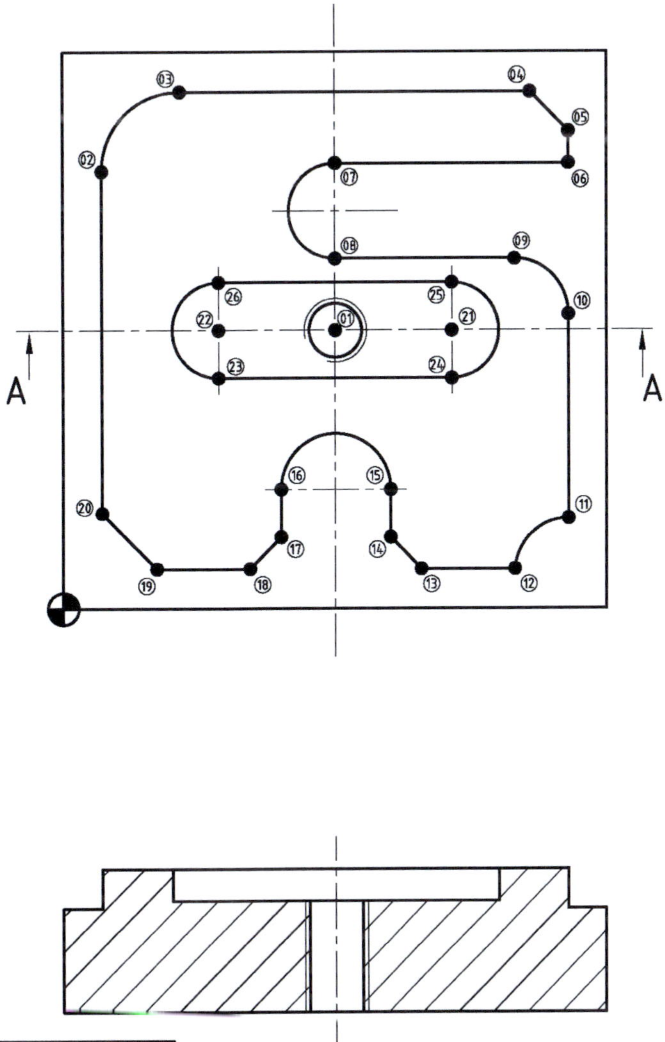

T1	Ø10 엔드밀
T3	Ø3 센터드릴
T6	Ø6.8 드릴
T7	M8×1.25 탭

단면 A-A

번호	좌표위치	번호	좌표위치
1	X35.0 Y35.0	15	X42.0 Y15.0
	드릴사이클 좌표	16	X28.0 Y15.0
2	X5.0 Y50.0	17	X28.0 Y9.0
3	X15.0 Y65.0	18	X24.0 Y5.0
4	X60.0 Y65.0	19	X12.0 Y5.0
5	X65.0 Y60.0	20	X5.0 Y12.0
6	X65.0 Y56.0		외곽가공 좌표
7	X35.0 Y56.0	1	X35.0 Y35.0
8	X35.0 Y44.0	21	X50.0 Y35.0
9	X58.0 Y44.0	22	X20.0 Y35.0
10	X65.0 Y37.0	23	X20.0 Y29.0
11	X65.0 Y12.0	24	X50.0 Y29.0
12	X58.0 Y5.0	25	X50.0 Y41.0
13	X46.0 Y5.0	26	X20.0 Y41.0
14	X42.0 Y9.0		포켓가공 좌표

가공경로 좌표 값

※ 시점의 좌표 값과 종점의 좌표 값이 같은 축의 좌표 값은 생략 가능하다.

※ 소수점 뒤에 나오는 0은 생략 가능하다.

Ex) X5.0 = X5.

7.1.2 가공 프로그램

가공 프로그램 및 기본 패턴(기본 패턴 : 굵은 글씨, 밑줄)

	G1 Z-5. F120;	X42. Y9.;
%	G0 X-1.;	Y15.;
O1000;	G1 Y71.;	G3 X28. R7.;
G80 G49 G40 G17;	X71.;	G1 Y9.;
G91 G30 Z0 M19;	Y50.;	X24. Y5.;
T3 **M6;**	X35.;	X12.;
G90 G54 G0 X35. **Y**35.**;**	X71.;	X5. Y12.;
G43 H3 **Z50. S2000 M3;**	Y5.;	X0. Y17.;
G98 G81 Z-3. R3. F100 M8;	X65.;	G0 X-20.;
G80 G49 G0 Z150. M9;	X71.;	Z50.;
M5;	Y-1.;	G40 X35. Y35.;
G91 G30 Z0 M19;	X35.;	Z3.;
T6 **M6;**	Y15.;	G1 Z-4. F50;
G90 G54 G0 X35. **Y**35.**;**	Y-1.;	X50. F120;
G43 H6 **Z50. S1000 M3;**	X-5.;	X20.;
G98 G83 Z-25. Q3. R3. F100 M8;	G0 X-20.;	G0 Z50.;
G80 G49 G0 Z150. M9;	Y-20.;	G40 X35. Y35.;
M5;	G41 D1 X5.;	Z3.;
G91 G30 Z0 M19;	G1 Y55. F100;	G1 Z-4.;
T7 **M6;**	G2 X15. Y65. R10.;	G41 G1 D1 Y29. F100;
G90 G54 G0 X35. **Y**35.**;**	G1 X60.;	X50.;
G43 H7 **Z50. S500 M3;**	X65. Y60.;	G3 Y41. R6.;
G98 G84 Z-25. R3. F625 **M8;**	Y56.;	G1 X20.;
G80 G49 G0 Z150. M9;	X35.;	G3 Y29. R6.;
M5;	G3 Y44. R6.;	G1 X50.;
G91 G30 Z0 M19;	G1 X58.;	**G0 Z50.;**
T1 **M6;**	G2 X65. Y37. R7.;	**G49 G40 Z150. M9;**
G90 G54 G0 X-20. Y-20.;	G1 Y12.;	**M5;**
G43 H1 **Z50. S900 M3;**	G3 X58. Y5. R7.;	**M2;**
Z3. M8;	G1 X46.;	**%**

※ 기본패턴의 분량이 많은 것처럼 보이나, 내용을 보면 공구마다 작업내용이 유사하다.

7.1.3 가공 프로그램 해설

가공 프로그램 해설

%
→ DNC를 할 때 프로그램의 시작을 의미함.

O1000;
→ 프로그램 번호 : 영문 알파벳 'O'와 숫자 4자리의 조합으로 이루어짐.

G80 G49 G40 G17;
→ Safety 블록
: 이전 프로그램에서 사용된 보정, 사이클, 좌표계 취소가 되지 않았을 때를 대비한 코드들로 구성된 블록
(G80 : 사이클취소, G49 : 길이 보정취소, G40 : 직경보정취소, G17 : X–Y평면)

G91 G30 Z0 M19;
→ 제2원점복귀(공구교환 위치로 이동)
: 메이커사마다 차이는 있으나, 일반적으로 공구교환 위치는 제2원점으로 두는 경우가 대부분이다. 제2원점복귀 명령인 G30과 함께 쓰이는 X, Y, Z 좌표값은 제2원점으로 복귀하기 전에 거쳐가는 중간 기착지 좌표이다. 지금은 중간 기착지 없이 바로 복귀를 하므로 증분지령인 G91을 활용하여 Z축 값을 0으로 입력하면 Z축이 현재 위치에서 바로 제2원점으로 이동한다.

T3 M6;
→ 공구교환 블록(센터드릴)
: 현재 사용공구를 3번 공구로 교환한다.
(T3 = 3번 공구, M6 = 공구교환 M코드)

G90 G54 G0 X35. Y35.;
→ 공작물 좌표계 정의 및 센터드릴 가공 좌표 이송 블록
: G54(공작물 좌표계 1번)로 공작물 좌표계가 지령되고, 센터드릴이 가공할 X, Y축의 좌표 값으로 공구가 급속 이송된다.

G43 H3 Z50. S2000 M3;
→ 공구 길이 보정 및 스핀들 회전
: G43 H3으로 길이 보정 파라미터 3번에 입력된 기준공구와의 길이 차이를 보정해주고, 안전높이인 Z50까지 이동함과 동시에 스핀들 회전을 정방향 2,000rpm으로 회전시킨다.

G98 G81 Z-3. R3. F100. M8;
→ 드릴 사이클로 센터드릴 가공
: G98 ⇨ 가공 후 초기점(고정 사이클이 지령되기 전의 Z축 좌표)으로 복귀
: G81 ⇨ 드릴 사이클(가공 최종 깊이까지 한 번의 절입으로 가공됨)
: Z-3 ⇨ 가공 최종 깊이
: R3 ⇨ R점(사이클 지령 후 Z3.0까지는 급속 이송, 그 이후는 절삭가공)

G80 G49 G0 Z150. M9;
→ 고정 사이클 취소, 공구길이 보정취소, Z150.0까지 급속이송, 절삭유 Off

M5;
→ 주축 정지

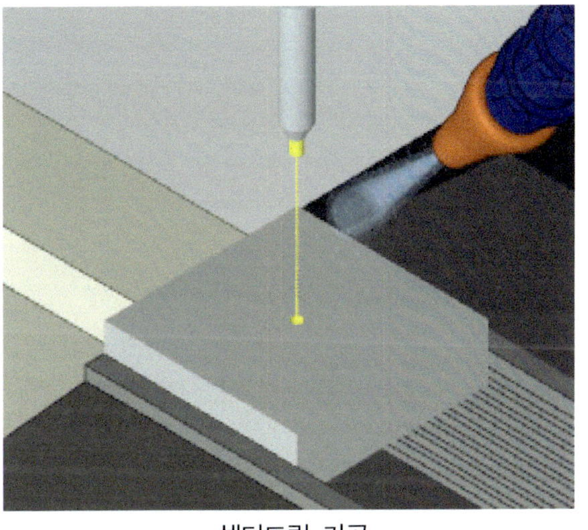
센터드릴 가공

G91 G30 Z0 M19;
→ 제2원점복귀(공구교환 위치로 이동)
: 드릴로 공구를 교환하기 위해 제2원점으로 복귀

T6 M6;
→ 공구교환 블록(드릴)
: 현재 사용공구를 2번 공구로 교환한다. (T2 = 6번 공구, M6 = 공구교환 M코드)

G90 G54 G0 X35. Y35.;
→ 공작물 좌표계 정의 및 드릴 가공 좌표 이송 블록
: G54(공작물 좌표계 1번)는 1번만 지령을 하면 되나, 프로그램 중간부터 작업할 경우를 고려하여, 공구교환할 때마다 적용해준다.

G43 H6 Z50. S1000 M3;
→ 공구 길이 보정 및 스핀들 회전
: 길이 보정 파라미터 6번으로 길이 보정, 안전높이인 Z50.까지 이송, 주축 1000rpm 정방향 회전

G98 G83 Z-25. Q3. R3. F100 M8;
→ 심공 드릴 사이클로 구멍 가공
: G98 ⇨ 가공 후 초기점(고정 사이클이 지령되기 전의 Z축 좌표)으로 복귀
: G83 ⇨ 심공 드릴 사이클
: Z-25. ⇨ 가공 최종 깊이
: Q3. ⇨ 1회 절입량(Q3.0 = 한 번에 3mm씩 절입)
: R3. ⇨ R점(사이클 지령 후 Z3.0까지는 급속 이송, 그 이후는 절삭가공)

G80 G49 G0 Z150. M9;
→ 고정 사이클 취소, 공구길이 보정취소, Z150.0까지 급속이송, 절삭유 Off

M5;
→ 주축 정지

드릴 가공

G91 G30 Z0 M19;
→ 제2원점복귀(공구교환 위치로 이동) : 탭으로 공구를 교환하기 위해 제2원점으로 복귀

T7 M6;
→ 공구교환 블록 (탭) : 현재 사용공구를 4번 공구로 교환한다.
(T7 = 7번 공구, M6 = 공구교환 M코드)

G90 G54 G0 X35. Y35.;
→ 공작물 좌표계 정의 및 드릴 가공 좌표 이송 블록
: G54(공작물 좌표계 1번)는 1번만 지령을 하면 되나, 프로그램 중간부터 작업할 경우를 고려하여 공구교환할 때마다 적용해준다.

G43 H7 Z50. S500 M3;
→ 공구 길이 보정 및 스핀들 회전
: 길이 보정 파라미터 7번으로 길이 보정, 안전높이인 Z50.까지 이송, 주축 500rpm 정방향 회전

G98 G84 Z-25. R3. F625 M8;
→ 태핑 사이클로 탭 가공
: G98 ⇨ 가공 후 초기점(고정 사이클이 지령되기 전의 Z축 좌표)으로 복귀
: G84 ⇨ 태핑 사이클
: Z-25. ⇨ 가공 최종 깊이
: R3. ⇨ R점(사이클 지령 후 Z3.0까지는 급속 이송, 그 이후는 절삭가공)
: F625 ⇨ 탭 가공 시 Feedrate는 회전수와 나사의 Pitch와 관계가 있다.
M8x1.25의 나사의 경우 체결을 위해 나사를 1바퀴 돌렸을 때 Pitch값 1.25mm만큼 들어간다(1줄 나사이므로).
본 프로그램에서는 회전수 500rpm을 부여했으므로 Feedrate를 구하면, 'F = S x P'가 성립된다.
(F = Feedrate, S = 스핀들 회전 rpm, P = 나사 Pitch)

G80 G49 G0 Z150. M9;
→ 고정 사이클 취소, 공구길이 보정 취소, Z150.0까지 급속이송, 절삭유 Off

M5;
→ 주축 정지

탭 가공

G91 G30 Z0 M19;
→ 제2원점복귀(공구교환 위치로 이동)
: 엔드밀로 공구를 교환하기 위해 제2원점으로 복귀

T1 M6;
→ 공구교환 블록(엔드밀)
: 현재 사용공구를 1번 공구로 교환한다(T1 = 1번 공구, M6 = 공구교환 M코드).

G90 G54 G0 X-20. Y-20.;
→ 공작물 좌표계 정의 및 엔드밀 가공 좌표 이송 블록
: G54(공작물 좌표계 1번)는 1번만 지령을 하면 되나, 프로그램 중간부터 작업할 경우를 고려하여, 공구교환할 때마다 적용해준다.

G43 H1 Z50. S900 M3;
→ 공구 길이 보정 및 스핀들 회전
: 길이 보정 파라미터 1번으로 길이 보정, 안전높이인 Z50.까지 이송, 주축 900rpm 정방향 회전

Z3. M8;
→ Z3.0까지 제품에 접근, 절삭유 ON

G1 Z-5. F120;
→ 안전을 위해 가공위치(Z-5.0)까지 G1로 이동

G0 X-1.;
→ 황삭을 위한 급속 이송(공구 오른쪽 끝날 좌표(X4.0) - 공구 반경 (R5.0) = X-1.0

G1 Y71.;
→ 황삭 가공(공구 위쪽 끝날 좌표(X4.0) - 공구 반경 (R5.0) = X-1.0

```
X71.;
Y50.;
X35.;
X71.;
Y5.;
X65.;
X71.;
Y-1.;
X35.;
Y15.;
Y-1.;
X-5.;
G0 X-20.;
Y-20.;
```

외 측
황삭 가공

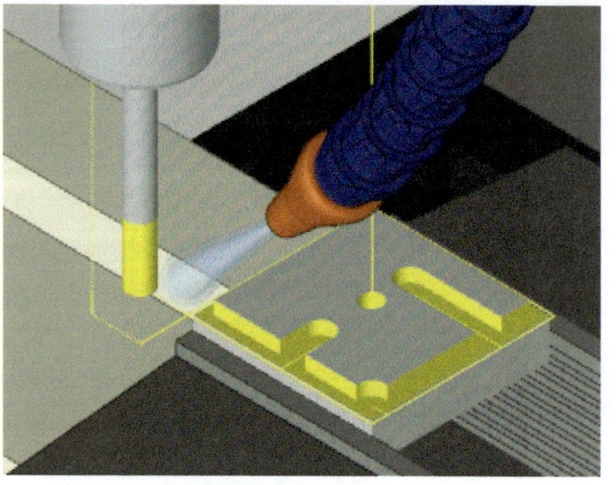

외측 황삭 가공

G41 D1 X5.;

→ 공구 좌측 직경보정 및 외측 정삭 가공

: 외측 정삭 가공을 위해 G41 D1로 직경보정 파라미터 1번에 입력된 공구의 반경 값을 이용하여 좌측 직경보정을 하고, X5.의 위치로 급속 이송한다.

```
G1 Y55. F100;
G2 X15. Y65. R10.;
G1 X60.;
X65. Y60.;
Y56.;
X35.;
G3 Y44. R6.;
G1 X58.;
G2 X65. Y37. R7.;
G1 Y12.;
G3 X58. Y5. R7.;
G1 X46.;
```

X42. Y9.;
Y15.;
G3 X28. R7.;
G1 Y9.;
X24. Y5.;
X12.;
X5. Y12.;
X0. Y17.;
G0 X-20.;

외 측
정삭 가공

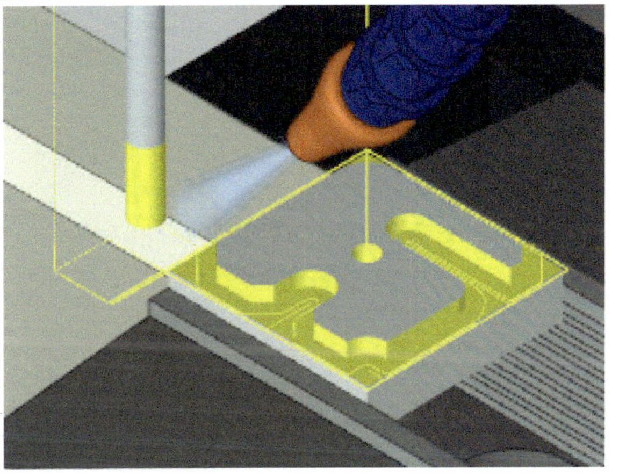

외측 정삭 가공

Z50.;
→ 외곽 정삭 완료 후 포켓 가공을 위해 주축 이동

G40 X35. Y35.;
→ 포켓가공을 위한 직경보정 취소 및 가공초기 좌표로 급속 이송

Z3.;
→ Z3.0까지 제품에 접근

G1 Z-4. F50;
→ 포켓 가공 깊이만큼 절삭이송
엔드밀 과부하 방지를 위한 Feedrate 값 재정의(F50)

X50. F120;
X20.;
G0 Z50.;

포 켓
황삭 가공

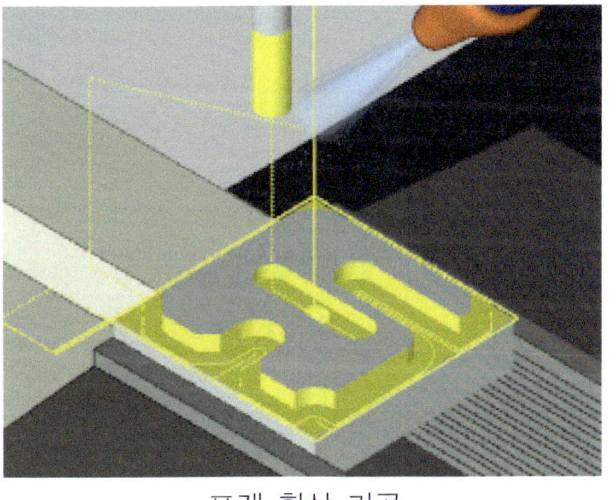

포켓 황삭 가공

```
G40 X35. Y35.;
Z3.;
G1 Z-4.;
G41 G1 D1 Y29. F100;
```

→ 공구 좌측 직경보정 및 포켓 정삭 가공

: 포켓 정삭 가공을 위해 G41 D1로 직경보정 파라미터 1번에 입력된 공구의 반경 값을 이용하여 좌측 직경보정을 하고, Y29의 위치로 절삭 이송한다.

```
X50.;
G3 Y41. R6.;
G1 X20.;
G3 Y29. R6.;
G1 X50.;
G0 Z50.;
G49 G40 Z150. M9;
M5;
M2;
%
```

포켓 정삭 가공

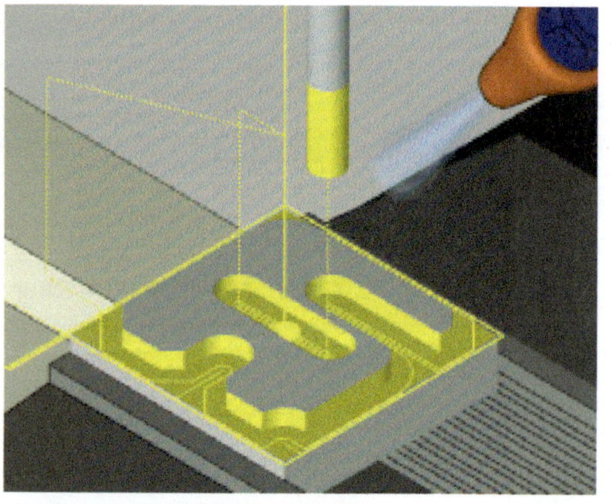

가공 완료

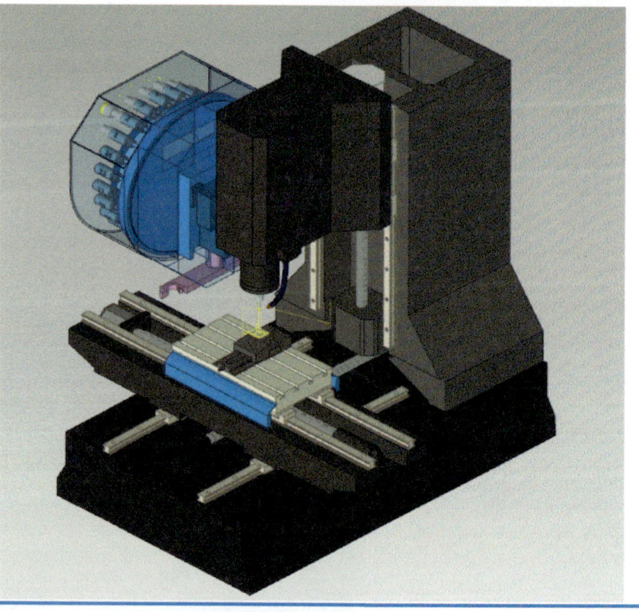

7.1.4 가공 프로그램 검증하기

가공 프로그램을 작성하고 나면 장비에 입력하여 가공을 하기 전에 반드시 해야 하는 공정이 있는데, 바로 '가공 프로그램 검증'이다.

일반적으로 검증은 전용 소프트웨어를 활용하여 이루어지고, 자격증 시험 시에는 시험장에 있는 전용 장비로 이루어지기도 한다. 본 서에서는 전용 소프트웨어 중 하나인 GV-CNC를 활용하여 검증을 할 것이다.

> ☞ **참고하기 | GV-CNC란?**
>
> GV-CNC는 큐빅테크에서 개발된 가공 검증 시뮬레이션이다. 큐빅테크 홈페이지 가입 후 무료로 다운로드가 가능하며, 홈페이지에서 신청하면 1개월간 이용 가능한 라이선스가 발급된다(만료 후 재발급 가능). 개인사용자에게는 무료로 제공되고, 기업이나 교육기관 등에는 유료로 제공되는 조건부 무료 소프트웨어이다.

7.1.5 GV-CNC를 활용한 가공 프로그램 검증 따라해보기

◎ GV-CNC를 활용한 가공 프로그램 검증 순서- 머시닝센터

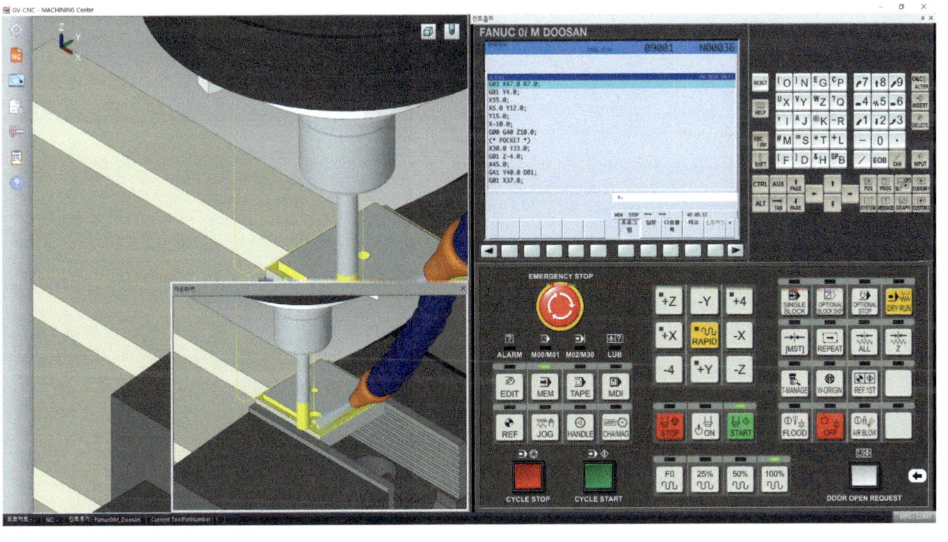

[01] GV-CNC를 실행시킨다.

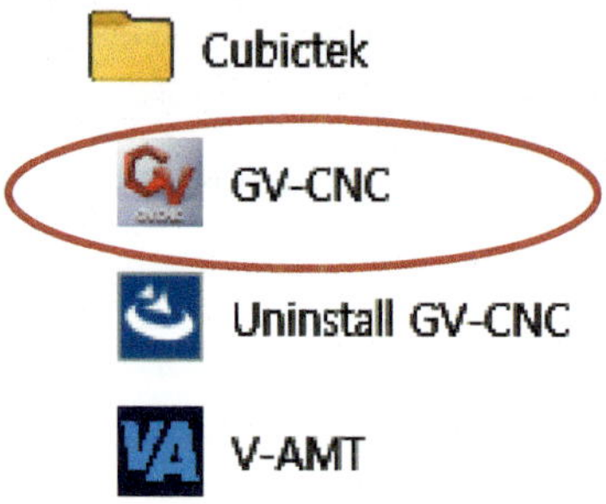

[02] NC Editor을 실행시킨다.

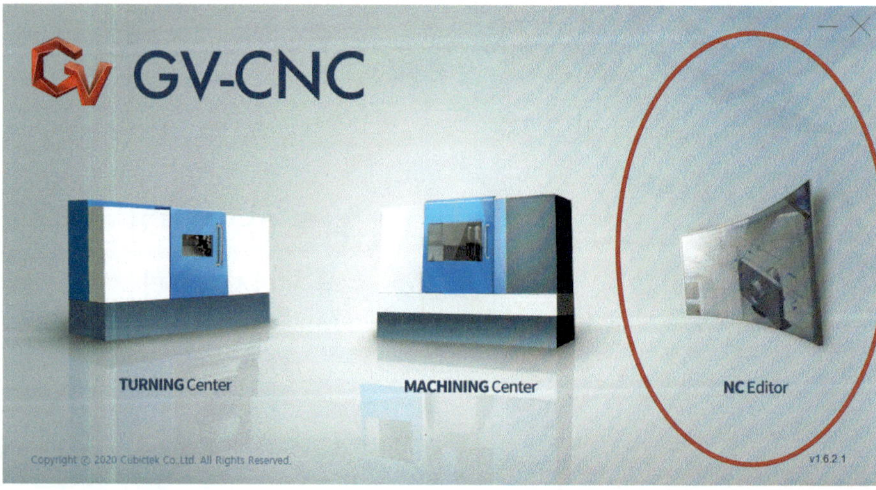

[03] **Fanuc**과 **Milling**을 선택하고 **확인**을 누른다.

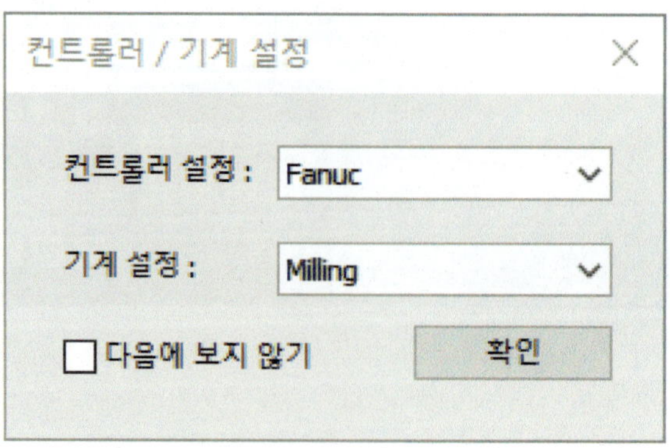

[04] NC 열기를 클릭하여 작업할 NC 코드를 불러온다.

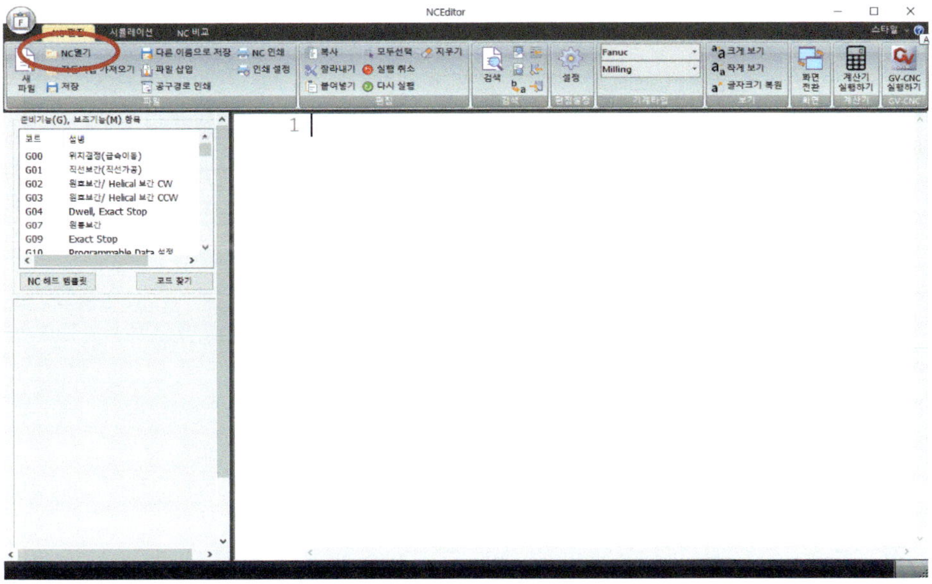

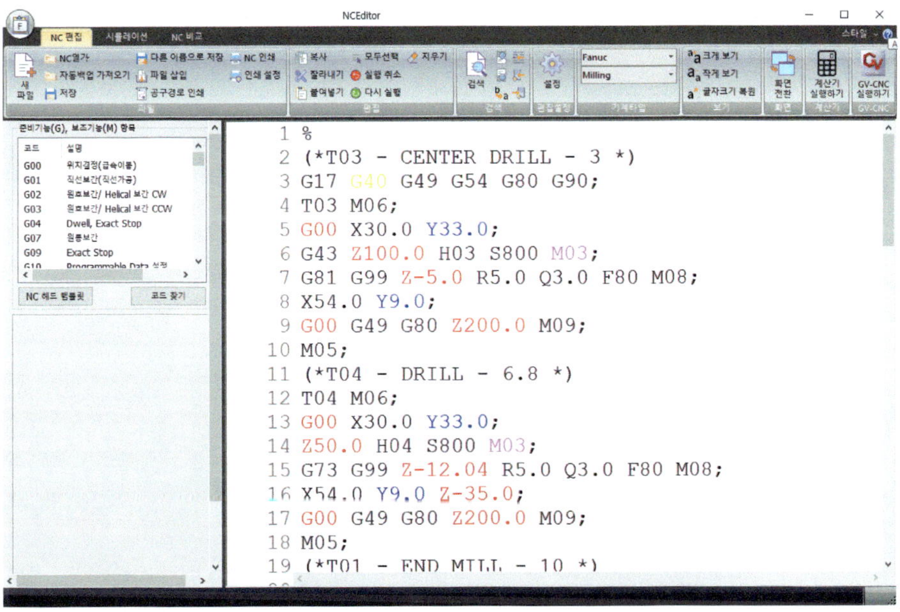

[05] GV-CNC 실행하기를 클릭한다. GV-CNC가 실행되며 NC Editor에 있던 NC 코드가 시뮬레이터 안의 기계에 입력되어 있다.

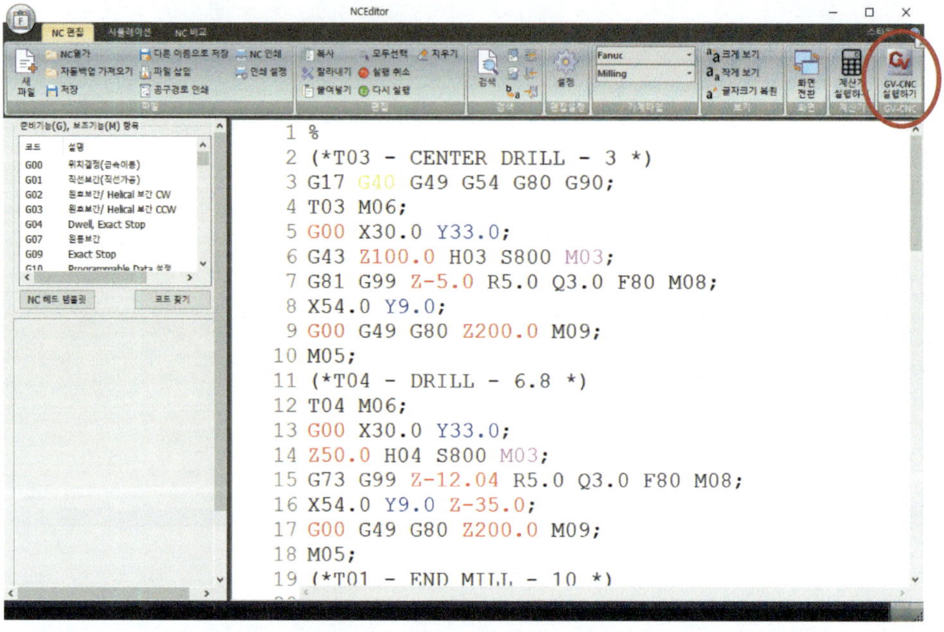

[06] 소재와 공구의 세팅을 위해 좌측 상단의 설정을 클릭하고 **기계 설정**으로 들어간다.

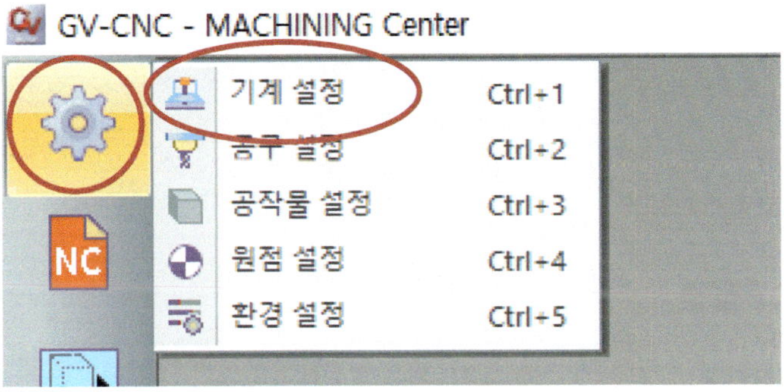

[07] 기계 설정은 별다른 수정사항 없이 바로 아래에 있는 **공구 설정**으로 넘어간다. 자기가 사용하는 컨트롤러와 맞추어도 되나 큰 차이는 없다. 수기가공을 하는 경우에는 EOB 분법 체크를 선택하는 것이 좋다.

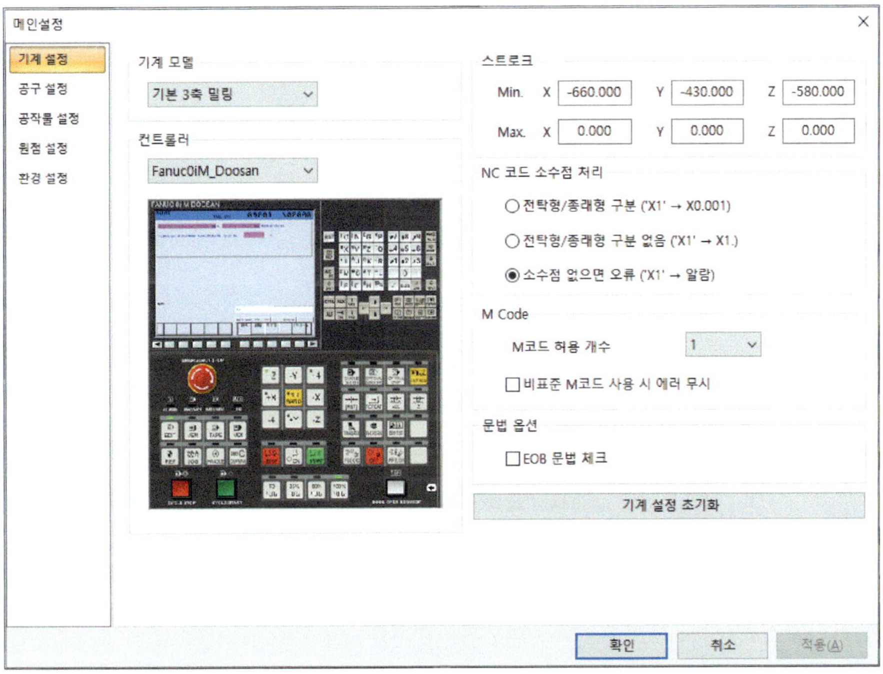

[08] 각 시험장에 맞추어 공구를 배치한다. 여기서는 공구번호 1번부터 5번까지의 공구를 아래와 같이 배치하였다. 원하는 번호에 다른 공구가 있으면 아래 제거 버튼을 눌러서 공구를 제거하고 아무것도 없는 공구번호에 가면 공구를 선택할 수 있다. 모든 공구의 오른쪽 공구정로는 날 직경(TD, 실기시험의 요구사항 참고)만 아래와 같이 변경하고 나머지는 수정할 필요가 없다. 기능사 실기에서 드릴은 직경 8mm이므로 아래 그림에서 4번 공구의 직경 값을 **8**로 변경한다. **공작물 설정**으로 넘어간다.

나. 공구설정

기계 설정 – **공구 설정** – 공작물 설정 – 원점 설정 – NC 열기 – 자동운전 – 검증

① 공구 설정 탭을 선택한다. 공구 리스트를 확인한다.
② 공구 번호를 확인한 후 변경이 필요하면 공구 번호를 클릭하여 번호를 변경한다.
③ 적용 버튼을 눌러 공구를 정의한다.

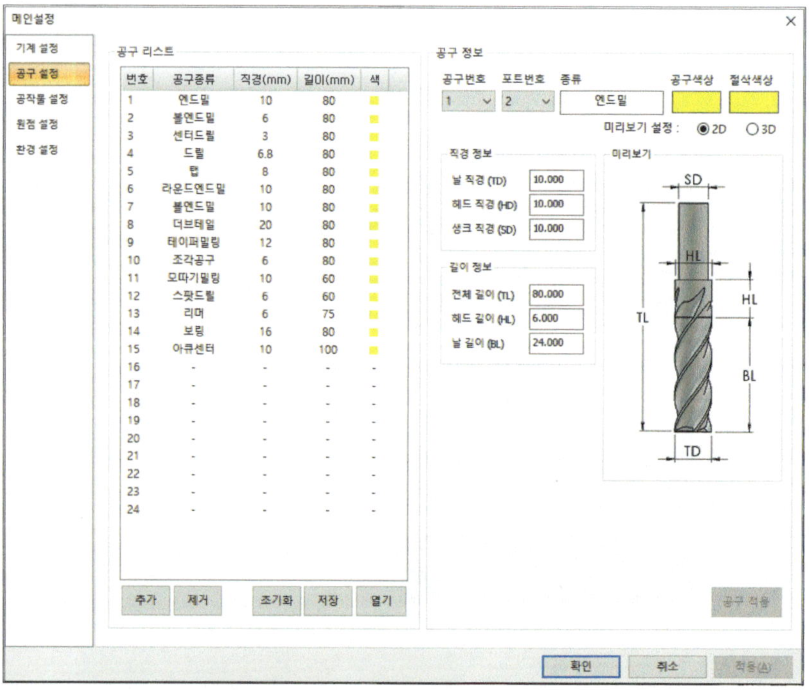

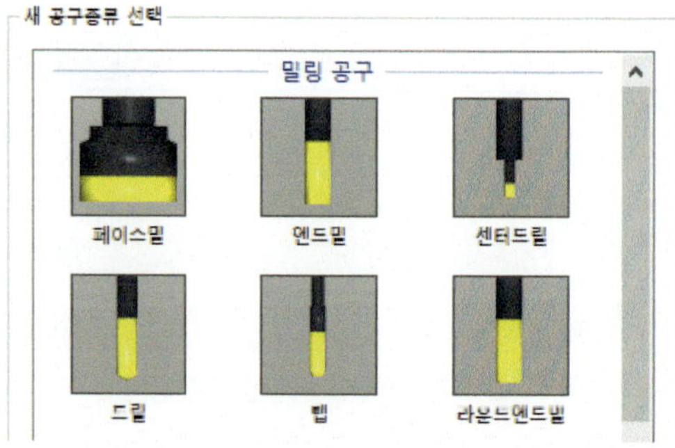

[09] 공작물 설정에서 공작물 크기는 직육면체가 기본으로 선택되어 있다. 공작물의 치수를 입력해야 하는데 모델링 도면에 있는 치수를 넣어준다. 기능사는 70(X)×69(Y)×21(Z)로 입력하고 산업기사는 70×70×28이다. 입력을 마치고 아래 **생성** 버튼을 누르고 원점 설정으로 넘어간다.

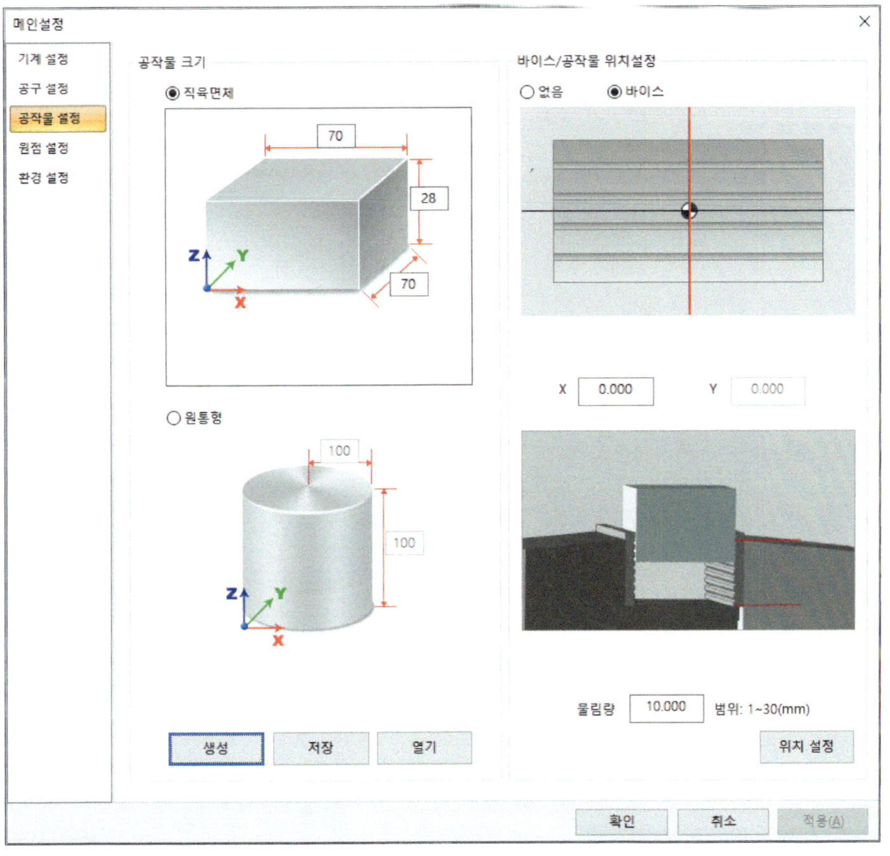

[10] 원점 설정에서 공작물 위 5개의 점 중에 왼쪽 아래에 있는 점을 아래 그림을 참고하여 클릭한다. 그 밑에 있는 기준공구가 제대로 선택되어 있는지 확인하고 그 아래에 있는 값 **복사** 버튼을 클릭한다. 이제 모든 설정이 다 끝났으므로 메인설정 창의 맨 아래에 있는 **확인** 버튼을 클릭하고 창을 닫는다.

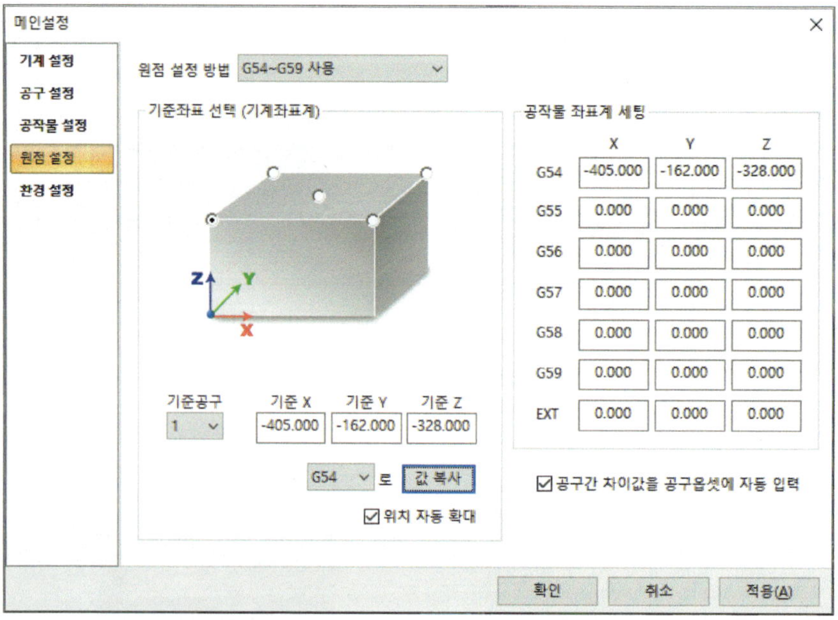

[11] 모드를 **MEM**으로 변경하고 **CYCLE START** 버튼을 클릭한다.

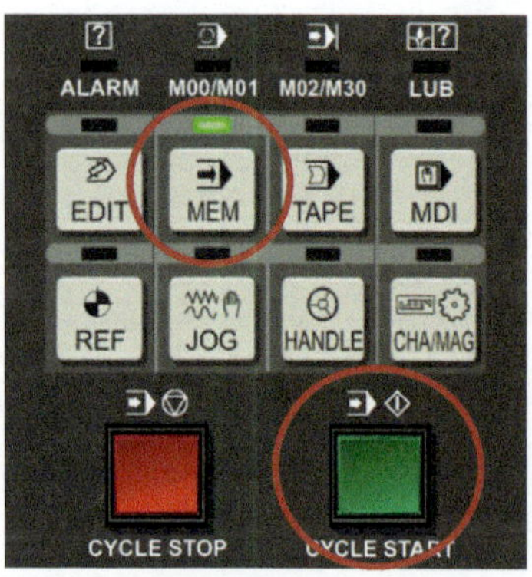

바. 자동운전
① EDIT 버튼을 누른다.
② RESET 버튼을 누른다.
③ OPT.STOP 버튼을 누른다.
④ AUTO 버튼을 누른다.
⑤ CYCLE START 버튼을 누른다.

[12] 가공이 시작되고 시뮬레이션되는 과정을 보며 문제가 없는지 확인한다. 문제가 없으면 실제 기계에서의 가공으로 넘어간다.

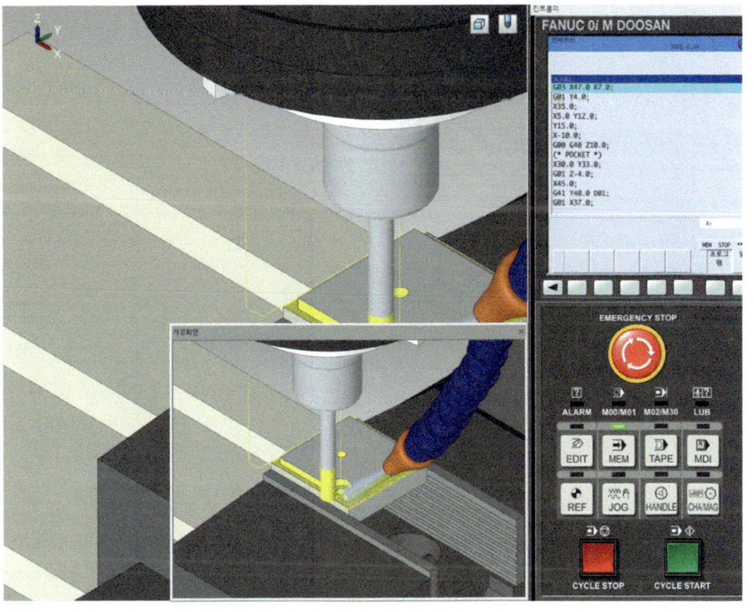

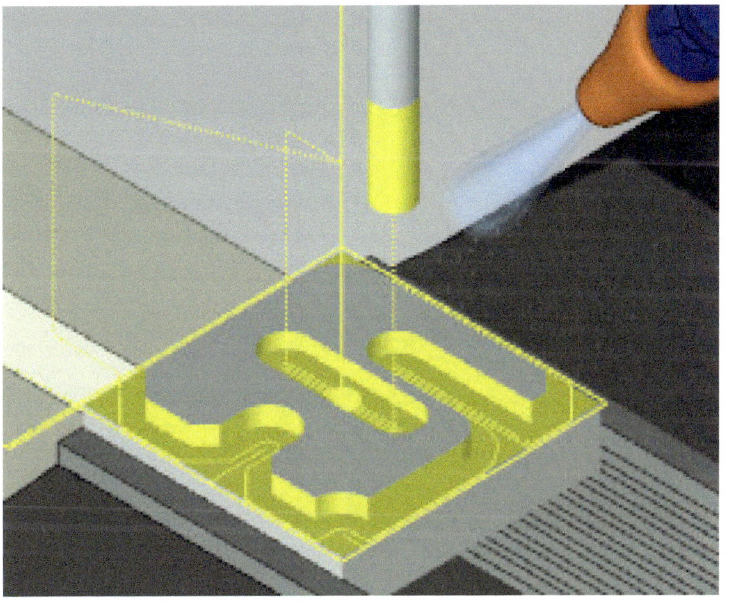

[13] 가공결과 검증

사. 검증

기계 설정 – 공작물 설정 – 공구 설정 – 원점 설정 – NC 입력 – 자동운전 – 검증

[14] 치수확인을 통한 가공 검증

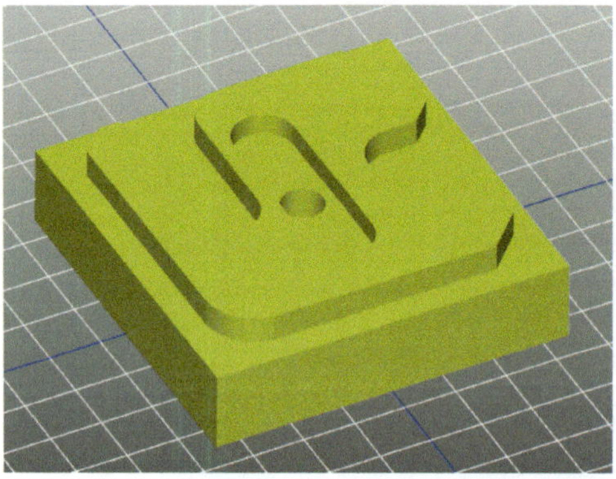

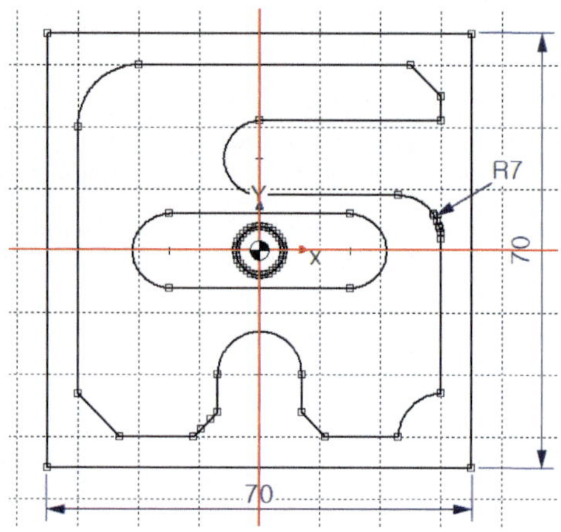

7.2 예제 1

7.2.1 도면

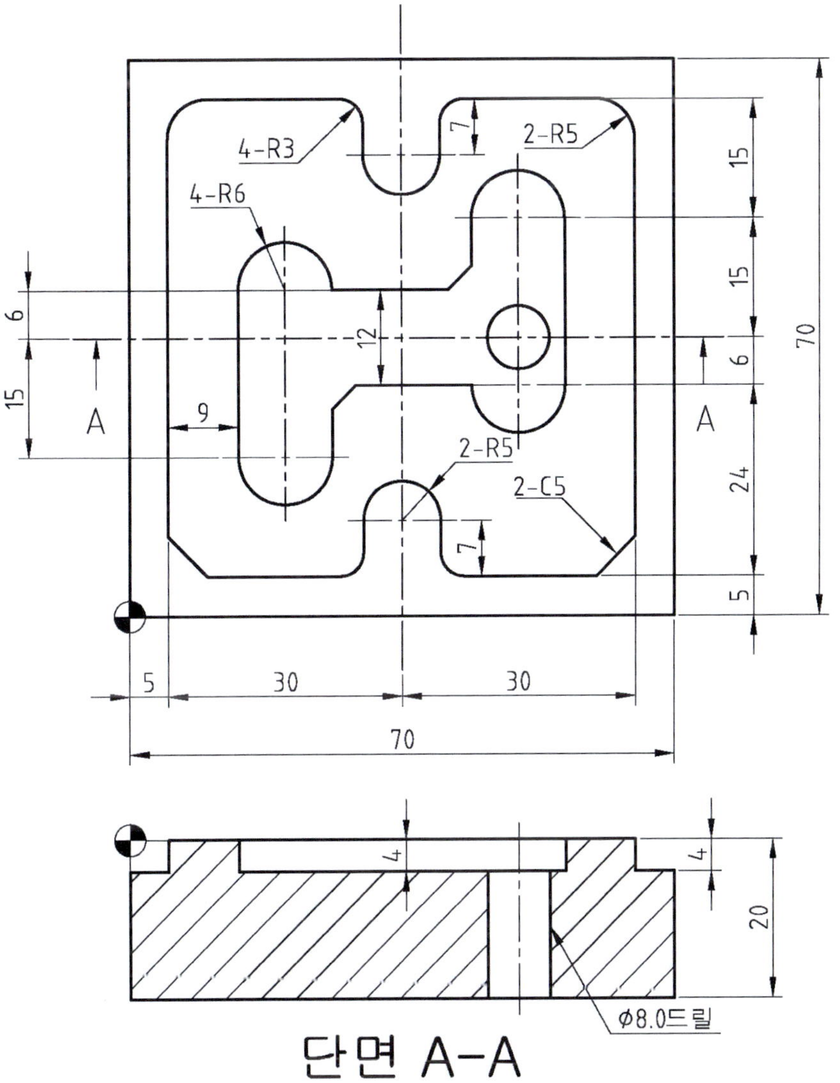

T1	Ø10 엔드밀
T2	Ø8 드릴
T3	Ø3 센터드릴

7.2.2 좌표 도면

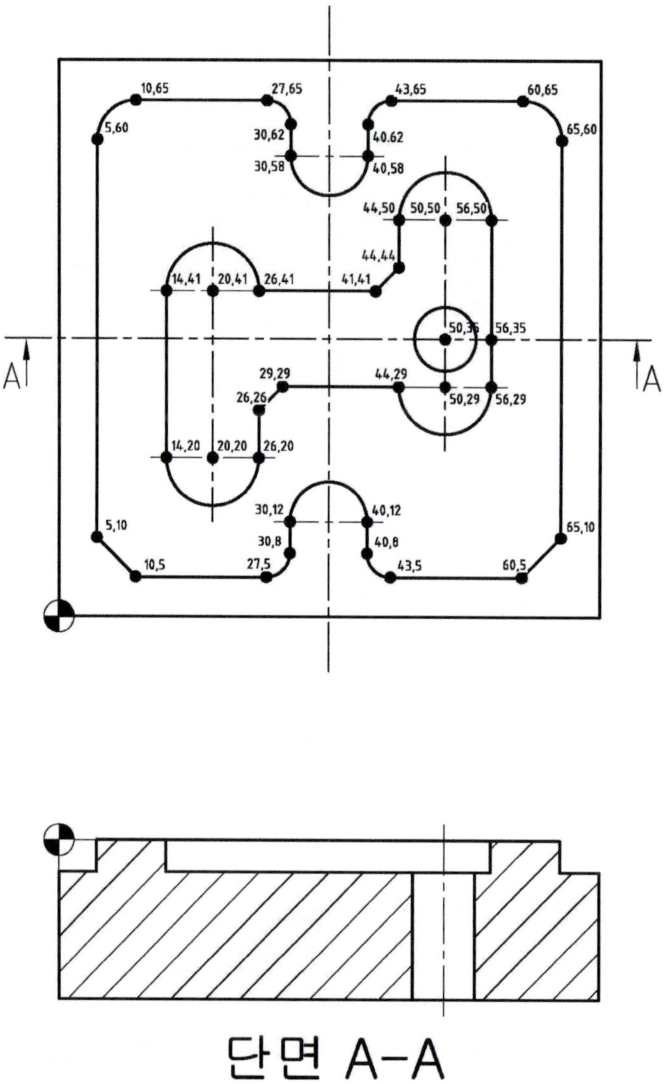

T1	Ø10 엔드밀
T2	Ø8 드릴
T3	Ø3 센터드릴

7.2.3 프로그램(기본 패턴 : 굵은 글씨, 밑줄)

%
O0001;
G40 G49 G80 G17;
G91 G30 Z0. M19;
T3 M6;
G90 G54 G0 X50. Y35.;
G43 H3 Z50. S2000 M3;
G98 G81 Z-4. R2. F100 M8;
G80 G49 G0 Z200. M9;
M5;
G91 G30 Z0. M19;
T2 M6;
G90 G54 G0 X50. Y35.;
G43 H2 Z50. S800 M3;
G98 G83 Z-30. R2. Q3. F80 M8;
G80 G49 G0 Z200. M9;
M5;
G30 G91 Z0. M19;
T1 M6;
G90 G54 G0 X-15. Y-15.;
G43 H1 Z50. S800 M3;
Z2. M8;
G1 Z-4. **F100;**
X0.;
Y70.;
X70.;
Y0.;
X-15.;
G41 D1 X5.;
Y60.;
G2 X10. Y65. R5.;
G1 X27.;
G2 X30. Y62. R3.;
G1 Y58.;
G3 X40. R5.;
G1 Y62.;
G2 X43.; Y65. R3.
G1 X60.;
G2 X65. Y60. R5.;
G1 Y10.;
X60. Y5.;
X43.;
G2 X40. Y8. R3.;
G1 Y12.;
G3 X30. R5.;
G1 Y8.;
G2 X27. Y5. R3.;
G1 X10.;
X5. Y10.;
Y20.;
G0 Z50.;
G40 X50.; Y35.;
Z2.;
G1 Z-4. **F50;**
G41 D1 X56. **F100;**
Y50.;
G3 X44. R6.;
G1 Y44.;
X41. Y41.;
X26.;
G3 X14. R6.;
G1 Y20.;
G3 X26. R6.;
G1 Y26.;
X29. Y29.;
X44.;
G3 X56. R6.;
G1 Y40.;
G0 Z50. M9;
G49 G40 Z200.;
M5;
M2;
%

7.3 예제 도면 2

7.3.1 도면

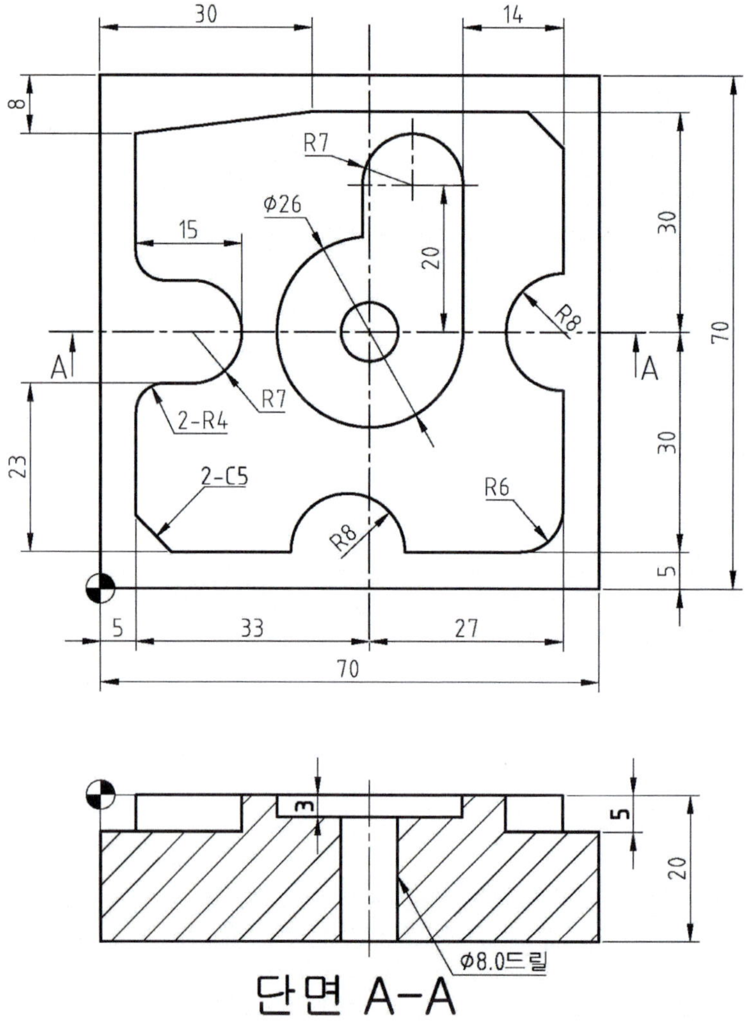

T1	Ø10 엔드밀
T2	Ø8 드릴
T3	Ø3 센터드릴

7.3.2 좌표 도면

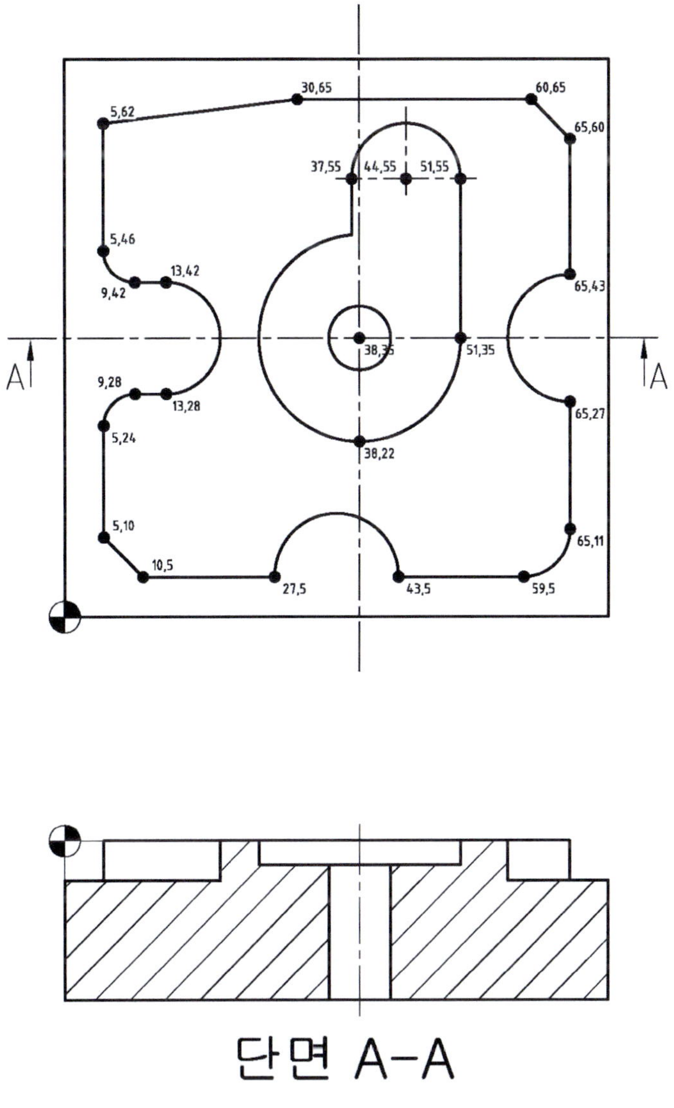

T1	Ø10 엔드밀
T2	Ø8 드릴
T3	Ø3 센터드릴

7.3.3 프로그램(기본 패턴 : 굵은 글씨, 밑줄)

```
%
O0002;
G40 G49 G80 G17;
G91 G30 Z0 M19;
T3 M6;
G90 G54 G0 X38. Y35.;
G43 H3 Z50. S2000 M3;
G98 G81 Z-4. R2. F100 M8;
G80 G49 G0 Z200. M9;
M5;
G91 G30 Z0 M19;
T2 M6;
G90 G54 G0 X38. Y35.;
G43 H2 Z50. S800 M3;
G98 G83 Z-30. Q3. R2. F80 M8;
G80 G49 G0 Z200. M9;
M5;
G91 G30 Z0 M19;
T1 M6;
G90 G54 G0 X-15. Y-15.;
G43 H1 Z50. S800 M3;
Z2. M8;
G1 Z-5. F100;
X0.;
Y70.;
X70.;
Y0.;
X-15.;
G41 D1 X5.;
Y65.;
X65.;
Y5.;
X10.;
X5. Y10.;
Y24.;
G2 X9. Y28. R4.;
G1 X13.;
G3 Y42. R7.;
G1 X9.;
G2 X5. Y46. R4.;
G1 Y62.;
X30. Y65.;
X60.;
X65. Y60.;
Y43.;
G3 Y27. R8.;
G1 Y11.;
G2 X59. Y5. R6.;
G1 X46.;
G3 X30. R8.;
G1 X10.;
X5. Y10.;
Y15.;
G0 Z50.;
G40 X38. Y35.;
Z2.;
G1 Z-3. F50;
G41 D1 Y22. F100;
G3 J13.;
J13.;
G0 Z50.;
G40 X38. Y35.;
Z2.;
G1 Z-3. F50;
G41 D1 X51. F100;
Y55.;
G3 X37. R7.;
G1 Y35.;
G0 Z50. M9;
G49 G40 Z200.;
M5;
M2;
%
```

7.4 예제 도면 3

7.4.1 도면

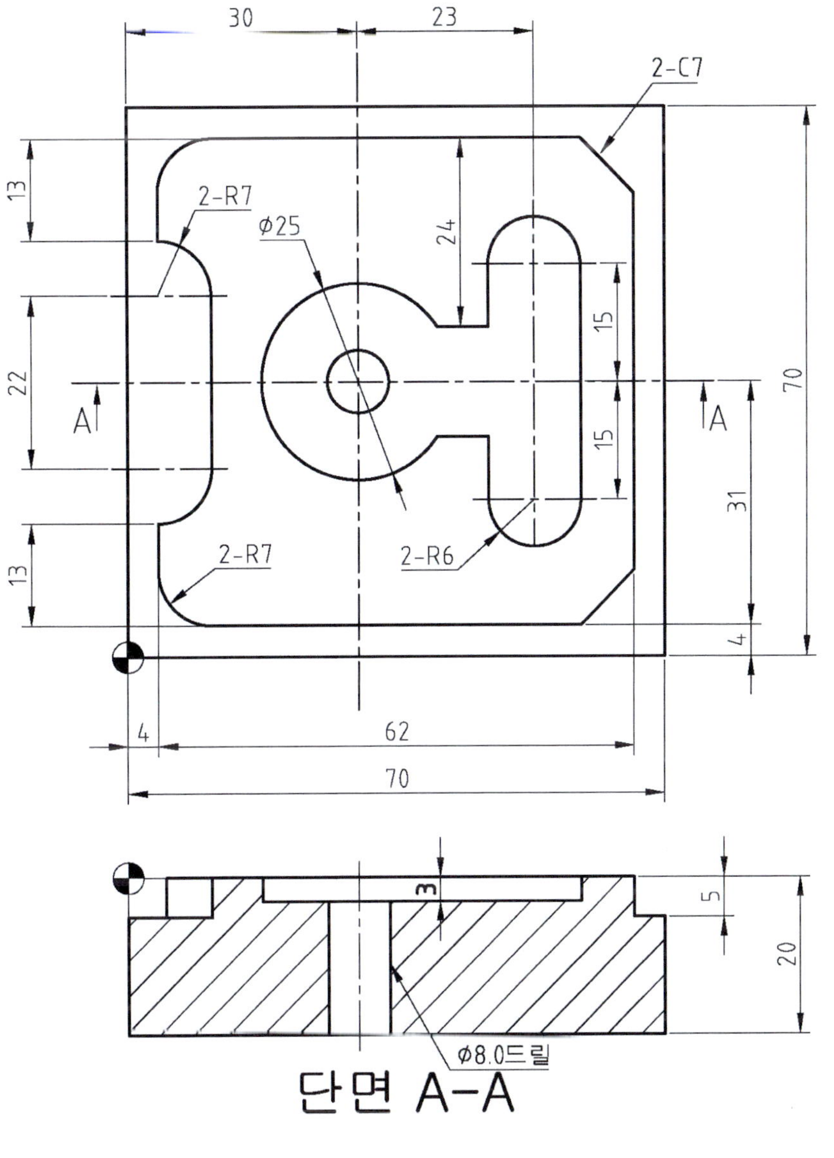

T1	Ø10 엔드밀
T2	Ø8 드릴
T3	Ø3 센터드릴

7.4.2 좌표 도면

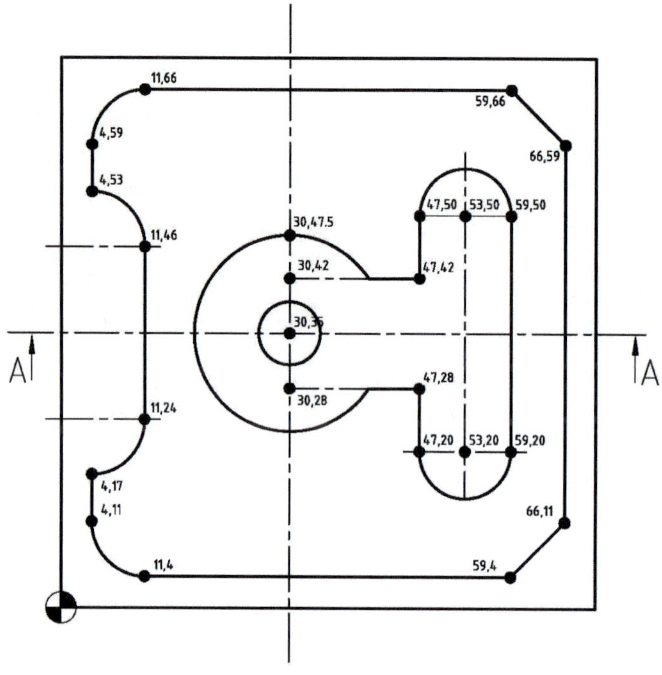

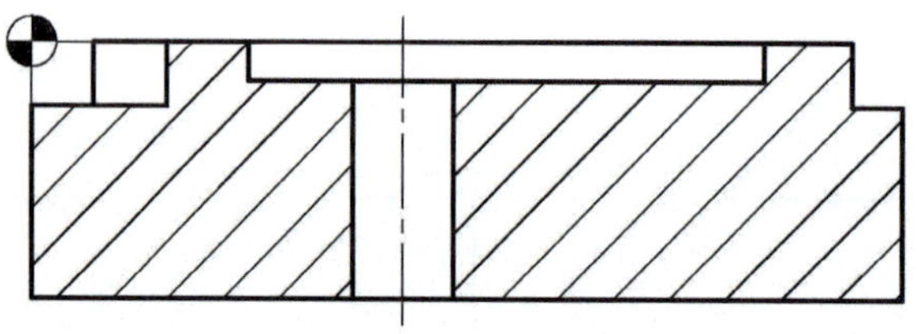

단면 A-A

T1	Ø10 엔드밀
T2	Ø8 드릴
T3	Ø3 센터드릴

7.4.3 프로그램(기본 패턴 : 굵은 글씨, 밑줄)

```
%
O0003;
G40 G49 G80 G17;
G91 G30 Z0. M19;
T3 M6;
G90 G54 G0 X30. Y35.;
G43 H3 Z50. S2000 M3;
G98 G81 Z-4. R2. F100 M8;
G80 G49 G0 Z200. M9;
M5;
G40 G49 G80 G17;
G91 G30 Z0. M19;
T2 M6;
G90 G54 G0 X30. Y35.;
G43 H2 Z50. S800 M3;
G98 G83 Z-30. Q3. R2. F80 M8;
G80 G49 G0 Z200. M9;
M5;
G91 G30 Z0. M19;
T1 M6;
G90 G54 G0 X-15. Y-15.;
G43 H2 Z50. S800 M3;
Z2. M8;
G1 Z-5. F100;
X-1.;
Y71.;
X71.;
Y-1.;
X-15.;
G41 D1 X4.;
G1 Y17.;
G3 X11. Y24. R7.;
G1 Y46.;
G3 X4. Y53. R7.;
G1 Y59.;
G2 X11. Y66. R7.;
G1 X59.;
X66. Y59.;
Y11.;
X59. Y4.;
X11.;
G2 X4. Y11. R7.;
G1 Y15.;
G0 Z50.;
G40 X30. Y35.;
Z2.;
G1 Z-3. F50;
G41 D1 Y47.5 F100;
G3 J-12.5;
J-12.5;
G0 Z50.;
G40 X30. Y35.;
Z2.;
G1 Z-3. F50;
G41 D1 Y28. F100;
X47.;
Y20.;
G3 X59. R6.;
G1 Y50.;
G3 X47. R6.;
G1 Y42.;
X30.;
G0 Z50. M9;
G40 G49 Z200.;
M5;
M2;
%
```

7.5.3 프로그램(기본 패턴 : 굵은 글씨, 밑줄)

```
%
O0004;
G40 G49 G80 G17;
G91 G30 Z0. M19;
T3 M6;
G90 G54 G0 X32. Y25.;
G43 H3 Z50. S2000 M3;
G98 G81 Z-4. R2. F100 M8;
X52. Y52.;
G80 G49 G0 Z200. M9;
M5;
G91 G30 Z0. M19;
T2 M6;
G90 G54 G0 X32. Y25.;
G43 H2 Z50. S800 M3;
G98 G83 Z-30. Q3. R2. F80 M8;
X52. Y52.;
G80 G49 G0 Z200. M9;
M5;
G91 G30 Z0. M19;
T1 M6;
G90 G54 G0 X-15. Y-15.;
G43 H1 Z50. S800 M3;
Z2. M8;
G1 Z-5. F100;
X0.;
Y71.;
X57.;
Y66.;
X70.;
Y-1.;
X-15.;
G41 D1 X5.;
Y63.;
X8. Y66.;
X52.;
Y62.;
G3 X62. Y52. R-10.;
G1 X65.;
Y4.;
X55.;
G3 X32. R30.;
G1 X10.;
G2 X5. Y9. R5.;
G1 Y15.;
G0 Z50.;
G40 X32. Y25.;
Z2.;
G1 Z-3. F50;
G41 D1 Y12. F100;
G3 J13.;
J13.;
G0 Z50.;
G40 X32. Y25.;
Z2.;
G1 Z-3. F50;
G41 D1 X39. F100;
Y48.;
G3 X32. Y55. R7.;
G1 X15.;
G3 Y41. R7.;
G1 X25.;
Y25.;
G0 Z50. M9;
G40 G49 Z200.;
M5;
M2;
%
```

7.6 예제 도면 5

7.6.1 도면

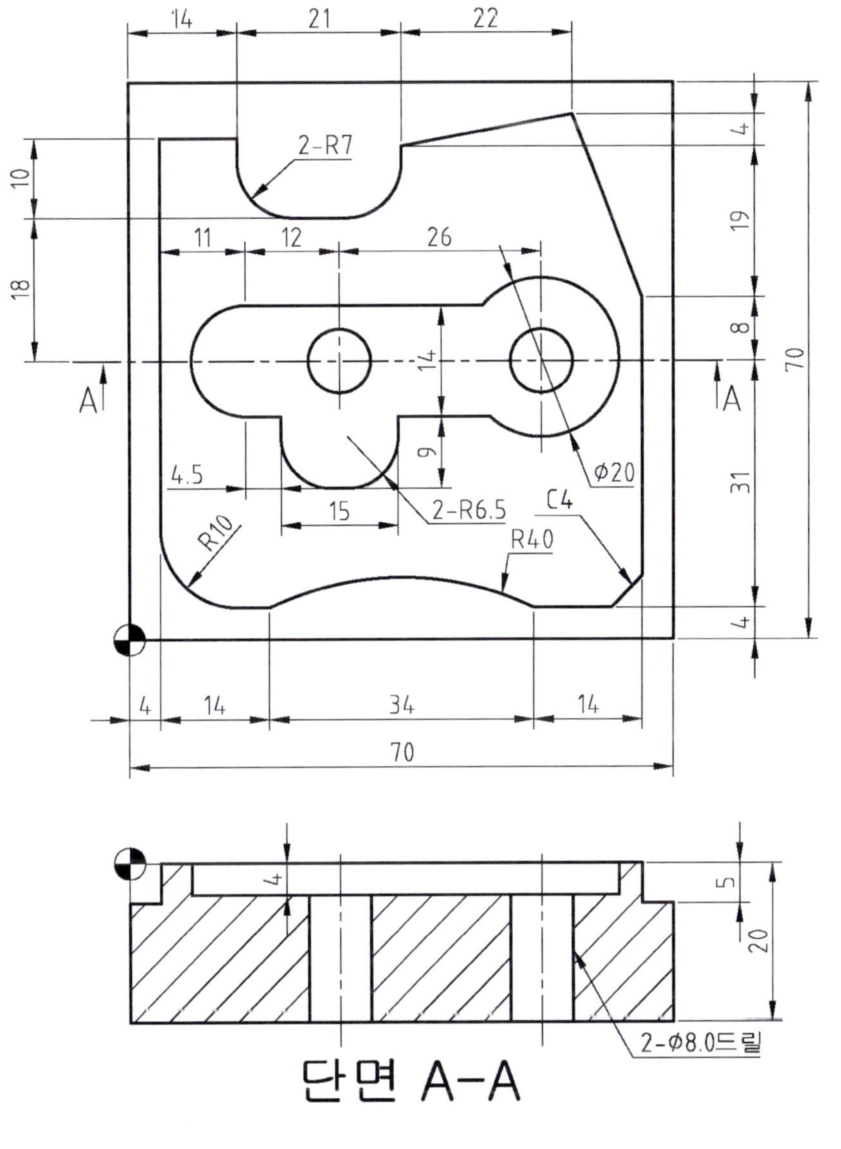

T1	Ø10 엔드밀
T2	Ø8 드릴
T3	Ø3 센터드릴

7.6.2 좌표 도면

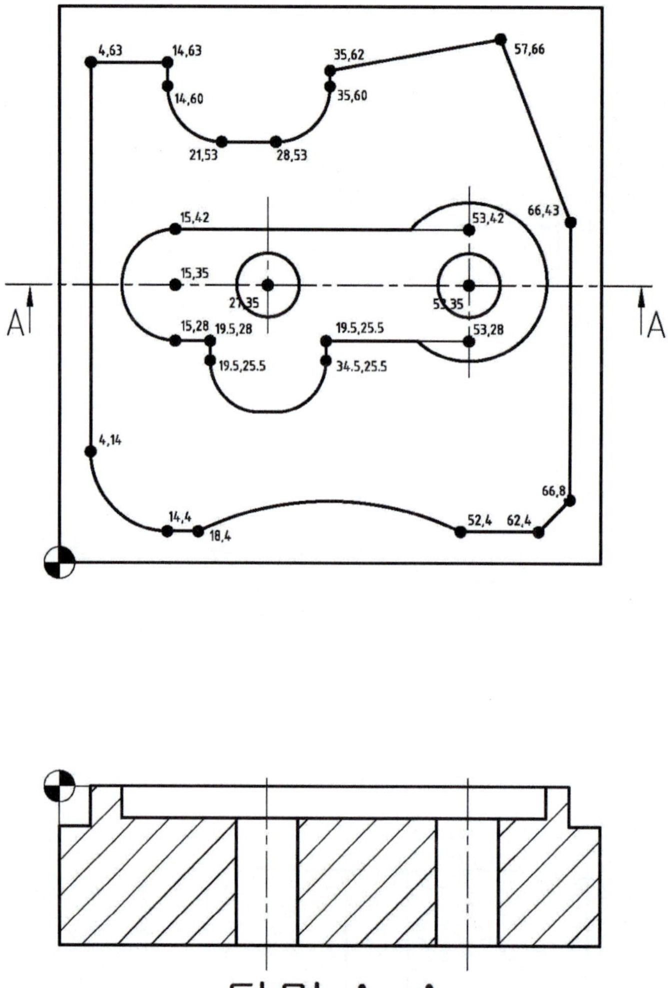

단면 A-A

T1	Ø10 엔드밀
T2	Ø8 드릴
T3	Ø3 센터드릴

7.6.3 프로그램(기본 패턴 : 굵은 글씨, 밑줄)

```
%
O0005;
G40 G49 G80 G17;
G91 G30 Z0. M19;
T3 M6;
G90 G54 G0 X27. Y35.;
G43 H3 Z50. S2000 M3;
G98 G81 Z-4. R2. F100 M8;
X53.;
G80 G49 G0 Z200. M9;
M5;
G91 G30 Z0. M19;
T2 M6;
G90 G54 G0 X27. Y35.;
G43 H2 Z50. S800 M3;
G98 G83 Z-30. R2. Q3. F80 M8;
X53.;
G80 G49 G0 Z200. M9;
M5;
G91 G30 Z0. M19;
T1 M6;
G90 G54 G0 X-15. Y-15.;
G43 H1 Z50. S800 M3;
Z2. M8;
G1 Z-5. F100;
X-2.;
Y72.;
X24.;
Y59.;
Y72.;
X72.;
Y-2.;
X-15.;
G41 D1 X4.;
Y63.;
X14.;
Y60.;
G3 X21. Y53. R7.;
G1 X28.;
G3 X35. Y60. R7.;
G1 Y62.;
X57. Y66.;
X66. Y43.;
Y8.;
X62. Y4.;
X52.;
G3 X18. R40.;
G1 X14.;
G2 X4. Y14. R10.;
G1 Y20.;
G0 Z50.;
G40 X53. Y35.;
Z2.;
G1 Z-4. F50;
G41 D1 Y45. F100;
G3 J-10.;
J-10.;
G0 Z50.;
G40 X27. Y35.;
Z2.;
G1 Z-4. F50;
G41 D1 Y42. F100;
X15.;
G3 Y28. R7.;
G1 X19.5;
Y25.5;
G3 X26. Y19. R6.5;
G1 X28.;
G3 X34.5 Y25.5 R6.5;
G1 Y28.;
X53.;
Y42.;
X25.;
G0 Z50. M9;
G40 G49 Z200.;
M5;
M2;
%
```

7.7 예제 도면 6

7.7.1 도면

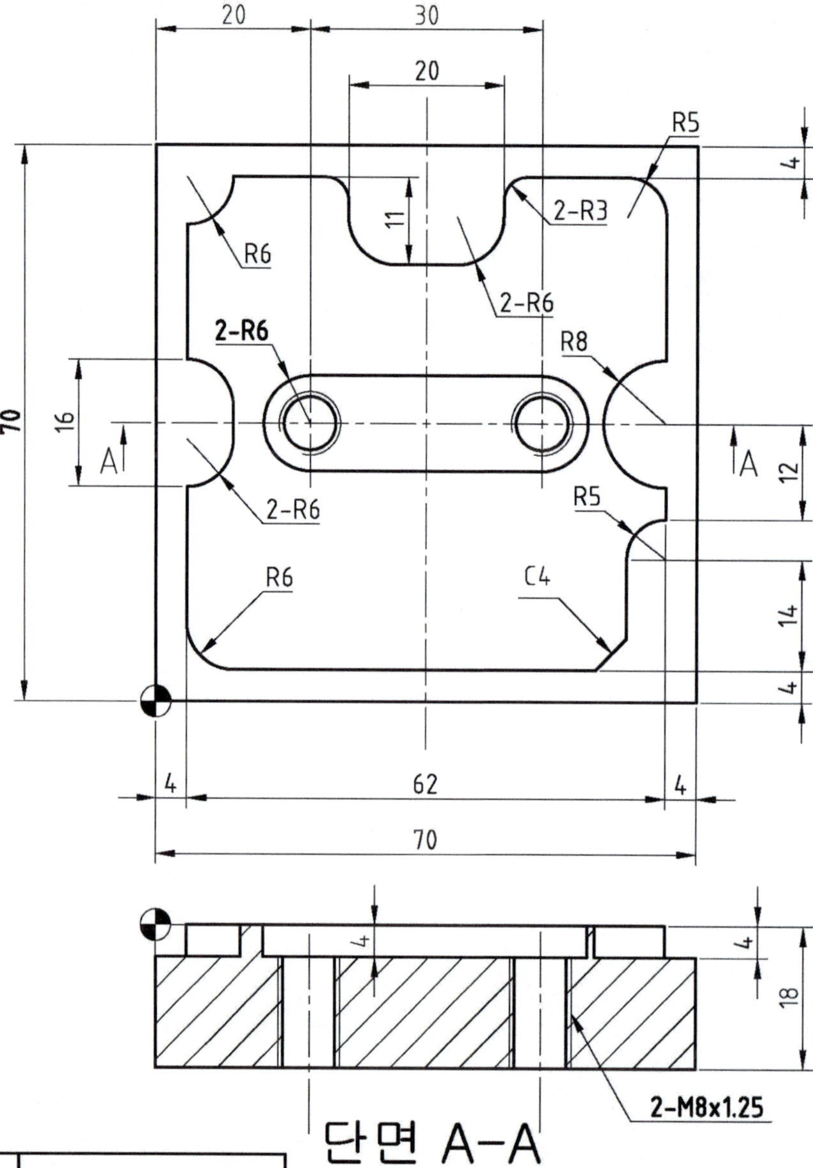

T1	Ø10 엔드밀
T3	Ø3 센터드릴
T6	Ø6.8 드릴
T7	M8×1.25 탭

7.7.2 좌표 도면

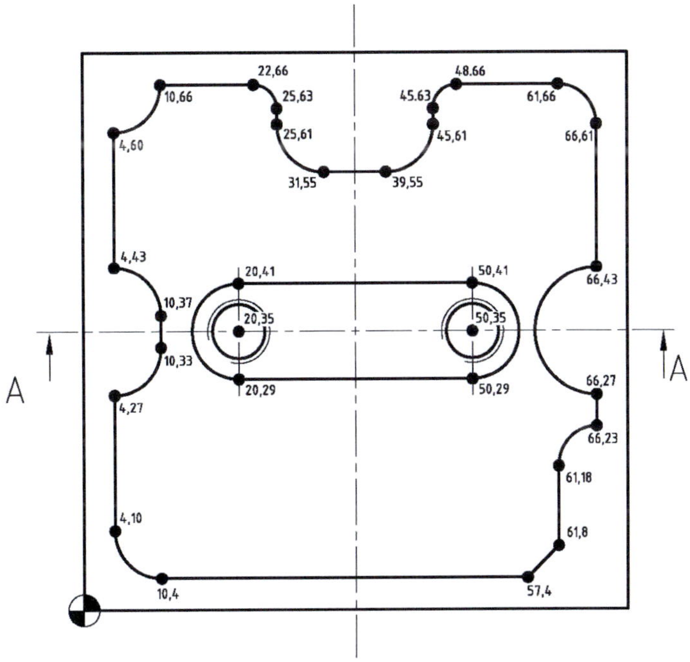

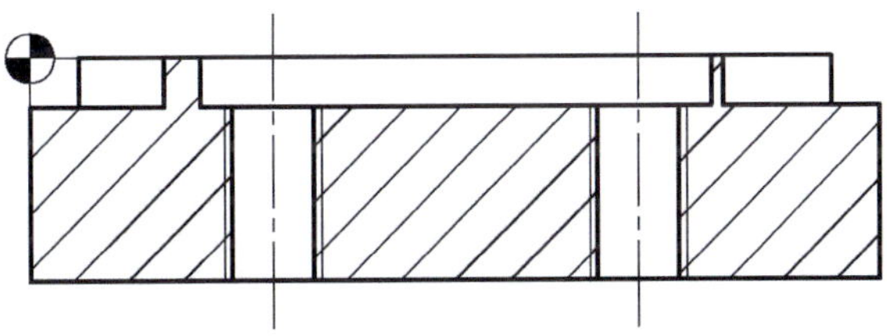

단면 A-A

T1	Ø10 엔드밀
T3	Ø3 센터드릴
T6	Ø6.8 드릴
T7	M8×1.25 탭

7.7.3 프로그램(기본 패턴 : 굵은 글씨, 밑줄)

```
%
O0006;
G40 G49 G80 G17;
G91 G30 Z0. M19;
T3 M6;
G90 G54 G0 X20. Y35.;
G43 H3 Z50. S2000 M3;
G98 G81 Z-4. R2. F100 M8;
X50.;
G80 G49 G0 Z200. M9;
M5;
G91 G30 Z0. M19;
T6 M6;
G90 G54 G0 X20. Y35.;
G43 H6 Z50. S800 M3;
G98 G83 Z-30. R2. Q3. F80 M8;
X50.;
G80 G49 G0 Z200. M9;
M5;
G91 G30 Z0. M19;
T7 M6;
G90 G54 G0 X20. Y35.;
G43 H7 Z50. S500 M3;
G98 G84 Z-30. R2. F625 M8;
X50.;
G80 G49 G0 Z200. M9;
M5;
G91 G30 Z0. M19;
T1 M6;
G90 G54 G0 X-15. Y-15.;
G43 H1 Z50. S800 M3;
Z2. M8;
G1 Z-4. F100;
X-2.;
Y33.;
X4.;
Y37.;
X-2.;
X31.;
Y66.;
X39.;
Y72.;
X72.;
Y35.;
X66.;
X72.;
Y17.;
X67.;
Y-2.;
```

```
X-15.;
G0 Y-15.;
G41 D1 X4.;
G1 Y27.;
G3 X10. Y33. R6.;
G1 Y37.;
G3 X4. Y43. R6.;
G1 Y60.;
G3 X10. Y66. R6.;
G1 X22.;
G2 X25. Y63. R3.;
G1 Y61.;
G3 X31. Y55. R6.;
G1 X39.;
G3 X45. Y61. R6.;
G1 Y63.;
G2 X48. Y66. R3.;
G1 X61.;
G2 X66. Y61. R5.;
G1 Y43.;
G3 Y27. R8.;
G1 Y23.;
G3 X61. Y18. R5.;
G1 Y8.;
X57. Y4.;
X10.;
G2 X4. Y10. R6.;
G1 Y35.;
G0 Z50.;
G40 X20. Y35.;
Z2.;
G1 Z-4. F50;
X50. F100;
G0 Z50.;
X35. Y35.;
Z2.;
G1 Z-4. F50;
G41 D1 Y41. F100;
X20.;
G3 Y29. R6.;
G1 X50.;
G3 Y41. R6.;
G1 X20.;
G0 Z50. M9;
G40 G49 Z200.;
M5;
M2;
%
```

7.8 예제 도면 7

7.8.1 도면

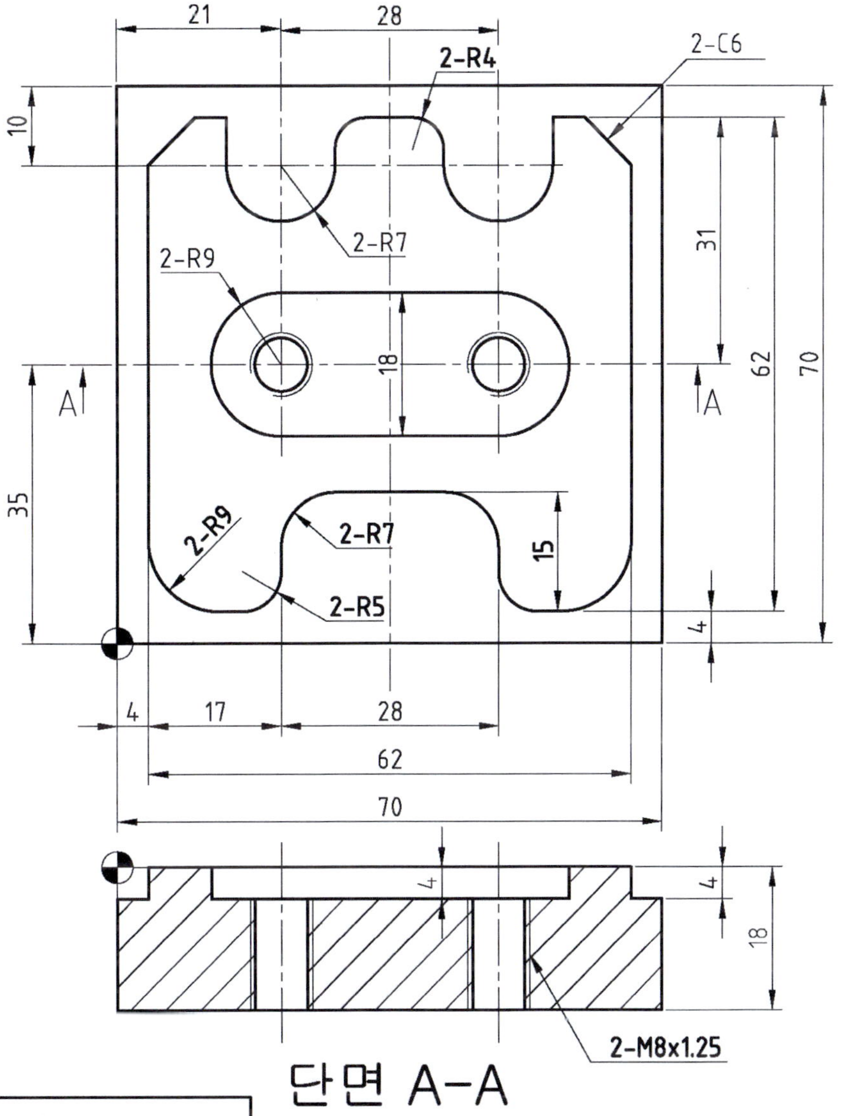

T1	Ø10 엔드밀
T3	Ø3 센터드릴
T6	Ø6.8 드릴
T7	M8×1.25 탭

7.8.2 좌표 도면

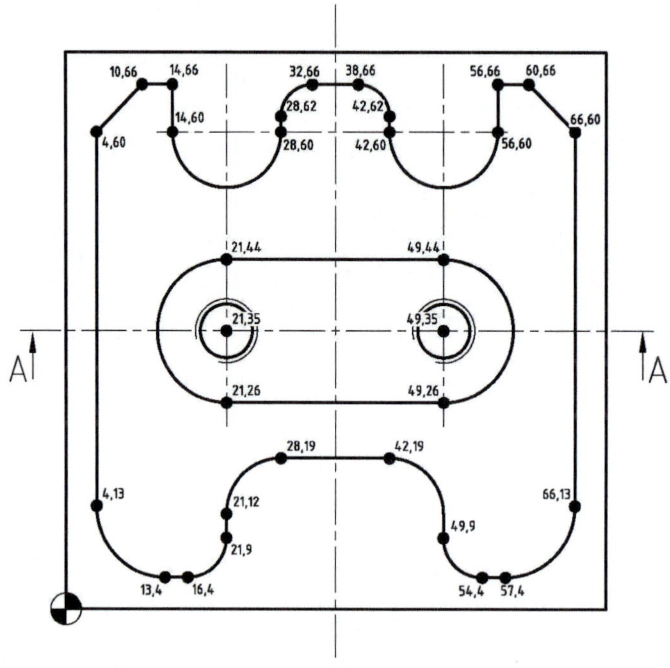

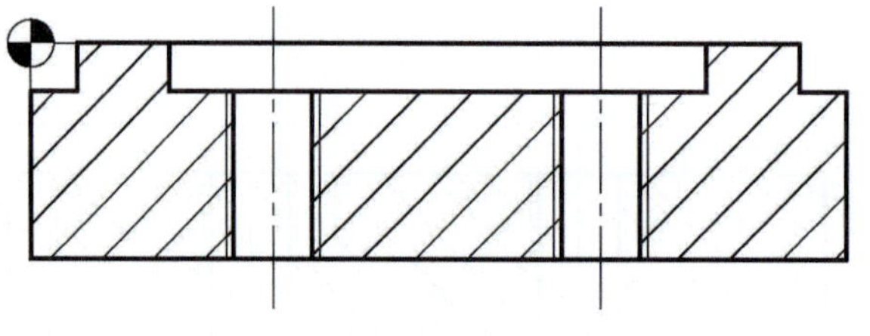

단면 A-A

T1	Ø10 엔드밀
T3	Ø3 센터드릴
T6	Ø6.8 드릴
T7	M8×1.25 탭

7.8.3 프로그램(기본 패턴 : 굵은 글씨, 밑줄)

```
%
O0007;
G40 G49 G80 G17;
G91 G30 Z0. M19;
T3 M6;
G90 G54 G0 X21. Y35.;
G43 H3 Z50. S2000 M3;
G98 G81 Z-4. R2. F100 M8;
X49.;
G80 G49 G0 Z200. M9;
M5;
G91 G30 Z0. M19;
T6 M6;
G90 G54 G0 X21. Y35.;
G43 H6 Z50. S800 M3;
G98 G83 Z-30. R2. Q3. F80 M8;
X49.;
G80 G49 G0 Z200. M9;
M5;
G91 G30 Z0. M19;
T7 M6;
G90 G54 G0 X21. Y35.;
G43 H7 Z50. S500 M3;
G98 G84 Z-30. R2. F625 M8;
X49.;
G80 G49 G0 Z200. M9;
M5;
G91 G30 Z0. M19;
T1 M6;
G90 G54 G0 X-15. Y-15.;
G43 H1 Z50. S800 M3;
Z2. M8;
G1 Z-4. F100;
X-2.;
Y72.;
X21.;
Y60.;
Y72.;
X49.;
Y60.;
Y72.;
X72.;
Y-2.;
X43.;
Y4.;
X27.;
Y-2.;
X-15.;
G0 Y-15.;
G41 D1 X4.;
G1 Y60.;
X10. Y66.;
X14.;
Y60.;
G3 X28. R7.;
G1 Y62.;
G2 X32. Y66. R4.;
G1 X38.;
G2 X42. Y62. R4.;
G1 Y60.;
G3 X56. R7.;
G1 Y66.;
X60.;
X66. Y60.;
Y13.;
G2 X57. Y4. R9.;
G1 X54.;
G2 X49. Y9. R5.;
G1 Y12.;
G3 X42. Y19. R7.;
G1 X28.;
G3 X21. Y12. R7.;
G1 Y9.;
G2 X16. Y4. R5.;
G1 X13.;
G2 X4. Y13. R9.;
G1 Y35.;
G0 Z50.;
G40 X21. Y35.;
Z2.;
G1 Z-4. F50;
X49. F100;
G0 Z50.;
X35. Y35.;
Z2.;
G1 Z-4. F50;
G41 D1 Y44. F100;
X21.;
G3 Y26. R9.;
G1 X49.;
G3 Y44. R9.;
G1 X21.;
G0 Z50. M9;
G40 G49 Z200.;
M5;
M2;
%
```

7.9 예제 도면 8

7.9.1 도면

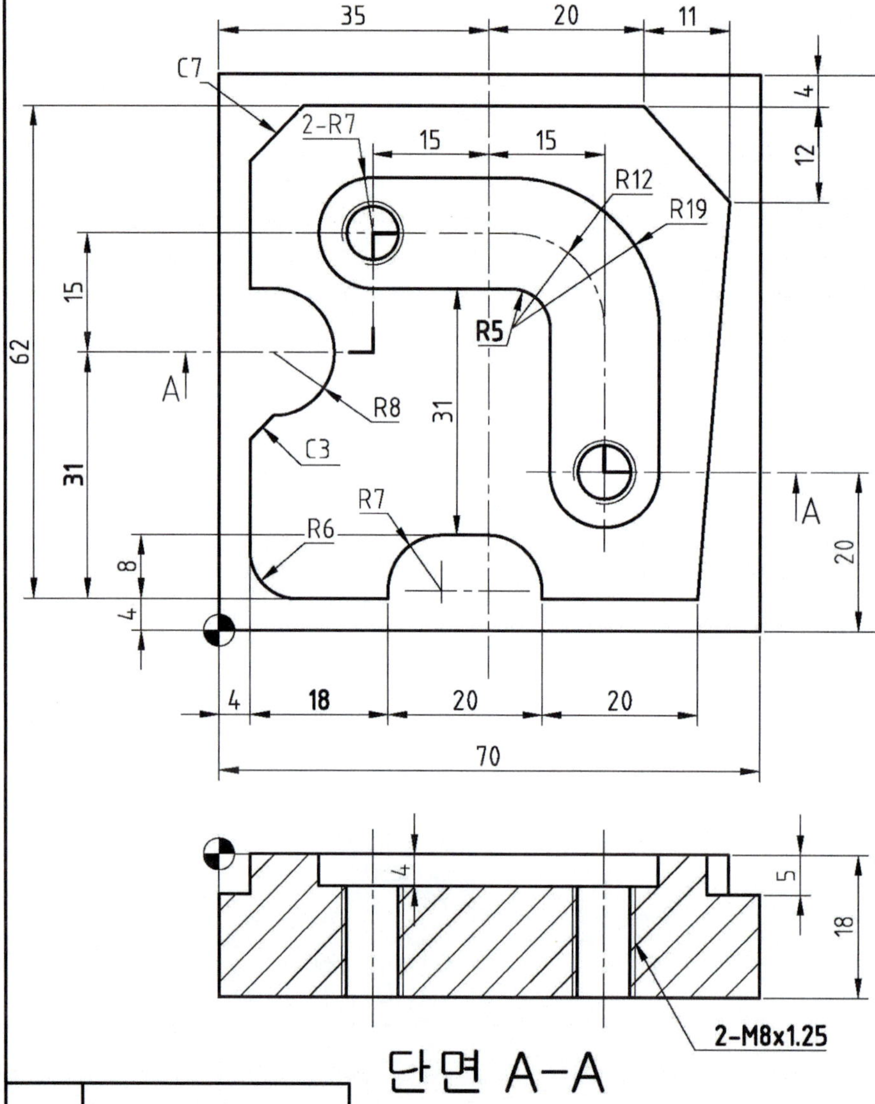

T1	Ø10 엔드밀
T3	Ø3 센터드릴
T6	Ø6.8 드릴
T7	M8×1.25 탭

7.9.2 좌표 도면

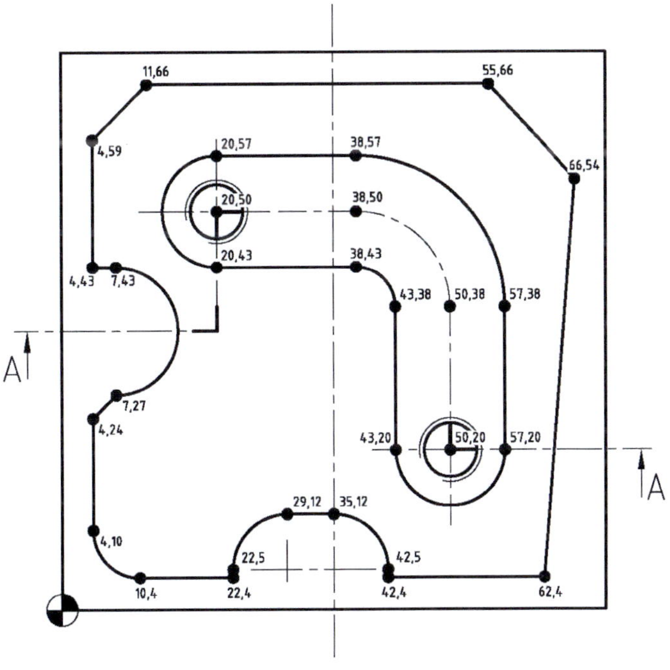

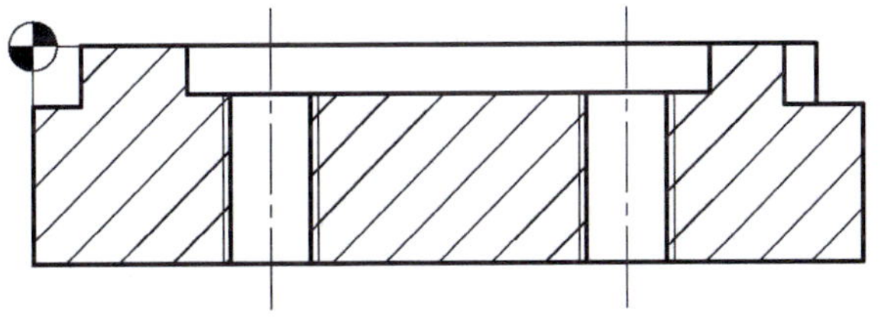

단면 A-A

T1	Ø10 엔드밀
T3	Ø3 센터드릴
T6	Ø6.8 드릴
T7	M8×1.25 탭

7.9.3 프로그램(기본 패턴 : 굵은 글씨, 밑줄)

```
%
O0008;
G40 G49 G80 G17;
G91 G30 Z0. M19;
T3 M6;
G90 G54 G0 X20. Y50.;
G43 H3 Z50. S2000 M3;
G98 G81 Z-4. R2. F100 M8;
X50. Y20.;
G80 G49 G0 Z200. M9;
M5;
G91 G30 Z0. M19;
T6 M6;
G90 G54 G0 X20. Y50.;
G43 H6 Z50. S800 M3;
G98 G83 Z-30. R2. Q3. F80 M8;
X50. Y20.;
G80 G49 G0 Z200. M9;
M5;
G91 G30 Z0. M19;
T7 M6;
G90 G54 G0 X20. Y50.;
G43 H7 Z50. S500 M3;
G98 G84 Z-30. R2. F625 M8;
X50. Y20.;
G80 G49 G0 Z200. M9;
M5;
G91 G30 Z0. M19;
T1 M6;
G90 G54 G0 X-15. Y-15.;
G43 H1 Z50. S800 M3;
Z2. M8;
G1 Z-4. F100;
X-2.;
Y35.;
X7.;
X-2.;
Y72.;
X66.;
X71. Y60.;
X68. Y-2.;
X35.;
Y4.;
X29.;
Y-2.;
X-15.;
G0 Y-15.;
G41 D1 X4.;
G1 Y24.;
X7. Y27.;
G3 Y43. R8.;
G1 X4.;
Y59.;
X11. Y66.;
X55.;
X66. Y54.;
X62. Y4.;
X42.;
Y5.;
G3 X35. Y12. R7.;
G1 X29.;
G3 X22. Y5. R7.;
G1 Y4.;
X10.;
G2 X4. Y10. R6.;
G1 Y35.;
G0 Z50.;
G40 X20. Y50.;
Z2.;
G1 Z-4. F50;
X38. F100;
G2 X50. Y38. R12.;
G1 Y20.;
G0 Z50.;
X35. Y50.;
Z2.;
G1 Z-4. F50;
G41 D1 Y57. F100;
X20.;
G3 Y43. R7.;
G1 X38.;
G2 X43. Y38. R5.;
G1 Y20.;
G3 X57. R7.;
G1 Y38.;
G3 X38. Y57. R19.;
G1 X20.;
G0 Z50. M9;
G40 G49 Z200.;
M5;
M2;
%
```

7.10 예제 도면 9

7.10.1 도면

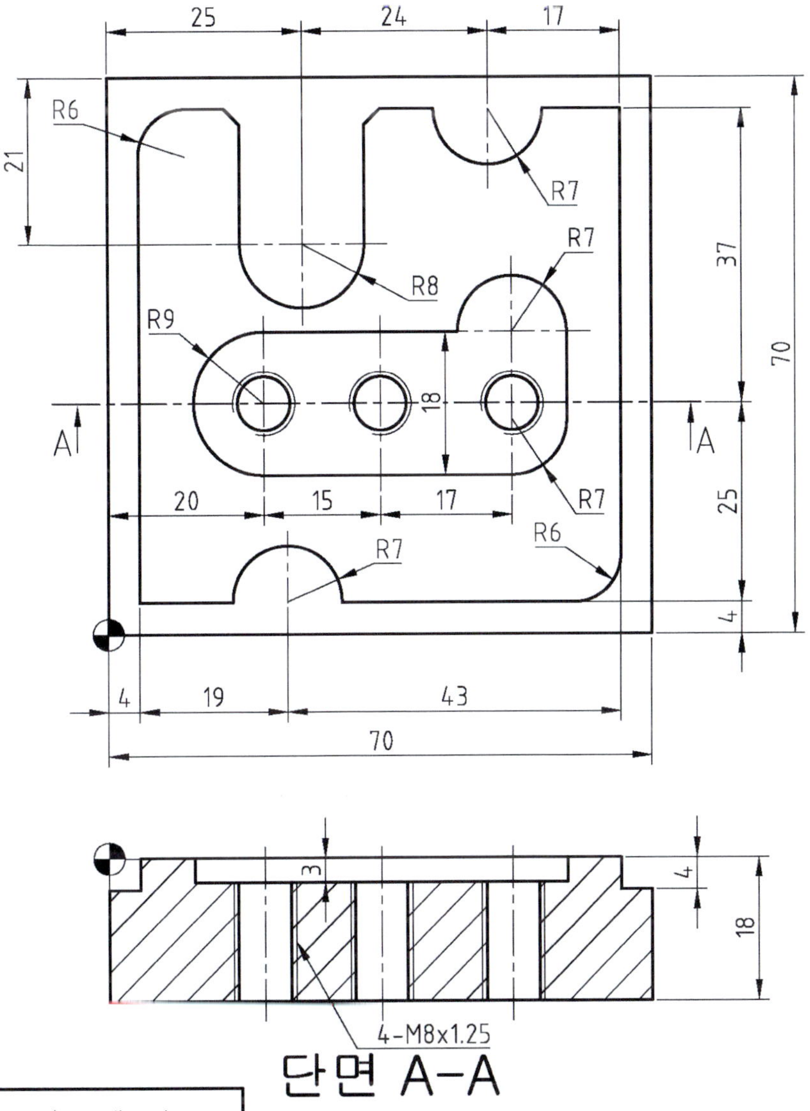

T1	Ø10 엔드밀
T3	Ø3 센터드릴
T6	Ø6.8 드릴
T7	M8×1.25 탭

7.10.2 좌표 도면

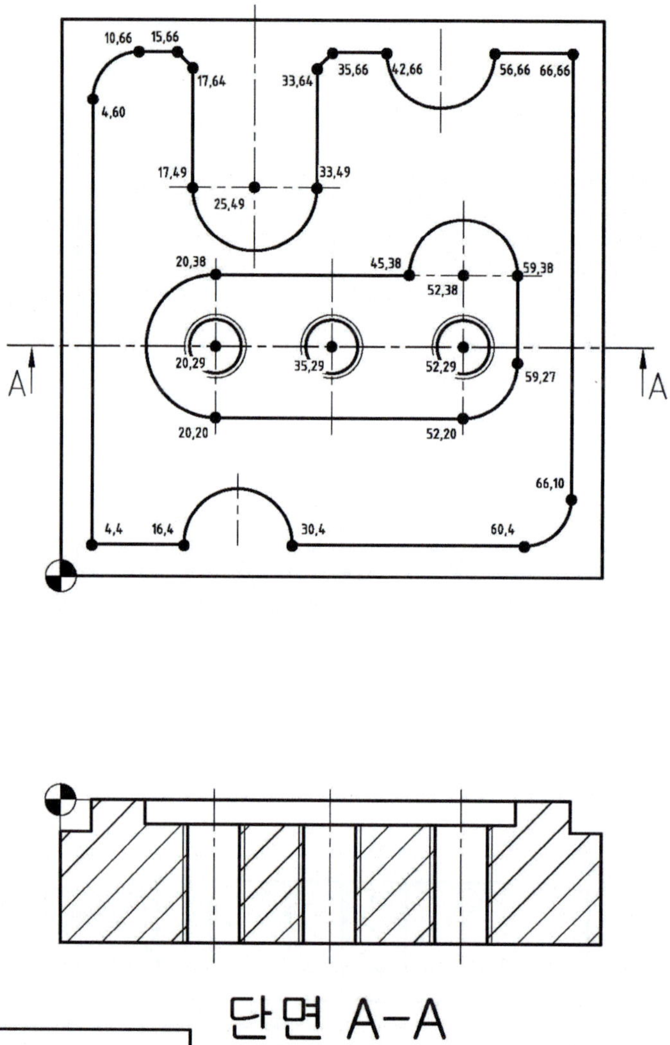

T1	Ø10 엔드밀
T3	Ø3 센터드릴
T6	Ø6.8 드릴
T7	M8×1.25 탭

7.10.3 프로그램(기본 패턴 : 굵은 글씨, 밑줄)

```
%
O0009;
G40 G49 G80 G17;
G91 G30 Z0. M19;
T3 M6;
G90 G54 G0 X20. Y29.;
G43 H3 Z50. S2000 M3;
G98 G81 Z-4. R2. F100 M8;
X35.;
X52.;
G80 G49 G0 Z200. M9;
M5;
G91 G30 Z0. M19;
T6 M6;
G90 G54 G0 X20. Y29.;
G43 H6 Z50. S800 M3;
G98 G83 Z-30. R2. Q3. F80 M8;
X35.;
X52.;
G80 G49 G0 Z200. M9;
M5;
G91 G30 Z0. M19;
T7 M6;
G90 G54 G0 X20. Y29.;
G43 H7 Z50. S500 M3;
G98 G84 Z-30. R2. F625 M8;
X35.;
X52.;
G80 G49 G0 Z200. M9;
M5;
G91 G30 Z0. M19;
T1 M6;
G90 G54 G0 X-15. Y-15.;
G43 H1 Z50. S800 M3;
Z2. M8;
G1 Z 4. F100;
X-2.;
Y72.;
X25.;
Y49.;
Y72.;
X49.;
Y66.;
Y72.;
X72.;
Y-2.;
X23.;
Y4.;
Y-2.;
X-15.;
G0 Y-15.;
G41 D1 X4.;
G1 Y60.;
G2 X10. Y66. R6.;
G1 X15.;
X17. Y64.;
Y49.;
G3 X33. R8.;
G1 Y64.;
X35. Y66.;
X42.;
G3 X56. R7.;
G1 X66.;
Y10.;
G2 X60. Y4. R6.;
G1 X30.;
G3 X16. R7.;
G1 X-15.;
G0 Z50.;
G40 X20. Y29.;
Z2.;
G1 Z-3. F50;
X52. F100;
Y38.;
G0 Z50.;
X35. Y29.;
Z2.;
G1 Z-3. F50;
G41 D1 Y38. F100;
X20.;
G3 Y20. R9.;
G1 X52.;
G3 X59. Y27. R7.;
G1 Y38.;
G3 X45. R7.;
G1 X20.;
G0 Z50. M9;
G40 G49 Z200.;
M5;
M2;
%
```

7.11 예제 도면 10

7.11.1 도면

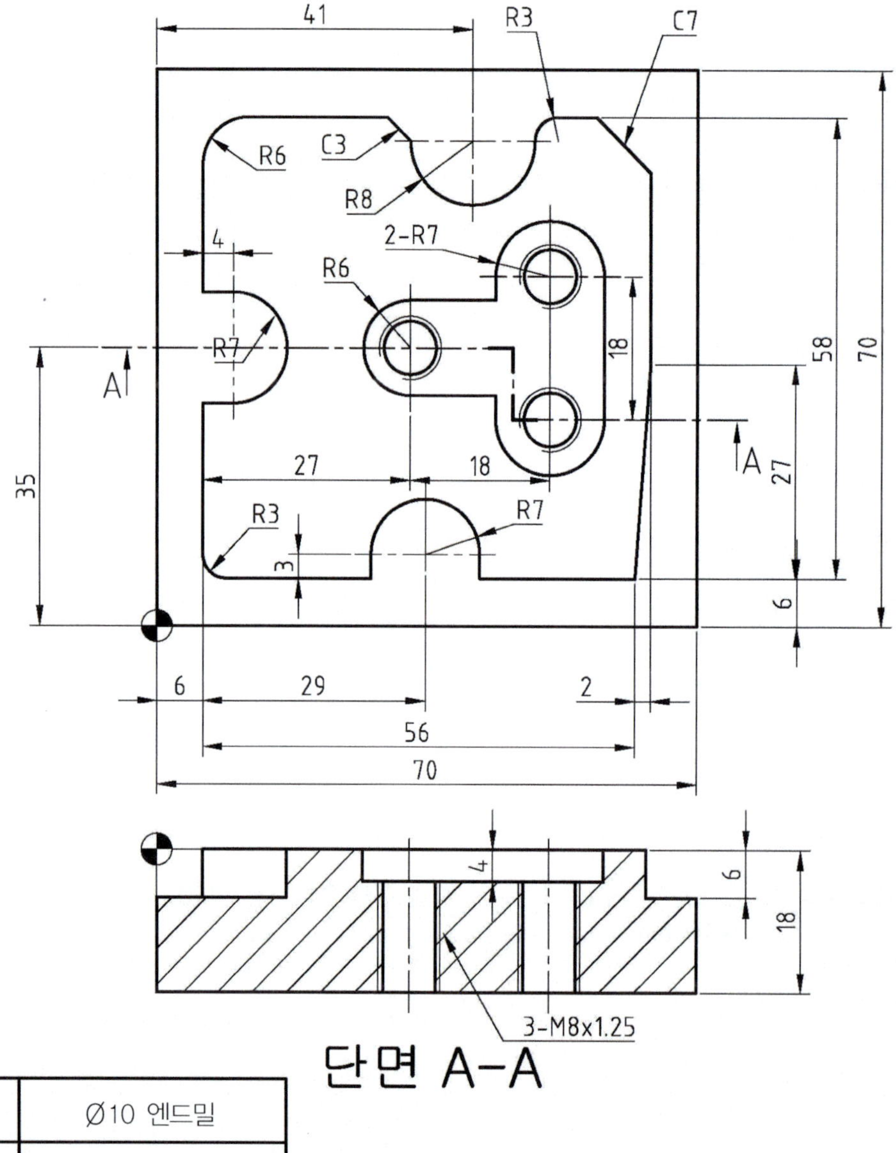

T1	Ø10 엔드밀
T3	Ø3 센터드릴
T6	Ø6.8 드릴
T7	M8×1.25 탭

7.11.2 좌표 도면

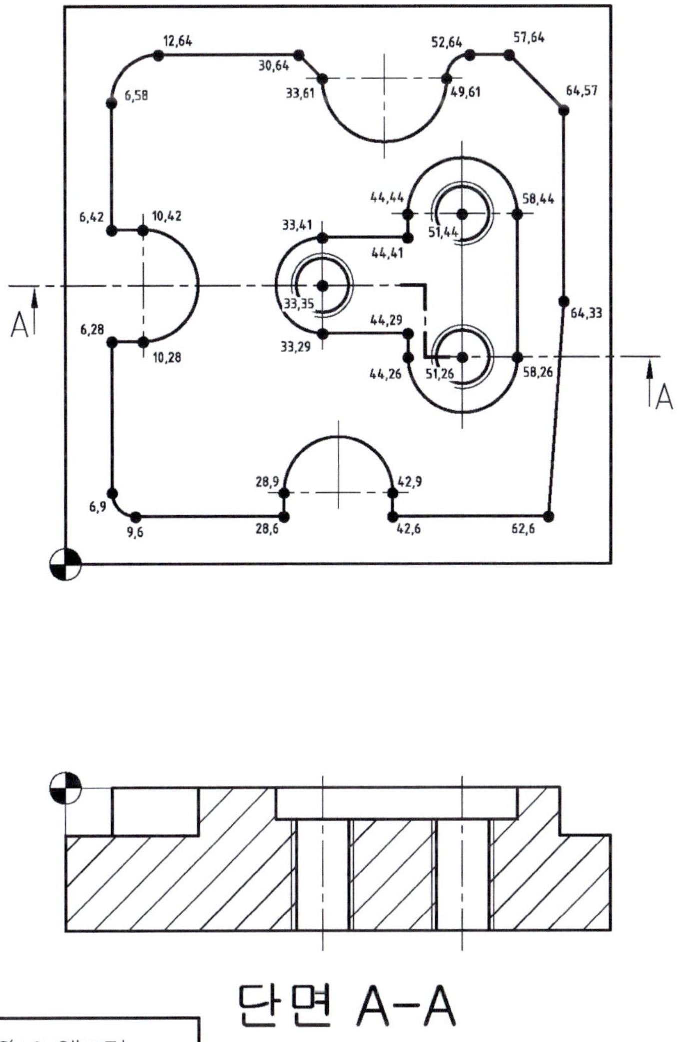

T1	Ø10 엔드밀
T3	Ø3 센터드릴
T6	Ø6.8 드릴
T7	M8×1.25 탭

7.11.3 프로그램(기본 패턴 : 굵은 글씨, 밑줄)

```
%
O0009;
G40 G49 G80 G17;
G91 G30 Z0. M19;
T3 M6;
G90 G54 G0 X33. Y35.;
G43 H3 Z50. S2000 M3;
G98 G81 Z-4. R2. F100 M8;
X51. Y44.;
Y26.;
G80 G49 G0 Z200. M9;
M5;
G91 G30 Z0. M19;
T6 M6;
G90 G54 G0 X33. Y35.;
G43 H6 Z50. S800 M3;
G98 G83 Z-30. R2. Q3. F80 M8;
X51. Y44.;
Y26.;
G80 G49 G0 Z200. M9;
M5;
G91 G30 Z0. M19;
T7 M6;
G90 G54 G0 X33. Y35.;
G43 H7 Z50. S500 M3;
G98 G84 Z-30. R2. F625 M8;
X51. Y44.;
Y26.;
G80 G49 G0 Z200. M9;
M5;
G91 G30 Z0. M19;
T1 M6;
G90 G54 G0 X-15. Y-15.;
G43 H1 Z50. S800 M3;
Z2. M8;
G1 Z-6. F100;
X0.;
Y35.;
X10.;
X0.;
Y70.;
X41.;
Y61.;
Y70.;
X70.;
Y0.;
X35.;
Y9.;
Y0.;
X-15.;
G0 Y-15.;
G41 D1 X6.;
G1 Y28.;
X10.;
G3 Y42. R7.;
G1 X6.;
Y58.;
G2 X12. Y64. R6.;
G1 X30.;
X33. Y61.;
G3 X49. R8.;
G2 X52. Y64. R3.;
G1 X57.;
X64. Y57.;
Y33.;
X62. Y6.;
X42.;
Y9.;
G3 X28. R7.;
G1 Y6.;
X9.;
G2 X6. Y9. R3.;
G1 Y35.;
G0 Z50.;
G40 X33. Y35.;
Z2.;
G1 Z-4. F50;
X51. F100;
Y26.;
Y44.;
G0 Z50.;
X51. Y35.;
Z2.;
G1 Z-4. F50;
G41 D1 Y41. F100;
X33.;
G3 Y29. R6.;
G1 X44.;
Y26.;
G3 X58. R7.;
G1 Y44.;
G3 X44. R7.;
G1 Y35.;
G0 Z50. M9;
G40 G49 Z200.;
M5;
M2;
%
```

STEP 08

머시닝센터 국가기술자격 수기작성 (산업기사/기능장)

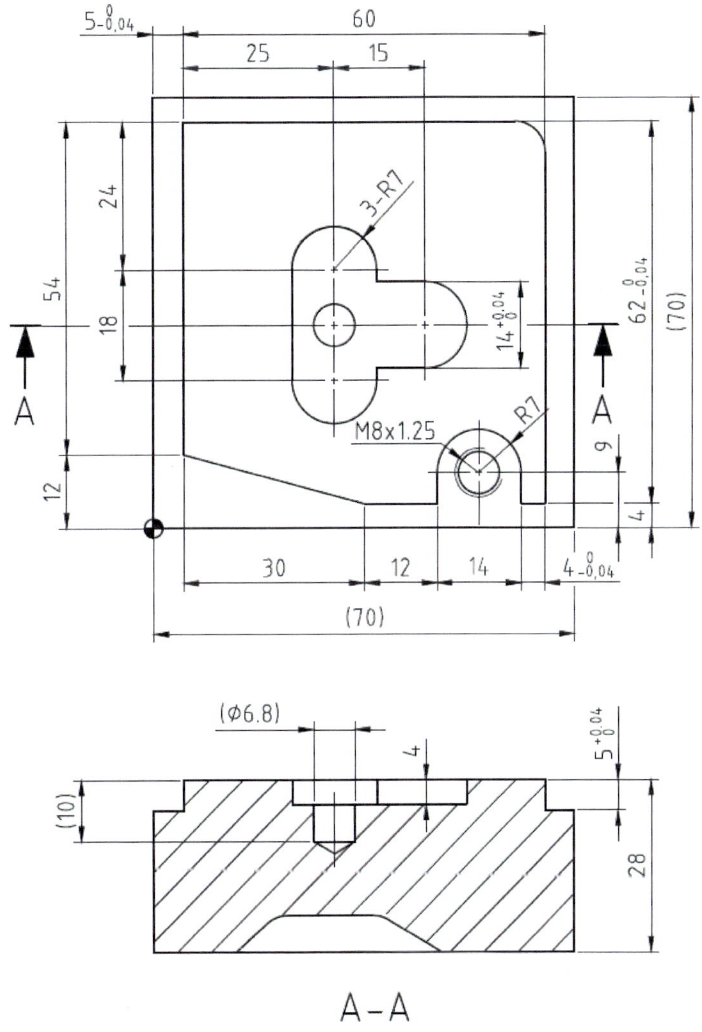

주서

1.도시되고 지시없는 모떼기 및 라운드는 C5 , R5
2.일반 모떼기 C0.2~C0.3
3.나사 탭 M8x1.25, 관통

공구번호	공구설명	공구상세	F(피드/피치)	S(주속/회전수)
T01	엔드밀(End mill)	Ø 10 mm	F150	S2000
T03	센터드릴(Center Drill)	Ø 3 mm	F80	S800
T06	드릴(Drill)	Ø 6.8 mm	F80	S800
T07	탭(Tap)	M8×1.25P	F125	S100

◎ 산업기사 공개문제 1번 가공 프로그램(코드) 예시

> ☞ **참고하기**
>
> 앞 장의 따라해보기와 코드 작성 형태가 조금씩 다른 부분이 있다. 이는 배우는 곳마다 현장에서 작업자마다 코드를 작성하는 방법이 다르다는 것을 알려드리기 위해 일부러 서로 조금 다른 형태로 작성하였기 때문이다. 둘 중 어느 것이라도 쓰기 편한 형태로 작성하면 된다.

```
%
O1234                                  프로그램(코드) 번호
(*T03 - CENTER DRILL - 3 *)            센터드릴 가공
G17 G40 G49 G54 G80 G90;               XY평면선택, 보정해제, 공작물 좌표계 호출,
                                       고정 사이클 취소, 절대좌표(위치)로 이동
T03 M06;                               3번 공구 호출
G00 X30.0 Y33.0;
G43 Z100.0 H03 S800 M03;               공구길이 보정, 회전수 800 RPM, 주축 정회전
G81 G99 Z-5.0 R5.0 Q3.0 F80 M08;       드릴 사이클
X54.0 Y9.0;
G00 G49 G80 Z200.0 M09;                공구길이 보정 해제, 고정 사이클 취소,
                                       절삭유 OFF
M05;                                   주축 정지
(*T06 - DRILL - 6.8 *)                 드릴가공
T06 M06;
G00 X30.0 Y33.0;
Z50.0 H06 S800 M03;
G73 G99 Z-12.04 R5.0 Q3.0 F80 M08;     고속 팩(PECK) 드릴링 사이클
```

```
X54.0 Y9.0 Z-35.0;                  10 + 6.8 / (2×tan(118/2)) = 12.04
G00 G49 G80 Z200.0 M09;
M05;
(*T01 - END MILL - 10 *)            엔드밀 가공
T01 M06;
G00 X-10.0 Y-10.0;
G43 Z50.0 H01 S2000 M03;            공구길이 보정
(* CONTOUR *)                       외곽가공
G01 Z-5.0 F150 M08;
G41 X4.0 D01;                       좌측 공구직경보정
Y67.0;
X66.0;
Y3.0;
X5.0;
Y66.0;
X60.0;
G02 X65.0 Y61.0 R5.0;
G01 Y4.0;
X61.0;
Y9.0;
G03 X47.0 R7.0;
G01 Y4.0;
X35.0;
X5.0 Y12.0;
Y15.0;
X-10.0;
G00 G40 Z10.0;
(* POCKET *)                        포켓(내부) 가공
X30.0 Y33.0;
G01 Z-4.0;
X45.0;
G41 Y40.0 D01;
G01 X37.0;
Y42.0;
```

```
G03 X23.0 R7.0;
G01 Y24.0;
G03 X37.0 R7.0;
G01 Y26.0;
X45.0;
G03 Y40.0 R7.0;
G03 X38.0 Y33.0 R7.0;
G01 Z10.0;
G00 G40 G49 Z200.0 M09;               공구직경보정 해제, 공구길이 보정 해제
M05;
(* T7 - TAP - M8*1.25 *)              탭 가공
T05 M06;
G00 X54.0 Y9.0;
G43 Z50.0 H07 S500 M03;
G84 G99 Z-35.0 R5.0 F625 M08;         테핑 사이클, F = S(500) × 피치(1.25)
G00 G49 G80 Z200.0 M09;
M05;
M02;                                  프로그램 종료
%
```

☞ 참고하기 | 기능장 수기가공에서 Ø6 90도 챔퍼밀로 상면 C0.3 모깎기 하기

당연하게도 챔퍼밀(모깎기 밀)을 세팅하는 방법은 여러 가지가 있으며 기능장에 응시할 실력이면 자기만의 익숙한 방법이 있기 마련이다. 그러나 어떤 방법이 더 좋을지 확신이 서지 않는다면 하나의 괜찮은 방법을 세안하고자 한다.

기본적인 세팅을 마친 뒤 OFS/SET를 누르고 OFFSET(옵셋)으로 들어가 해당 공구의 GEOM(형상) (H)에 소재의 표면이나 하이트 프리세터 등을 사용하여 세팅되어 있는 값에 1.3을 빼고 (D)에 2.0을 입력한 다음, G41이나 G42로 상면의 모서리를 따라 NC 코드(G 코드)를 입력하여 가공하면 된다.

아직 이해가 잘 되지 않았다면 아래의 그림을 참고하기 바란다.

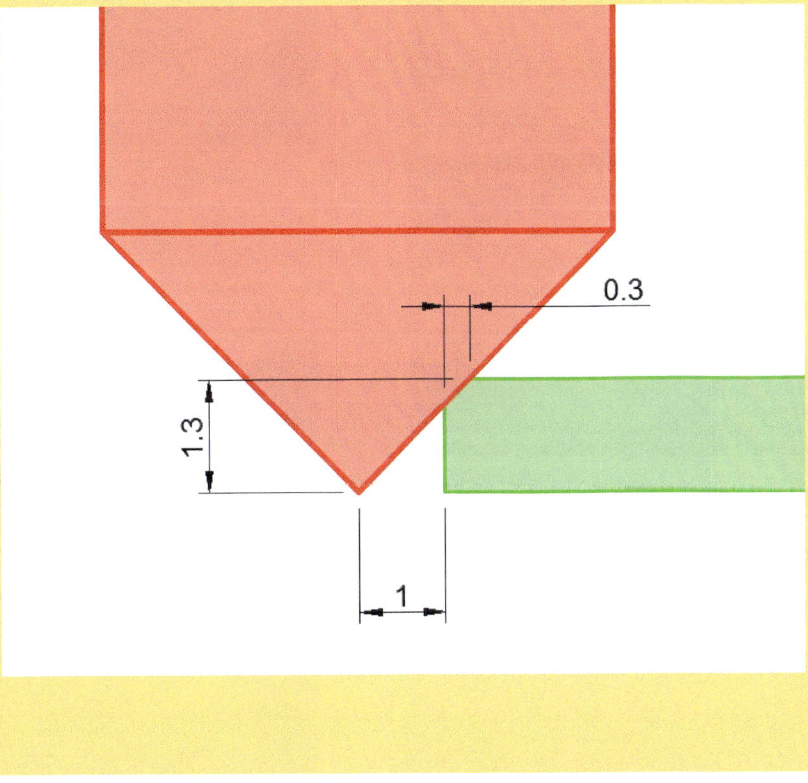

STEP 09

머시닝센터 3D 수기가공 공개도면 (산업기사 1~8번)

1		2	
3	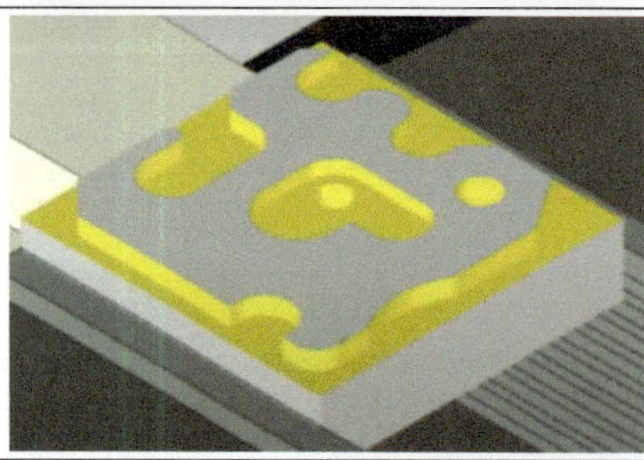	4	
5		6	
7		8	

[공개]

①

4. 도 면(수동프로그램가공)

자격종목	컴퓨터응용가공산업기사	[시험1]과제명	머시닝센터가공작업	척도	NS

※도면 ①

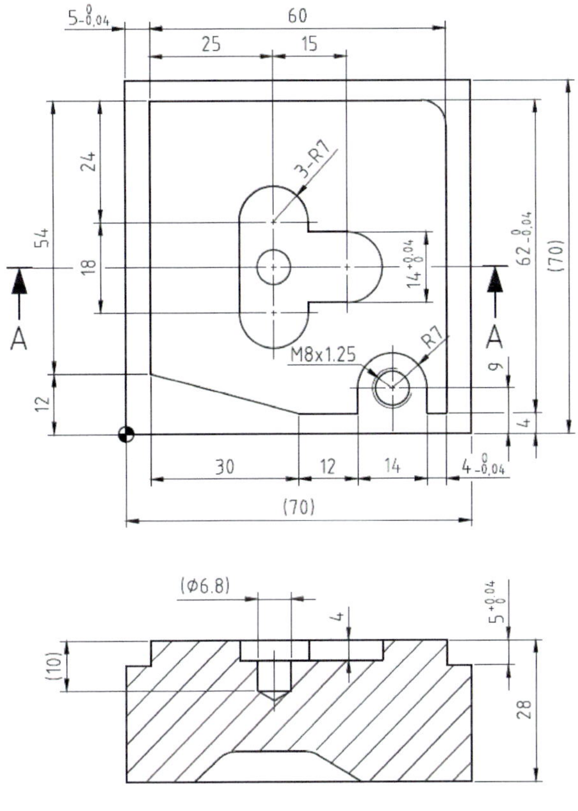

A-A

주서

1.도시되고 지시없는 모떼기 및 라운드는 C5 , R5
2.일반 모떼기 C0.2~C0.3
3.나사 탭 M8x1.25, 관통

HRDK [시험

[공개]

②

4. 도 면(수동프로그램가공)

자격종목	컴퓨터응용가공산업기사	[시험1]과제명	머시닝센터가공작업	척도	NS

※도면 ①

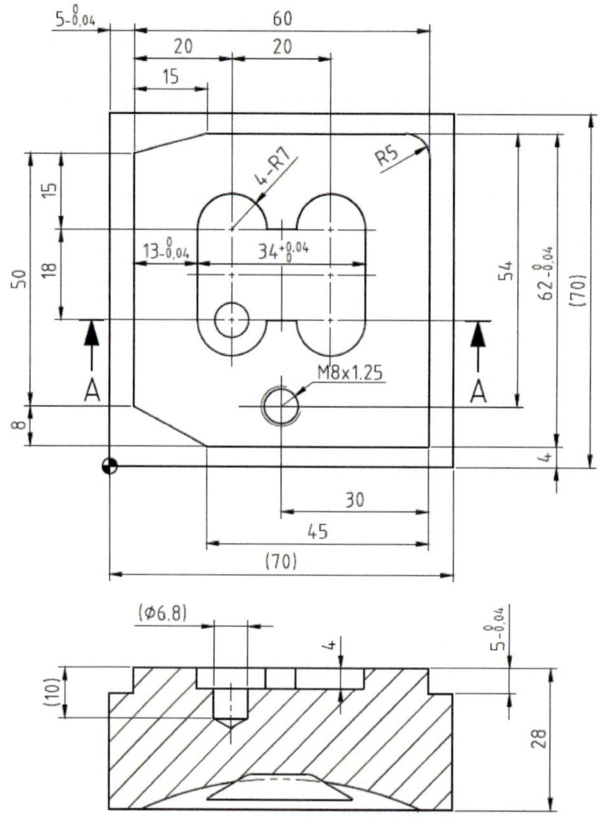

A-A

주서

1.도시되고 지시없는 모떼기 및 라운드는 C5 , R5
2.일반 모떼기 C0.2~C0.3
3.나사 탭 M8x1.25, 관통

[공개]

③

4. 도 면(수동프로그램가공)

자격종목	컴퓨터응용가공산업기사	[시험1]과제명	머시닝센터가공작업	척도	NS

※도면 ①

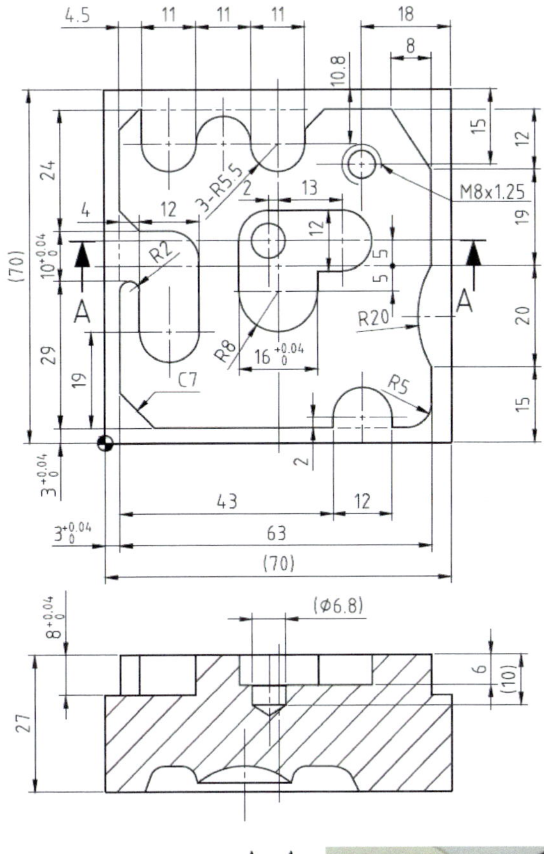

A-A

주서

1.도시되고 지시없는 모따기 및 라운드 C4, R6
2.일반 모따기 C0.2~C0.3
3.나사 탭 M8x1.25, 관통

HRDK [시

[공개]

④

4. 도 면(수동프로그램가공)

자격종목	컴퓨터응용가공산업기사	[시험1]과제명	머시닝센터가공작업	척도	NS

※도면 ①

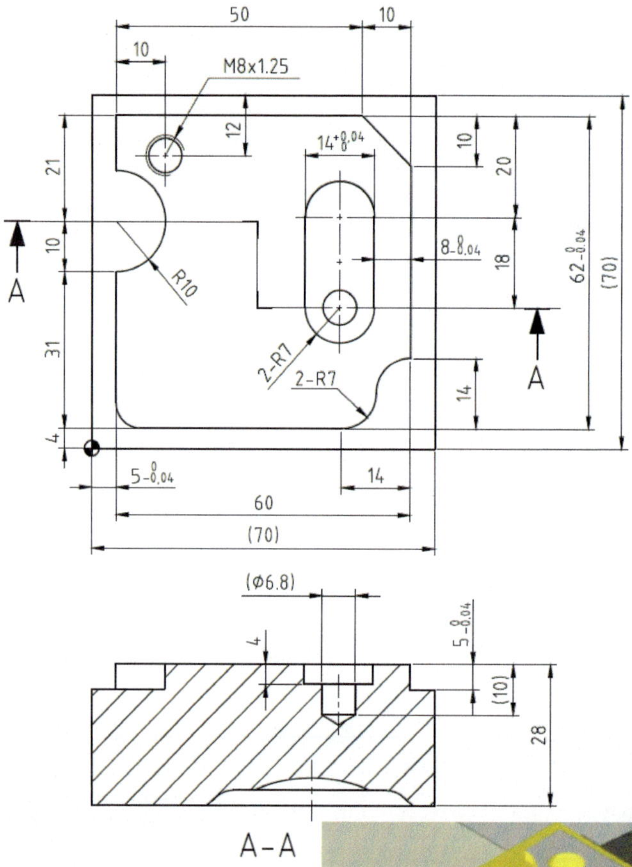

주서

1.도시되고 지시없는 모떼기 및 라운드는 C5 , R5
2.일반 모떼기 C0.2~C0.3
3.나사 탭 M8x1.25, 관통

HRDK [시

[공개]

⑤

4. 도 면(수동프로그램가공)

자격종목	컴퓨터응용가공산업기사	[시험1]과제명	머시닝센터가공작업	척도	NS

※도면 ①

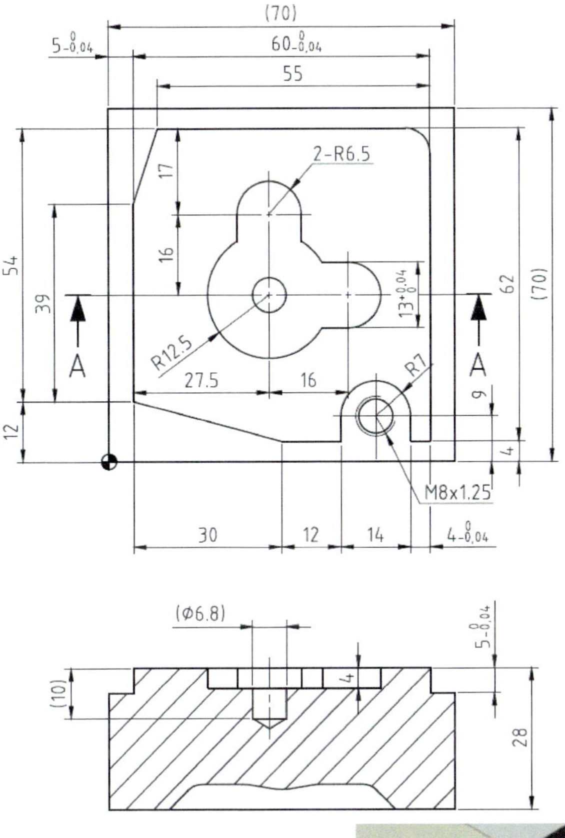

A-A

주서

1.도시되고 지시없는 모떼기 및 라운드는 C5 , R5
2.일반 모떼기 C0.2~C0.3
3.나사 탭 M8x1.25, 관통

[공개]

⑥

4. 도 면(수동프로그램가공)

자격종목	컴퓨터응용가공산업기사	[시험1]과제명	머시닝센터가공작업	척도	NS

※도면 ①

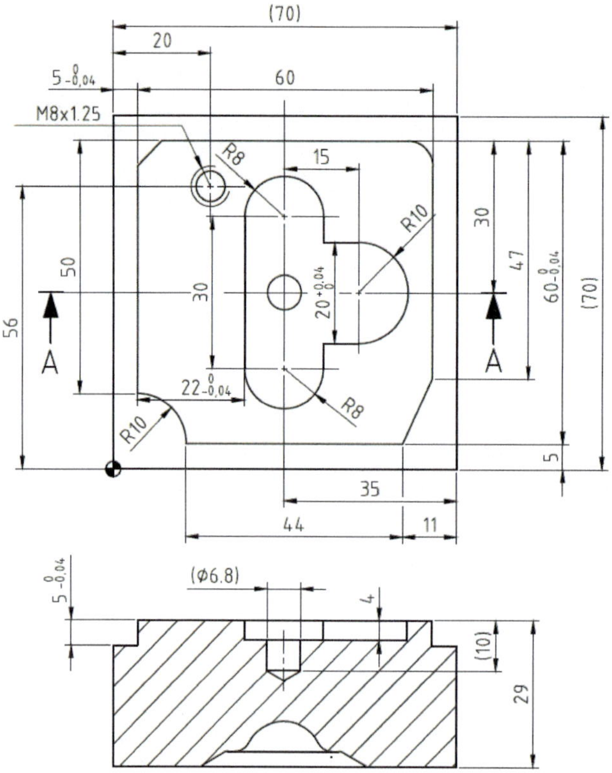

A-A

주서

1.도시되고 지시없는 모떼기 및 라운드는 C5 , R5
2.일반 모떼기 C0.2~C0.3 (챔퍼밀 사용)
3.나사 탭 M8x1.25, 관통

[공개]

⑦

4. 도 면(수동프로그램가공)

자격종목	컴퓨터응용가공산업기사	[시험1]과제명	머시닝센터가공작업	척도	NS

※도면 ①

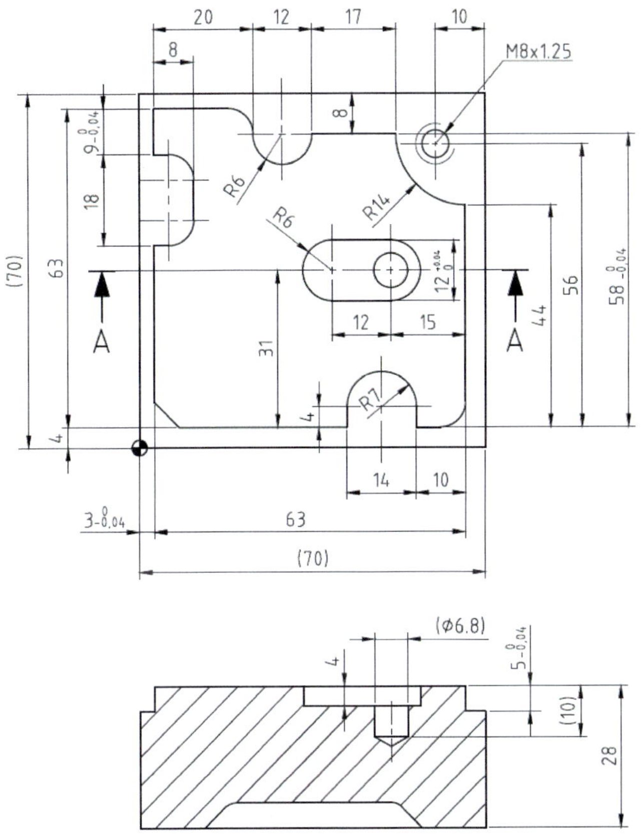

A-A

주서

1.도시되고 지시없는 모떼기 및 라운드는 C5 , R5
2.일반 모떼기 C0.2~C0.3
3.나사 탭 M8x1.25, 관통

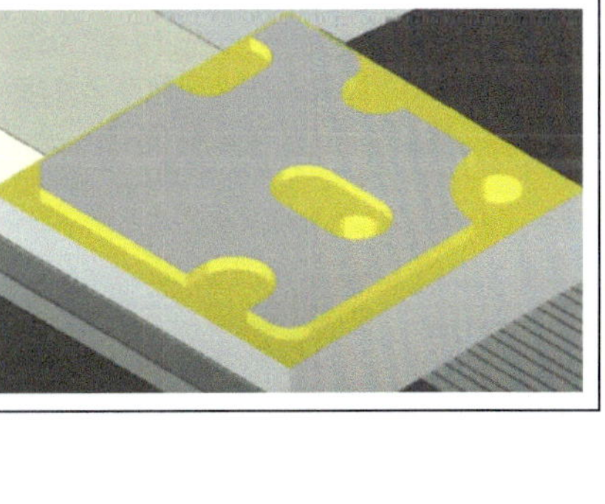

HRDK [시험 1

[공개]

⑧

4. 도 면(수동프로그램가공)

자격종목	컴퓨터응용가공산업기사	[시험1]과제명	머시닝센터가공작업	척도	NS

※도면 ①

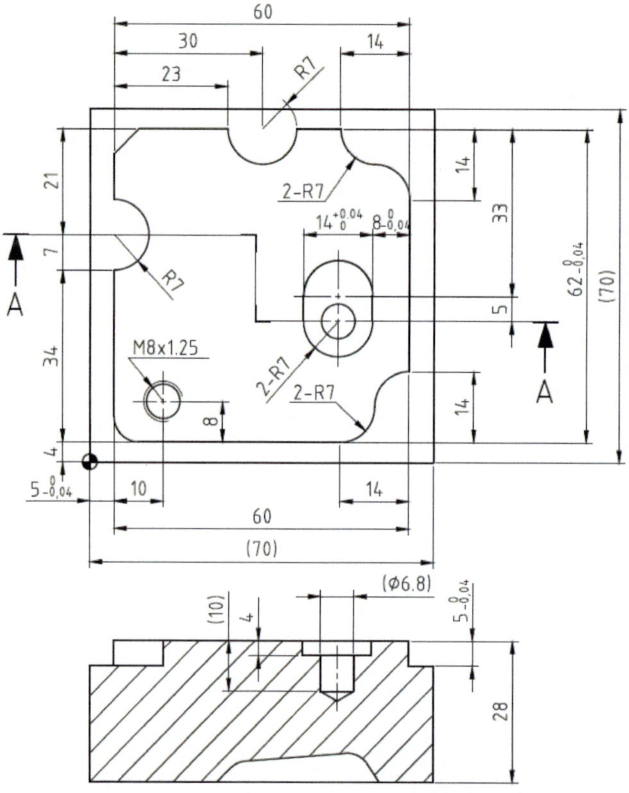

A-A

주서

1.도시되고 지시없는 모떼기 및 라운드는 C5 , R5
2.일반 모떼기 C0.2~C0.3
3.나사 탭 M8x1.25, 관통

HRDK [시험

[공개]

⑩

4. 도 면(수동프로그램가공)

자격종목	컴퓨터응용가공산업기사	[시험1]과제명	머시닝센터가공작업	척도	NS

※도면 ①

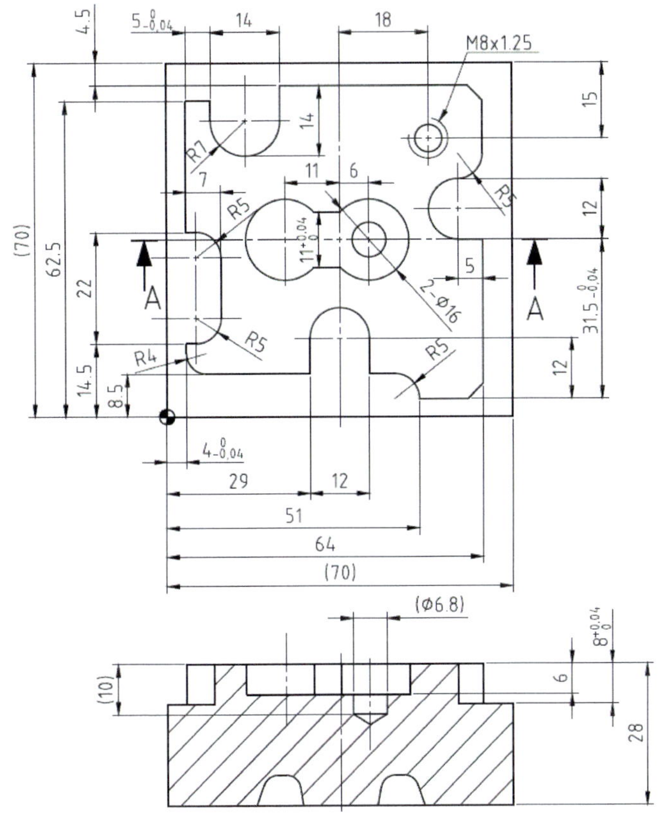

A-A

주서

1.도시되고 지시없는 모따기 및 라운드 C3, R6
2.일반 모따기 C0.2~C0.3
3.나사 탭 M8x1.25, 관통

HRDK [시험 1] 6 - 5

[공개]

⑪

4. 도 면(수동프로그램가공)

자격종목	컴퓨터응용가공산업기사	[시험1]과제명	머시닝센터가공작업	척도	NS

※도면 ①

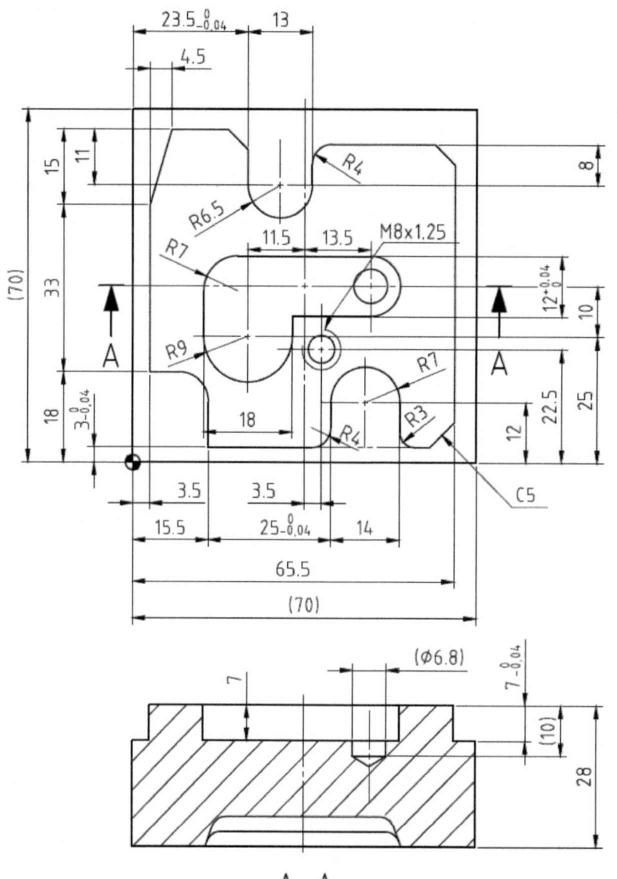

주서

1.도시되고 지시없는 모따기 및 라운드 C4, R6
2.일반 모따기 C0.2~C0.3
3.나사 탭 M8x1.25, 관통

HRDK [시험 1] 6 - 5

[공개]

⑫

4. 도 면(수동프로그램가공)

자격종목	컴퓨터응용가공산업기사	[시험1]과제명	머시닝센터가공작업	척도	NS

※도면 ①

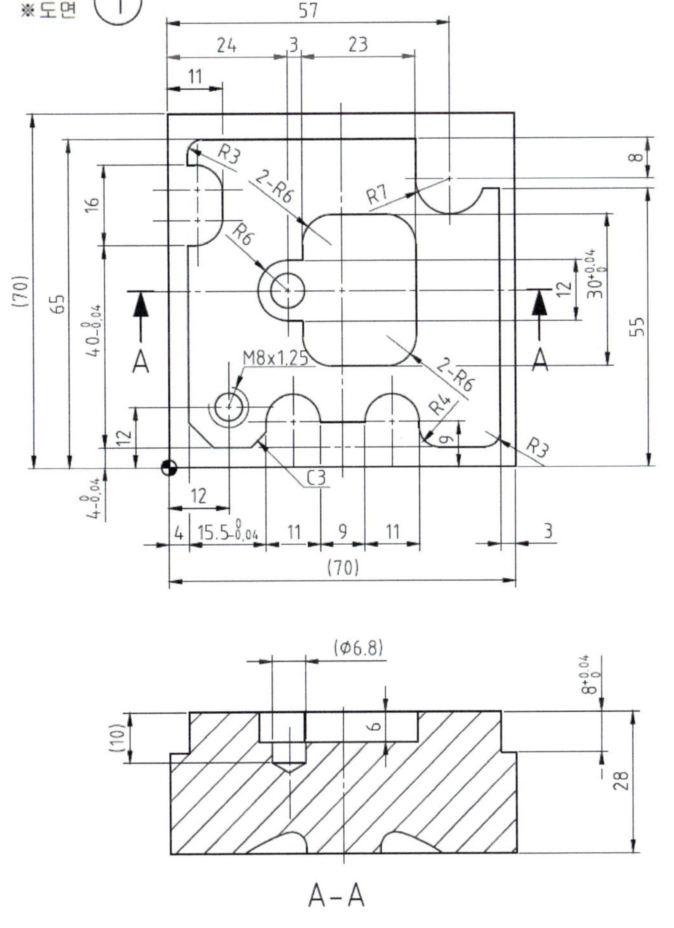

주서

1.도시되고 지시없는 모따기 및 라운드 C5, R5.5
2.일반 모따기 C0.2~C0.3
3.나사 탭 M8x1.25, 관통

HRDK [시험 1] 6 - 5

[공개]

⑬

4. 도 면(수동프로그램가공)

자격종목	컴퓨터응용가공산업기사	[시험1]과제명	머시닝센터가공작업	척도	NS

※도면 ①

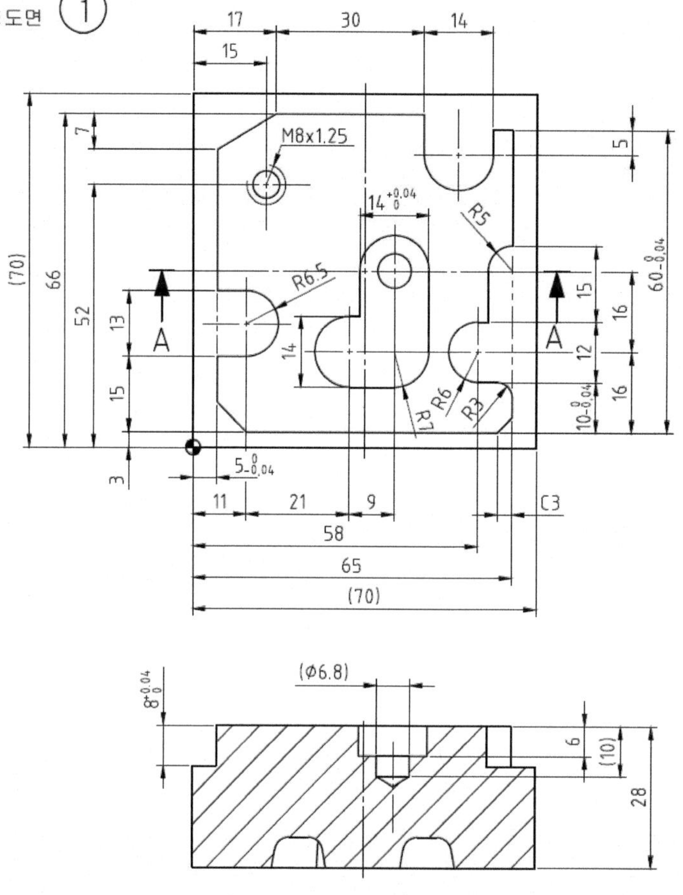

A-A

주서

1.도시되고 지시없는 모따기 및 라운드 C6, R6
2.일반 모따기 C0.2~C0.3
3.나사 탭 M8x1.25, 관통

HRDK [시험 1] 6 - 5

[공개]

⑭

4. 도 면(수동프로그램가공)

자격종목	컴퓨터응용가공산업기사	[시험1]과제명	머시닝센터가공작업	척도	NS

※도면 ①

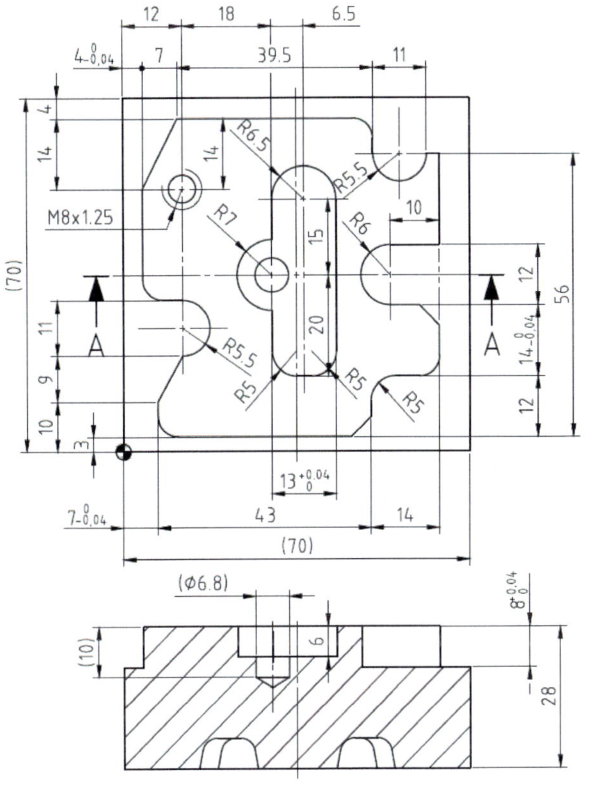

A-A

주서

1.도시되고 지시없는 모따기 및 라운드 C4, R4
2.일반 모따기 C0.2~C0.3
3.나사 탭 M8x1.25, 관통

HRDK [시험 1] 6 - 5

[공개]

⑮

4. 도 면(수동프로그램가공)

자격종목	컴퓨터응용가공산업기사	[시험1]과제명	머시닝센터가공작업	척도	NS

※도면 ①

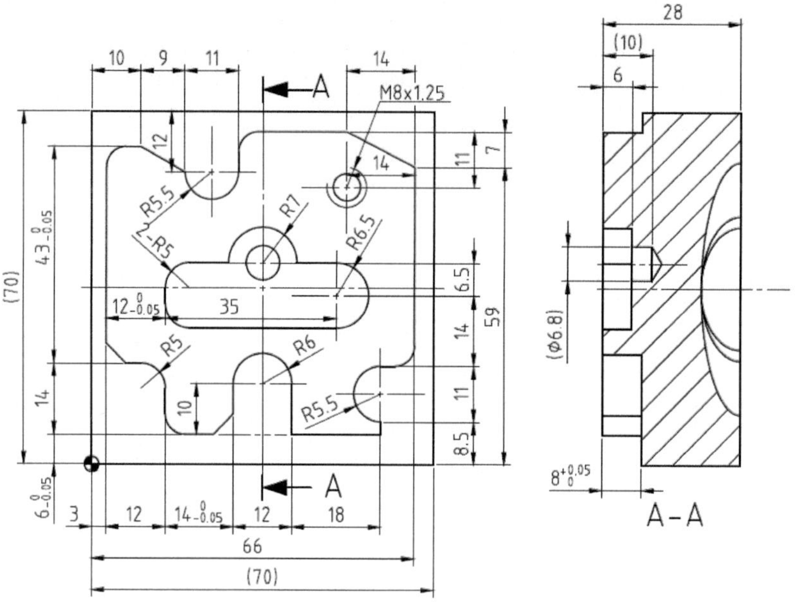

주서

1.도시되고 지시없는 모따기 및 라운드 C4, R4
2.일반 모따기 C0.2~C0.3
3.나사 탭 M8x1.25, 관통

HRDK [시험 1] 6 - 5

[공개]

⑯

4. 도 면(수동프로그램가공)

자격종목	컴퓨터응용가공산업기사	[시험1]과제명	머시닝센터가공작업	척도	NS

※도면 ①

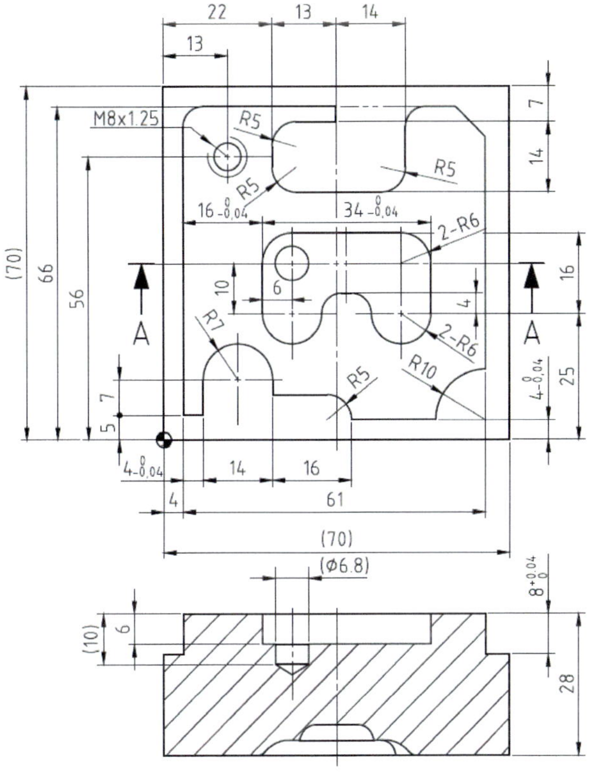

A-A

주서

1.도시되고 지시없는 모따기 및 라운드 C6, R4
2.일반 모따기 C0.2~C0.3
3.나사 탭 M8x1.25, 관통

HRDK [시험 1] 6 - 5

[공개]

⑰

4. 도 면(수동프로그램가공)

자격종목	컴퓨터응용가공산업기사	[시험1]과제명	머시닝센터가공작업	척도	NS

※도면 ①

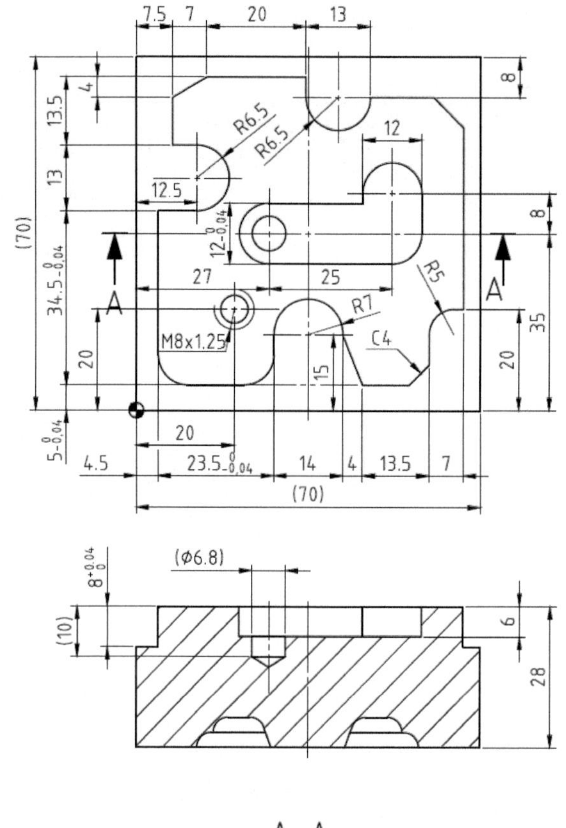

A-A

주서

1.도시되고 지시없는 모따기 및 라운드 C6, R6
2.일반 모따기 C0.2~C0.3
3.나사 탭 M8x1.25, 관통

HRDK [시험 1] 6 - 5

[공개]

⑱

4. 도 면(수동프로그램가공)

자격종목	컴퓨터응용가공산업기사	[시험1]과제명	머시닝센터가공작업	척도	NS

※도면 ①

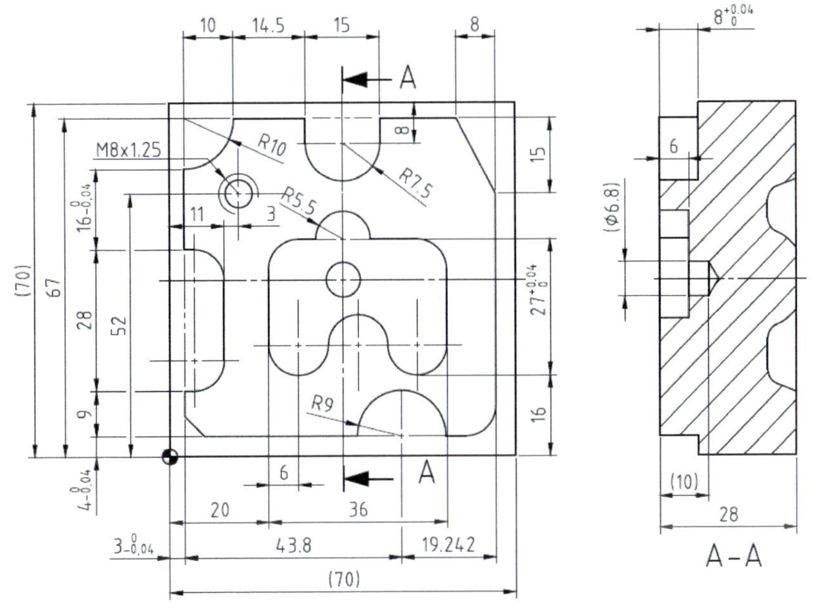

주서

1.도시되고 지시없는 모따기 및 라운드 C4, R6
2.일반 모따기 C0.2~C0.3
3.나사 탭 M8x1.25, 관통

HRDK [시험 1] 6 - 5

[공개]

⑲

4. 도 면(수동프로그램가공)

자격종목	컴퓨터응용가공산업기사	[시험1]과제명	머시닝센터가공작업	척도	NS

※도면 ①

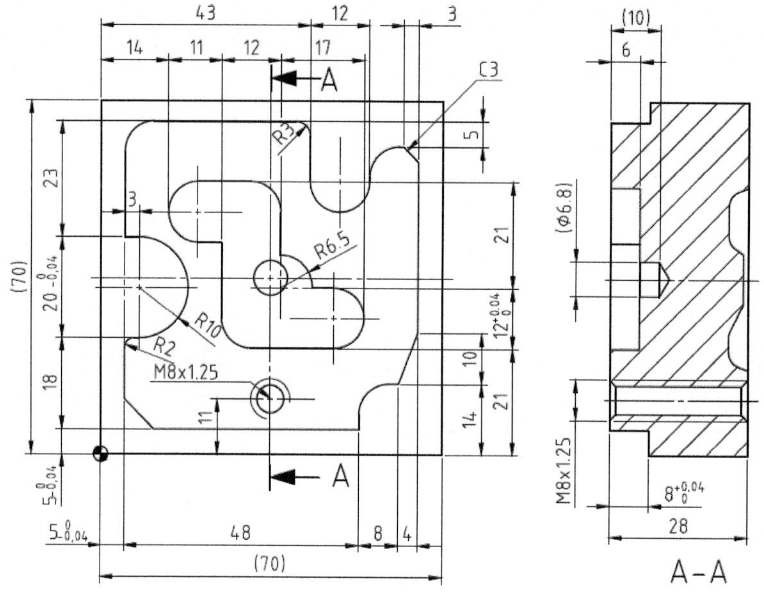

주서

1.도시되고 지시없는 모따기 및 라운드 C6, R6
2.일반 모따기 C0.2~C0.3
3.나사 탭 M8x1.25, 관통

HRDK [시험 1] 6 - 5

[공개]

⑳

4. 도 면(수동프로그램가공)

자격종목	컴퓨터응용가공산업기사	[시험1]과제명	머시닝센터가공작업	척도	NS

※도면 ①

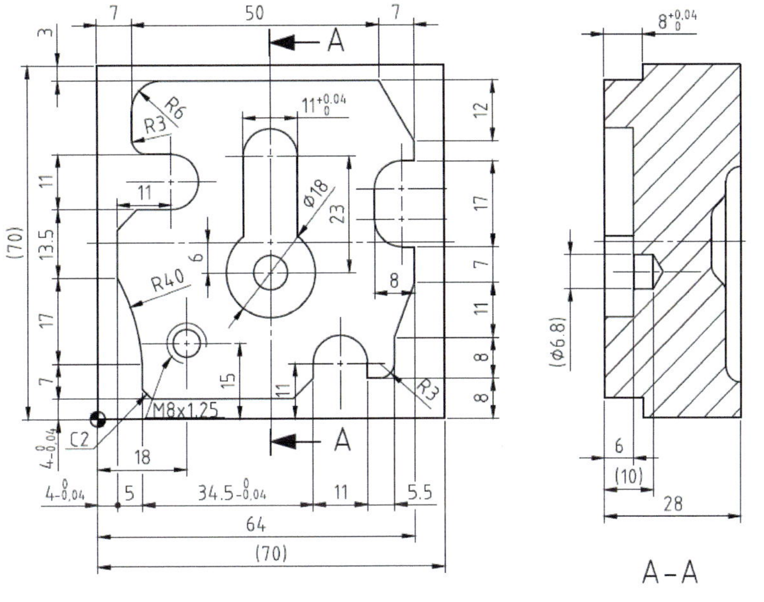

주서

1.도시되고 지시없는 모따기 및 라운드 C4, R5.5
2.일반 모따기 C0.2~C0.3
3.나사 탭 M8x1.25, 관통

HRDK [시험 1] 6 - 5

STEP 10

머시닝센터 2.5D 수기가공 공개도면 (기능장 1~12번)

[공개]

①

4. 도 면(수동프로그램가공)

자격종목	기계가공기능장	[시험 1] 과제명	수동프로그램가공	척도	N S

※도면 ①

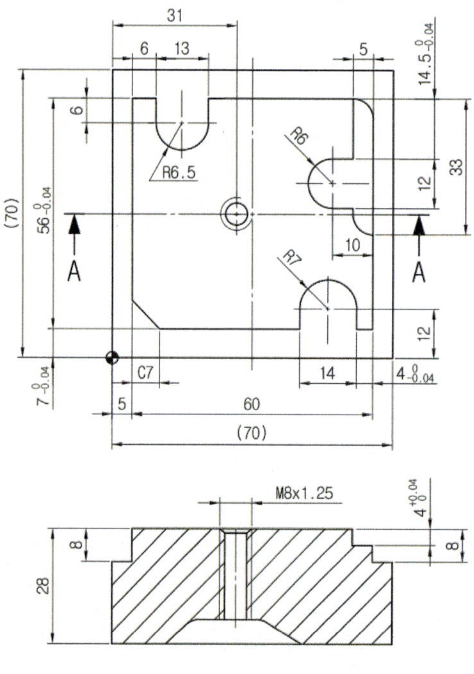

A-A

주서

1.도시되고 지시없는 모떼기 및 라운드 C5, R5
2.일반 모떼기 C0.2
3.상면 형상 1단 모떼기 C0.3 (챔퍼밀 사용)

HRDK [시험 1] 8 - 6

[공개]

②

4. 도 면(수동프로그램가공)

자격종목	기계가공기능장	[시험 1] 과제명	수동프로그램가공	척도	N S

※도면 ①

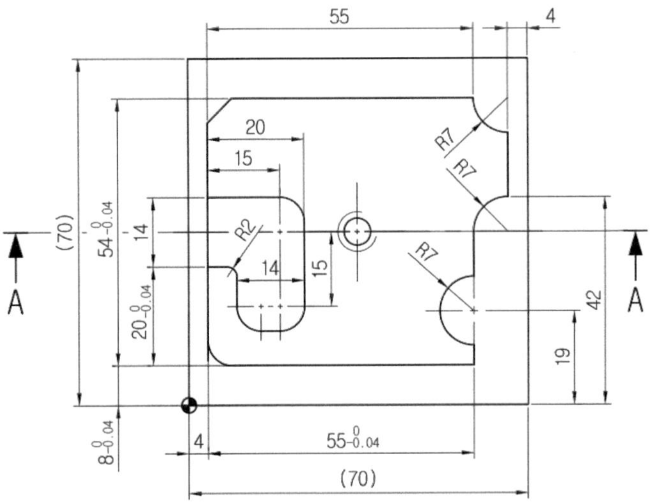

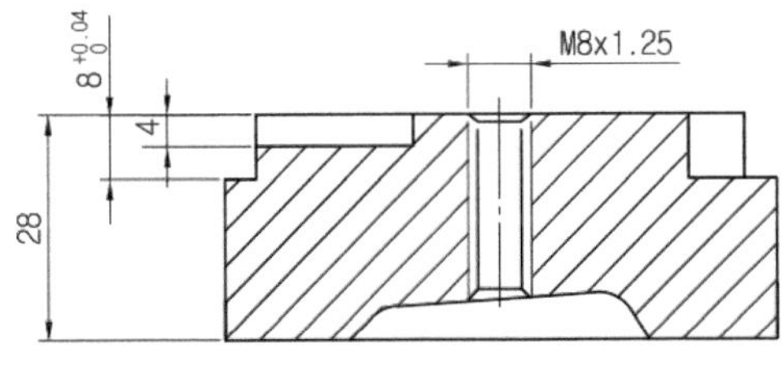

A-A

주서

1.도시되고 지시없는 모떼기 및 라운드 C5, R5
2.일반 모떼기 C0.2
3.상면 형상 1단 모떼기 C0.3 (챔퍼밀 사용)

HRDK [시험 1] 8 - 6

[공개]

③

4. 도 면(수동프로그램가공)

자격종목	기계가공기능장	[시험 1] 과제명	수동프로그램가공	척도	N S

※도면 ①

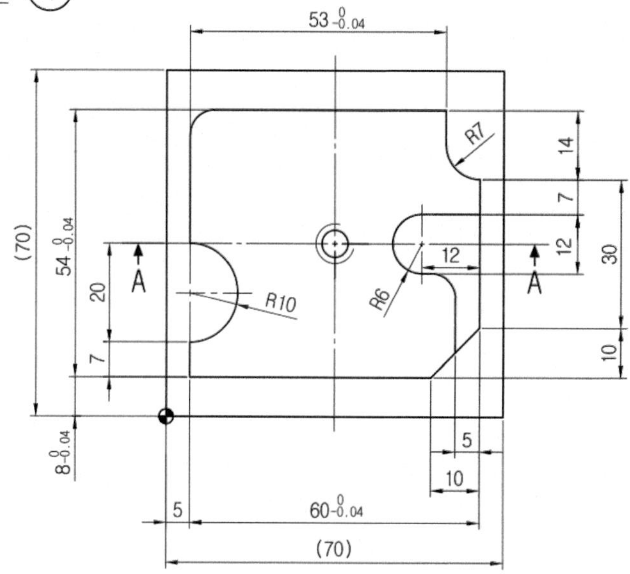

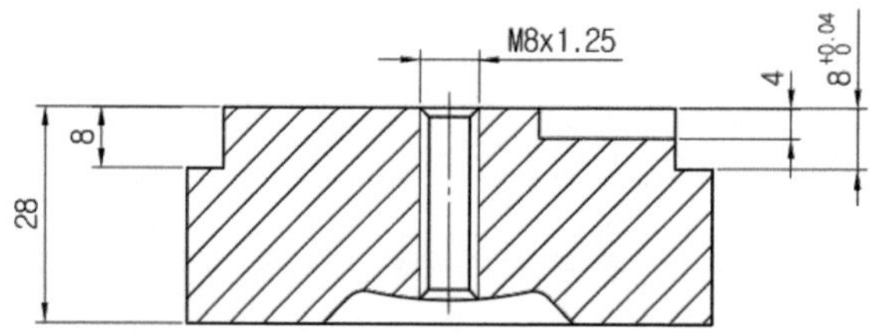

A-A

주서

1. 도시되고 지시없는 모떼기 및 라운드 C5, R5
2. 일반 모떼기 C0.2
3. 상면 형상 1단 모떼기 C0.3 (챔퍼밀 사용)

HRDK [시험 1] 8 - 6

[공개]

④

4. 도 면(수동프로그램가공)

자격종목	기계가공기능장	[시험 1] 과제명	수동프로그램가공	척도	N S

※도면 ①

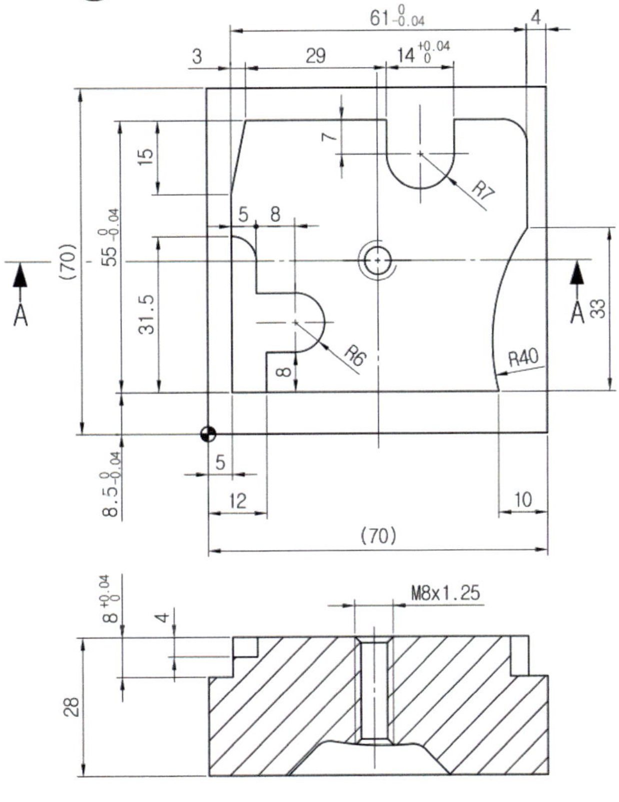

A-A

주서

1.도시되고 지시없는 모떼기 및 라운드 C5, R5
2.일반 모떼기 C0.2
3.상면 형상 1단 모떼기 C0.3 (챔퍼밀 사용)

HRDK [시험 1] 8 - 6

[공개]

⑤

4. 도 면(수동프로그램가공)

자격종목	기계가공기능장	[시험 1] 과제명	수동프로그램가공	척도	N S

※도면 ①

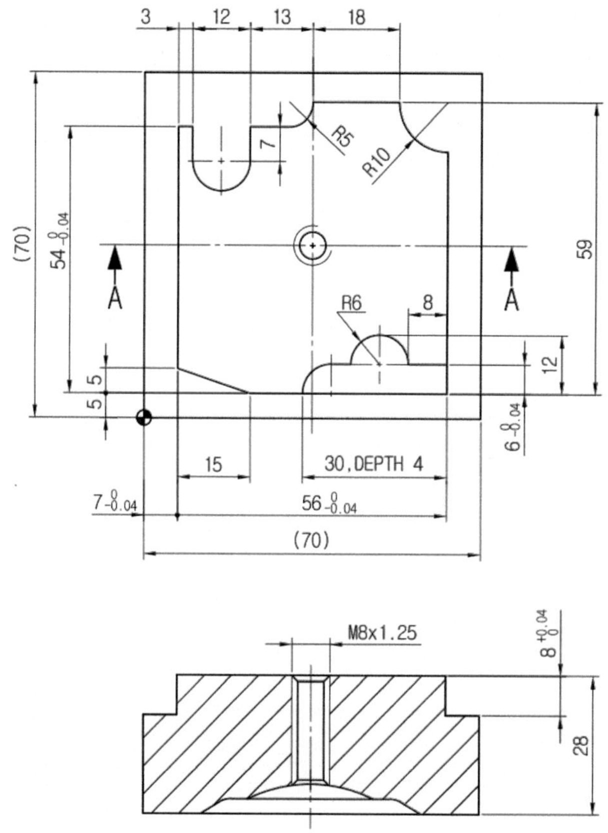

A-A

주서

1.도시되고 지시없는 모떼기 및 라운드 C5, R6
2.일반 모떼기 C0.2
3.상면 형상 1단 모떼기 C0.3 (챔퍼밀 사용)

HRDK [시험 1] 8 - 6

[공개]

⑥

4. 도 면(수동프로그램가공)

자격종목	기계가공기능장	[시험 1] 과제명	수동프로그램가공	척도	N S

※도면 ①

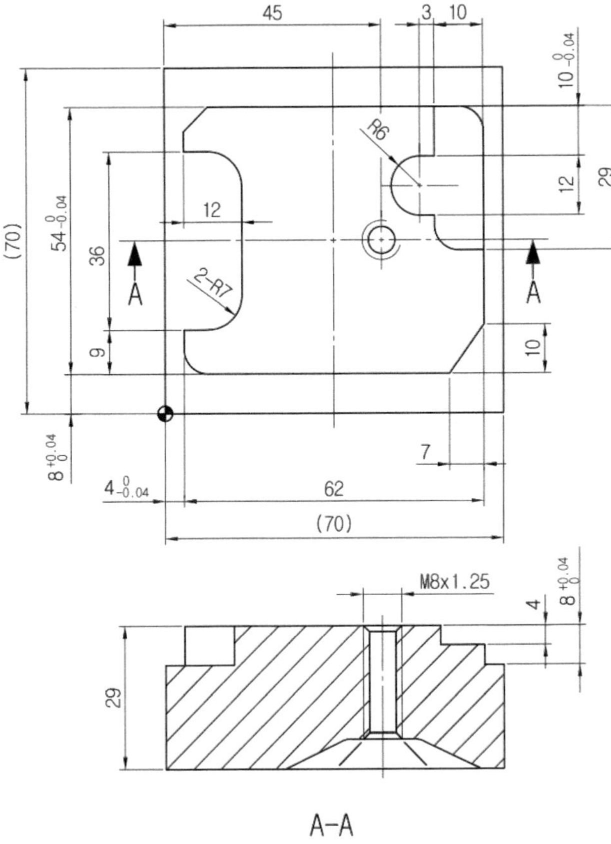

주서
1.도시되고 지시없는 모떼기 및 라운드 C5, R5
2.일반 모떼기 C0.2
3.상면 형상 1단 모떼기 C0.3 (챔퍼밀 사용)

HRDK [시험 1] 8 - 6

[공개]

⑦

4. 도 면(수동프로그램가공)

자격종목	기계가공기능장	[시험 1] 과제명	수동프로그램가공	척도	N S

※도면 ①

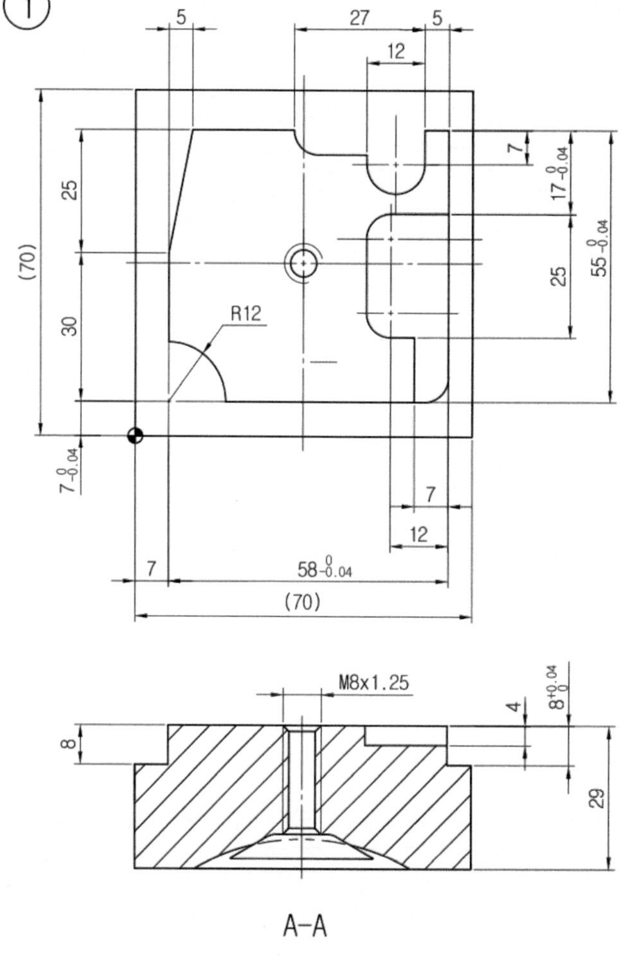

주서

1.도시되고 지시없는 모떼기 및 라운드 C5, R5
2.일반 모떼기 C0.2
3.상면 형상 1단 모떼기 C0.3 (챔퍼밀 사용)

HRDK [시험 1] 8 - 6

[공개]

⑧

4. 도 면(수동프로그램가공)

자격종목	기계가공기능장	[시험 1] 과제명	수동프로그램가공	척도	N S

※도면 ①

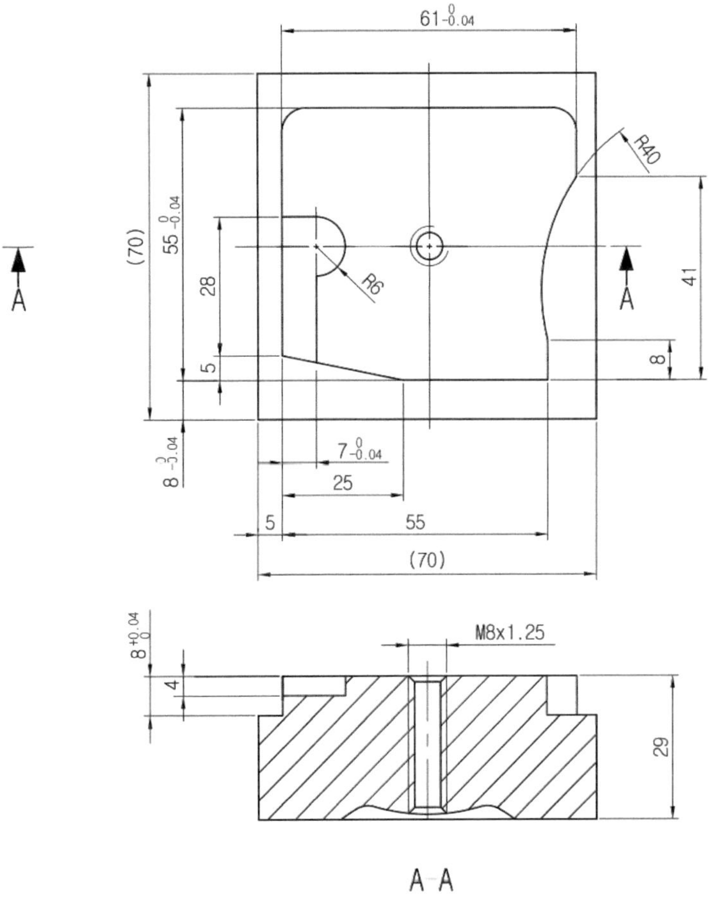

A-A

주서

1.도시되고 지시없는 모떼기 및 라운드 C5, R5
2.일반 모떼기 C0.2
3.상면 형상 1단 모떼기 C0.3 (챔퍼밀 사용)

HRDK [시험 1] 8 - 6

[공개]

⑨

4. 도 면(수동프로그램가공)

자격종목	기계가공기능장	[시험 1] 과제명	수동프로그램가공	척도	N S

※도면 ①

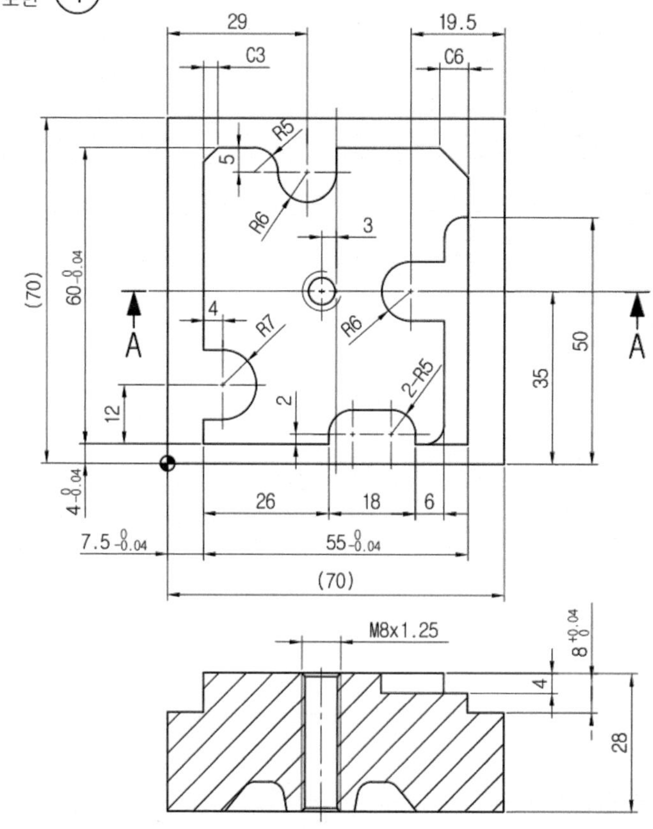

A-A

주서

1.도시되고 지시없는 모떼기 및 라운드 C3, R5
2.일반 모떼기 C0.2
3.상면 형상 1단 모떼기 C0.3 (챔퍼밀 사용)

HRDK [시험 1] 8 - 6

[공개]

⑩

4. 도 면(수동프로그램가공)

자격종목	기계가공기능장	[시험 1] 과제명	수동프로그램가공	척도	N S

※도면 ①

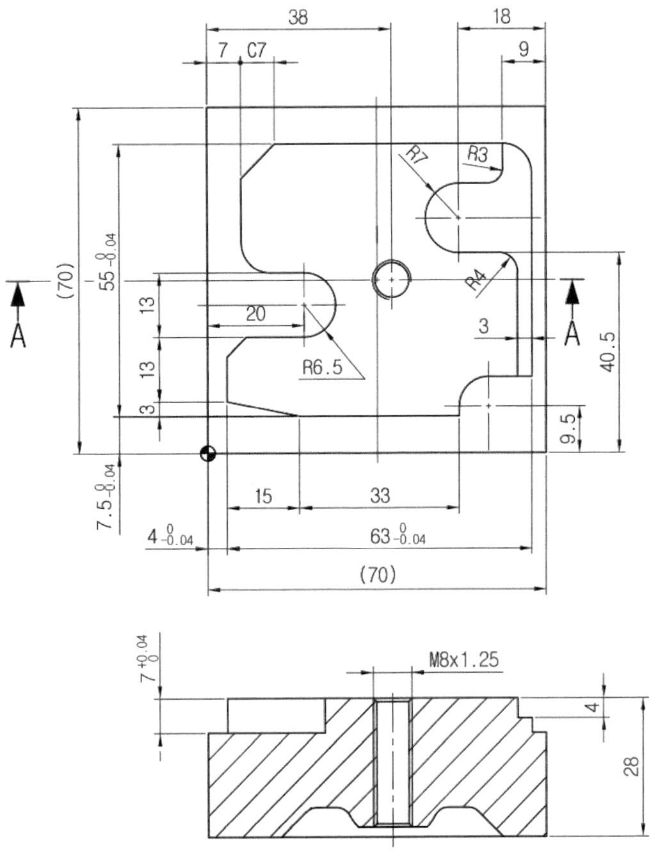

A-A

주서

1.도시되고 지시없는 모떼기 및 라운드 C4, R6
2.일반 모떼기 C0.2
3.상면 형상 1단 모떼기 C0.3 (챔퍼밀 사용)

HRDK [시험 1] 8 - 6

[공개]

⑪

4. 도 면(수동프로그램가공)

자격종목	기계가공기능장	[시험 1] 과제명	수동프로그램가공	척도	N S

※도면 ①

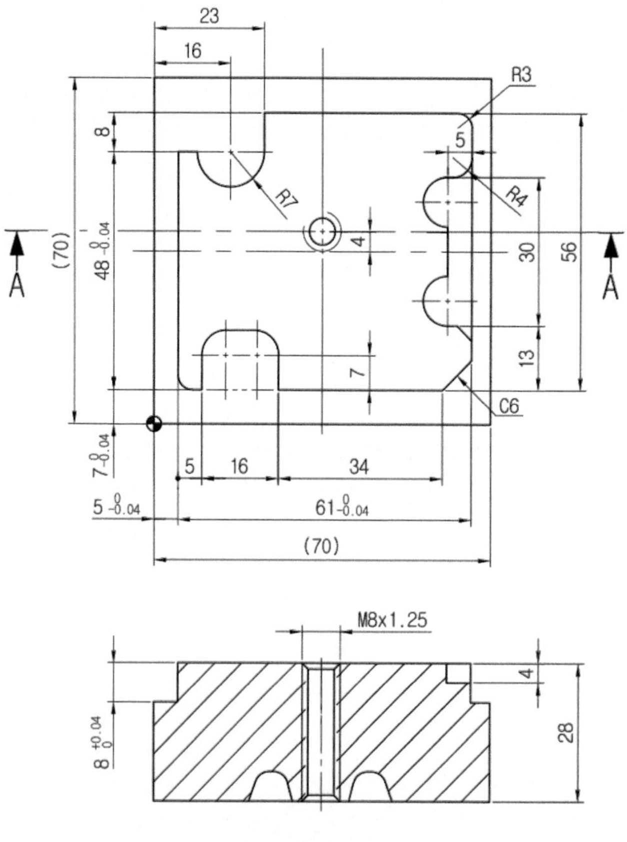

A-A

주서

1.도시되고 지시없는 모떼기 및 라운드 C3, R5

2.일반 모떼기 C0.2

3.상면 형상 1단 모떼기 C0.3 (챔퍼밀 사용)

HRDK [시험 1] 8 - 6

[공개]

⑫

4. 도 면(수동프로그램가공)

자격종목	기계가공기능장	[시험 1] 과제명	수동프로그램가공	척도	N S

※도면 ①

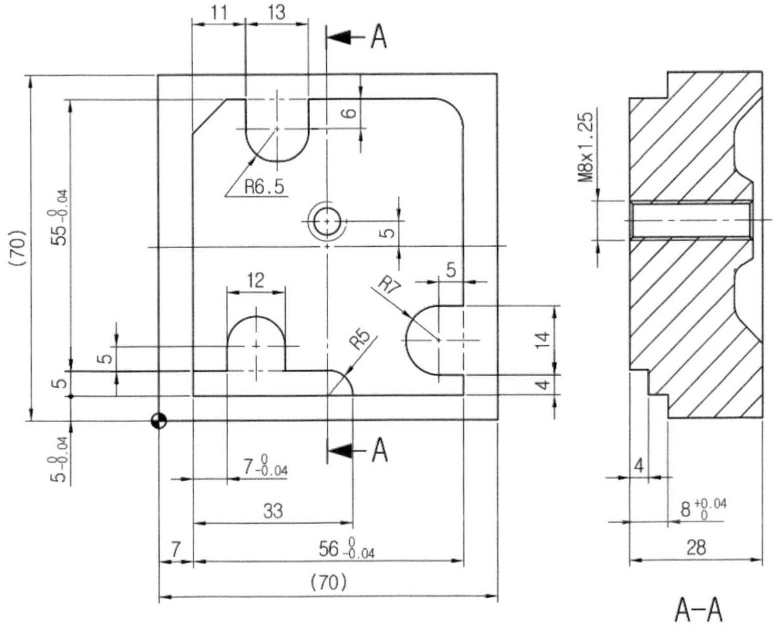

주서
1.도시되고 지시없는 모떼기 및 라운드 C7, R6
2.일반 모떼기 C0.2
3.상면 형상 1단 모떼기 C0.3 (챔퍼밀 사용)

HRDK [시험 1] 8 - 6

머 시 닝 센 터 / 범 용 밀 링 가 공 혼 자 하 기

머 시 닝 센 터 / 범 용 밀 링 가 공 혼 자 하 기

제3장

머시닝센터에서 가공하기

STEP 11 | WIA / DN솔루션즈

머시닝센터에서 가공하기

STEP 11

WIA / DN솔루션즈 머시닝센터에서 가공하기

11.1 DN 솔루션즈(구 두산) Mynx Series 머시닝센터

11.1.1 DN 솔루션즈 Mynx Series NM510 머시닝센터 세팅

(1) DN 솔루션즈 Mynx Series NM510 머시닝센터 작동순서(요약)

1) 초기 운전

① 배전판 ON(기계 뒤편) → NC ON(CRT 좌측) → EMG STOP RESET(시계방향 회전)

② Ready

③ 왼쪽 문 해제시 : DOOR OPEN REQUEST

④ 기계 뒤편의 TOOL 매거진 AUTO 상태에서 사용 가능(공구매거진 자동 설정됨) - 수동교환시 수동 상태에서 매거진 회전시켜 원하는 위치에 공구 착탈 가능

2) 원점복귀 방법

[핸들운전](이동식) → [모든 핸들] [Z축 선택] → (-)100mm 내림 → Y축 선택 → (-)방향 100mm 이동 → X축 선택 → (-)방향 100mm 이동 → [모드] [REF.RTN] [AXIS SELECT] Z축 선택 [+] (누르고 있는 동안 Z축이 원점복귀 진행되고 일정 영역 안에 있으면 손을 떼도 진행됨) Y축 X축도 동일하게 원점복귀시킨다.

3) 상대좌표 제로(0) 만들기

[POS] - [상대]에서 X를 누르면 [ORIGIN] 메뉴가 나옴 - [ORIGIN] 누르면 ZERO가 됨
Y, Z축도 상대좌표를 '0'이 되게 [ORIGIN]을 누른다.

4) 프로그램 입력방법

① 한 글자 취소 : [CAN], 자판의 작은 글씨 입력 : [SHIFT] 누르고 작은 글씨 입력

② 숫자 입력시 : [INPUT], 문자+숫자 입력시 : [INSERT], 수정[ALTER], 지움[DELETE]

③ 버튼 내용 : 위치[POS], 보정[OFS/SET], 프로그램[PRO], 오프셋[OFS/SET], 알람메시지[MESSAGE], 그래픽[CSTM/GR]

④ [신규작성] → [PRO] → [DIR] 없는 번호 선택 입력 → 프로그램 작성

⑤ 그래픽 기능이 없으므로 Z 축을 (+)100mm 상태[G54 00번에 Z100.0 입력]로 공구의 이동경로를 확인하고 G54 00번에 Z0.0으로 수정하면 정상가공이 된다.

5) MDI에서 스핀들을 회전시킬 경우

① [MDI] 선택 → [S1200 M03] 입력 [EOB] [INPUT]를 누름 → [자동개시] 누름

② 정지할 경우 [MDI모드]에서 [M05] 또는 [주축정지] 누름

6) [MDI 모드]에서 공구교환을 할 경우

[핸들운전]에서 Z축을 약 100mm 정도 내린 후 → [MDI] → G00 G91 G30 Z0.0 M19 ; T00(교환할 공구선택) M06 ; [INPUT] → [자동개시] 누름

7) 새로운 공구 장착하는 방법

① [교환할 공구선택]에 공구가 없는 번호를 선택하여 6번과 동일하게 [MDI 모드]에서 공구를 교환하면 공구는 없는 상태에서 공구교환이 실행된다.

② 수동공구 착탈시 스핀들 우편의 공구풀림기능을 이용하여 공구를 장착하면 그 공구가 없는 공구번호에 해당되는 공구가 된다.

(2) DN 솔루션즈 Mynx Series NM510 머시닝센터 공구보정순서(요약)

1) Z축 보정

원점복귀를 실시한 후에 [현재위치]를 누르고 → Z축을 선택 → 주축회전 → 핸들을 (-)방향으로 돌려 엔드밀을 재료의 좌측 하단부 윗면에 접촉시킴 → Z [ORIGIN]을 누르면 Z축 상대좌표가 ZERO가 된다. [Z을 누르면 [ORIGIN] 메뉴가 나타남]

2) X축 보정

[핸들운전] → 핸들을 조작하여 ●▧ (재료의 앞측 측면에 엔드밀로 가볍게 터치) → Z축을 조금 들어 공구반경값(4mm) +방향 이동 후 → X [ORIGIN]을 누르면 X축 상대좌표가 ZERO가 된다. [X을 누르면 [ORIGIN] 메뉴가 나타남]

3) Y축 보정

[핸들운전] → 핸들을 조작하여 ●▧(재료의 좌측 측면에 엔드밀로 가볍게 터치) → Z축을 조금 들어 공구반경값(4mm) +방향이동 후 → Y[ORIGIN]을 누르면 Y축 상대좌표가 ZERO가 된다. [Y을 누르면 [ORIGIN] 메뉴가 나타남]

4) 공구 옵셋

X, Y, Z의 상대좌표가 0인 위치에서 G54 00번 위치에 X0.0 측정, Y0.0 측정, Z0.0 측정을 누르면 1번 공구옵셋이 완료된다. 또 다른 방법으로는 해당 축에 직접 값을 입력하여도 가능하다(이때 옵셋의 일반에서는 X, Y, Z값은 0이며 반경값은 입력되어 있어야 한다).

4)-1 공구옵셋 두 번째 방법

상대좌표 제로상태에서 원점복귀하면 기계좌표값은 모두 0이며 상대좌표값은 G92 코드 사용시 프로그램에 그대로 입력한다(G92 코드 사용시는 공작물원점에서 기계원점까지의 거리를

입력하며 G54 코드 사용시는 기계원점에서 공작물원점까지의 거리를 입력한다. G92는 양수 G54는 음수로서 절대값은 같고 부호만 반대이다).

5) 두 번째 공구 보정하기

가. 프로그램 Z축 좌표원점위치에서 [OFS/SET] 누른 후 → [C 입력] 또는 직접입력

나. [C입력] 현재값 입력, [+입력] 현재 값에 가감하여 입력됨, [입력 OR INPUT] KEY IN값 직접 입력됨

6) 보정이 끝난 후 다시 엔드밀 교환방법

핸들을 조작하여 Z축 (+)방향으로 조금 올린다 → [반자동] → [G91 G30 Z0. M19;] [ENTER] → [T03 M06;] [ENTER] → [자동개시]

11.1.2 두산 머시닝센터 Mynx Series 시리즈 - 화낙 18 iMB

(1) 두산 머시닝센터(화낙 18 iMB) 작동순서(요약)

1) 초기 운전

① 배전판 ON(기계뒤편) → EMG STOP RESET(시계방향 회전) - Ready

② 왼쪽 문 해제시 : DOOR OPEN REQUEST

③ 기계 뒤편의 TOOL 매거진 AUTO 상태에서 사용 가능(공구매거진 자동 설정됨) - 수동교환시 수동상태에서 매거진 회전시켜 원하는 위치에 공구 착탈 가능

2) 원점복귀 방법

[핸들운전](이동식) → [모든 핸들] [Z축 선택] → (-)100mm 내림 → Y축 선택 → (-)방향 100mm 이동 → X축 선택 → (-)방향 100mm 이동 → A(4TH)축 선택 → (-)방향 100mm 이동 → B(5TH)축 선택 → (-)방향 100mm 이동 → [모드] [REF.RTN] [AXIS SELECT] Z축 선택 [+] (누르고 있는 동안 Z축이 원점복귀 진행되고 일정 영역 안에 있으면 손을 떼도 진행됨) Y축 X축 A축 B축도 동일하게 원점복귀 시킨다.

3) 상대좌표 제로(0) 만들기

[POS] - [상대]에서 X를 누르면 [ORIGIN] 메뉴가 나옴 - [ORIGIN] 누르면 ZERO가 됨 Y, Z축도 상대좌표를 '0'이 되게 [ORIGIN]을 누른다.

4) 프로그램 입력방법

① 한 글자 취소 : [CAN], 자판의 작은 글씨 입력 : [SHIFT] 누르고 작은 글씨 입력

② 숫자 입력시 : [INPUT], 문자+숫자 입력시 : [INSERT], 수정[ALTER], 지움[DELETE]

③ 버튼 내용 : 위치[POS], 보정[OFS/SET], 프로그램[PRO], 옵프셋[OFS/SET], 알람메시지 [MESSAGE], 그래픽[CSTM/GR]

④ [신규작성] → [PRO] → [DIR] 없는 번호 선택 입력 → 프로그램 작성

⑤ 그래픽 기능이 없으므로 Z 축을 (+)100mm 상태[G54 00번에 Z100.0 입력]로 공구의 이동경로를 확인하고 G54 00번에 Z0.0으로 수정하면 정상가공이 된다.

5) MDI에서 스핀들을 회전시킬 경우

① [MDI] 선택 → [S1200 M03] 입력 [EOB] [INSERT]를 누름 → [자동개시] 누름

② 정지할 경우 [MDI 모드]에서 [M05] 또는 [주축정지] 누름

6) [MDI 모드]에서 공구교환을 할 경우

[핸들운전]에서 Z축을 약 100mm 정도 내린 후 → [MDI] → G00 G30 G91 Z0.0 M19 ; T00(교환할 공구선택) M06 ; [INSERT] → [자동개시] 누름

7) 새로운 공구 장착하는 방법

① [교환할 공구선택]에 공구가 없는 번호를 선택하여 6번과 동일하게 [MDI 모드]에서 공구를 교환하면 공구는 없는 상태에서 공구교환이 실행된다.

② 수동공구 모드를 핸들에서 원점복귀 모드에 두고서 공구를 손으로 잡고 착탈시 스핀들 위쪽의 공구풀림기능을 이용하여 공구를 장착하면 된다.

(2) 두산 머시닝센터(화낙 18 iMB) 공구보정순서(요약)

1) Z축 보정

원점복귀를 실시한 후에 [현재위치] 를 누르고 → Z축 선택 → 주축회전 → 핸들을 (-)방향으로 돌려 엔드밀을 재료의 좌측 하단부 윗면에 접촉시킴 → Z [ORIGIN]을 누르면 Z축 상대좌표가 ZERO가 된다. [Z을 누르면 [ORIGIN] 메뉴가 나타남]

2) X축 보정

[핸들운전] → 핸들을 조작하여 ●▧ (재료의 측면에 엔드밀로 가볍게 터치) → Z축을 조금 들어 공구반경값(4mm) +방향이동 후 → X [ORIGIN]을 누르면 X축 상대좌표가 ZERO가 된다. [X을 누르면 [ORIGIN] 메뉴가 나타남]

3) Y축 보정

[핸들운전] → 핸들을 조작하여 ●▧(재료의 측면에 엔드밀로 가볍게 터치) → Z축을 조금 들어 공구반경값(4mm) +방향이동 후 → Y[ORIGIN]을 누르면 Y축 상대좌표가 ZERO가 된다.

[Y을 누르면 [ORIGIN] 메뉴가 나타남]

4) 공구 옵셋

X, Y, Z의 상대좌표가 0인 위치에서 G54 00번 위치에 X0.0 측정, Y0.0 측정 Z0.0 측정을 누르면 1번 공구옵셋이 완료된다. 또 다른 방법으로는 해당 축에 직접 값을 입력하여도 가능하다(이때 옵셋의 일반에서는 X, Y, Z값은 0이며 반경값은 입력이 되어있어야 한다).

4)-1 공구옵셋 두 번째 방법

상대좌표 제로상태에서 원점복귀하면 기계좌표값은 모두 0이며 상대좌표값은 G92코드 사용시 프로그램에 그대로 입력한다(G92는 공작물원점에서 기계원점까지의 거리값, G54는 기계원점에서 공작물원점까지의 거리값을 입력한다)(G92는 기계좌표계의 부호만 반대, G54기계좌표계를 입력하면 된다).

5) 두 번째 공구 보정하기

① 공구를 교환 후 Z축에 터치 후 Z축 프로그램 좌표원점위치에서 [OFS/SET] 누른 후 → [C 입력] 또는 직접입력

② [C입력] 현재값 입력, [+입력] 현재 값에 가감하여 입력됨, [입력 OR INPUT] KEY IN값 직접입력 됨

6) 데이터 전송 방법

① 컴퓨터에서 기계로 전송 - 컴퓨터 NCLINKFREE 실행- 기계에서 [EDIT] - [PROG] - [조작] - [▶] - [READ] - [실행] - 컴퓨터{COM1, 4800, 7, 2}에서 [파일] - [열기] - [A:] - 원하는 P/G 선택 - 프로그램 선두에 %입력 - [START] 하면 완료됨

② 기계에서 컴퓨터로 전송 - 컴퓨터 NCLINKFREE 실행 - 컴퓨터에서 [파일받기] - 기계에서 [EDIT] - [PROG] - [조작] - [▶] - [PUNCH] - [실행]하면 완료됨

11.1.3 DN 솔루션스 기계 조작 따라하기

각 기계마다 NC 컨트롤러의 모양은 조금씩 다르지만 조금만 살펴보면 위치만 조금 다를 뿐 별다른 차이는 없다. 처음 기계를 조작하는 초보자에 맞추었으며 여기서는 DN 솔루션즈(구 두산공작기계)의 장비를 기준으로 설명한다.

(1) 전원 켜기

[01] 기계의 전원을 켠다. 보통 기계의 뒷면이나 옆면에 돌려서 켜는 스위치가 있다.

(2) 원점복귀

[01] NC 컨트롤러의 전원(NC POWER)을 눌러서 컨트롤러에 전원을 연결하고 우측 붉은색 비상스위치를 시계방향으로 돌려 들어가 있는 스위치를 튀어나오게 한다. 그 다음 **MACHINE READY** 버튼을 누르면 기계를 작동하기 위한 준비가 끝난다. 모드 스위치를 원점복귀(REF. TRN.)으로 맞추고 기계를 원점복귀시킬 준비를 한다.

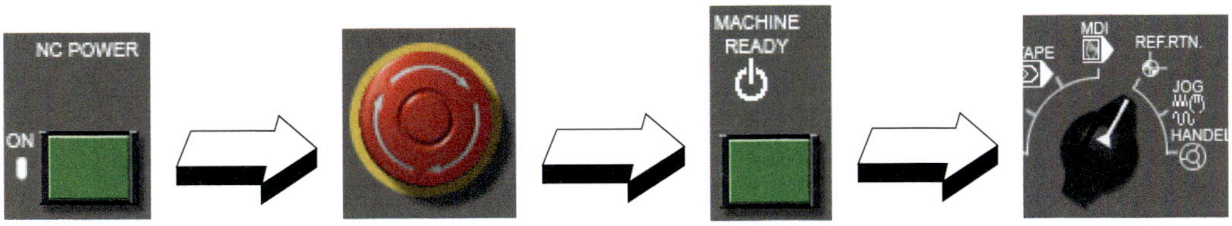

[02] 모드 실렉트(MODE SELECT)의 형태는 기계에 따라 다를 수도 있다. 아래 그림은 버튼으로 되어있는 신형 장비의 모드 실렉트이다. 이제 원점으로 복귀하기 위해 REF(원점복귀) 모드를 선택하고 축 선택(AXIS SELECT)에서 각 축을 선택한 다음 + 이송버튼을 사용하여 X, Y, Z축의 기계좌표 값을 + 방향으로 보내서 0으로 만들어야 한다. 구형 DN 솔루션즈 공작기계는 한 축씩 각 축이 완전히 원점복귀해서 불이 들어올 때까지 계속 누르고 있어야 한다.

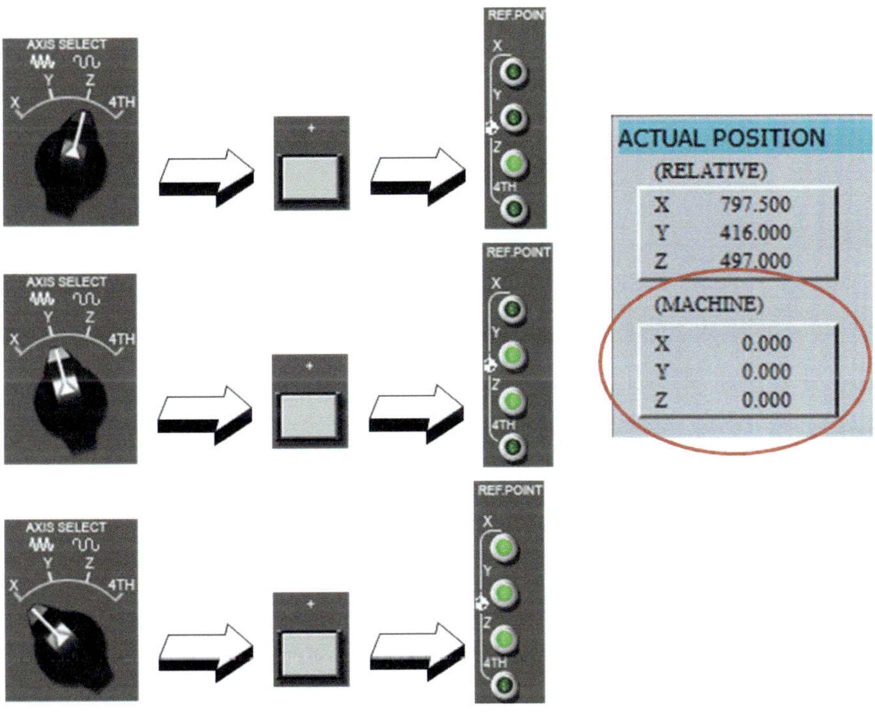

(3) 공작물 세팅하기

[01] 원점복귀가 끝났으면 공작물 좌표계(G54)를 정의하여야 한다. 공작물 소재를 바이스에 물리고 기준공구는 엔드밀로 하며 여기서는 1번 공구로 세팅하였다. 이 공구를 바로 소재의 윗면에 닿게 하여 측정할 수도 있지만 하이트 프리세터와 아큐센터를 사용하는 경우도 있다. 각각의 경우 약간의 차이가 있는데 공구를 공작물에 바로 닿아 측정하는 경우를 설명하면 모드 스위치를 MDI에 맞추고 T1M6 [EOB 버튼(;)] [INSERT 버튼] S700 M3 [EOB 버튼(;)] [INSERT 버튼]을 입력한 다음 **CYCLE START** 버튼을 누른다. 1번 공구를 불러와 회전하는 것을 확인한 다음 모드 스위치를 **HANDLE**로 맞추고 MPG(수동 펄스 발생기)의 핸들을 돌리면서 기계를 움직인다. MPG에는 두 개의 스위치가 있는데, X, Y, Z는 이동할 방향이며 X1, X10, X100은 핸들을 한 칸 움직일 때 가는 거리이다. 일반적인 CNC 장비는 최소 이송단위가 1/1,000mm이므로 X100은 1/10mm, 즉 핸들 한 칸이 0.1mm이다. Z 방향으로 천천히 공구를 내리면서 소재의 윗면에 살짝 닿으면 그때 핸들을 멈춘 다음, OFS/SET를 누르고 WORK(좌표계)에 들어가 커서를 움직여 G54의 Z에 놓고 **Z0**을 입력하고 **MEASUR(측정)**을 누른다. 그 상태에서 핸들을 잘못 건드려서 Z 방향으로 움직이지 않도록 주의하면서 이번에는 **POS**를 누르고 REL(상대)에 들어가서 Z를 누르고 **ORIGIN(오리진)**을 누른다. 상대좌표(RELATIVE, REL) Z값이 0이 된다.

HANDEL 모드 선택하기

MPG(수동 펄스 발생기)

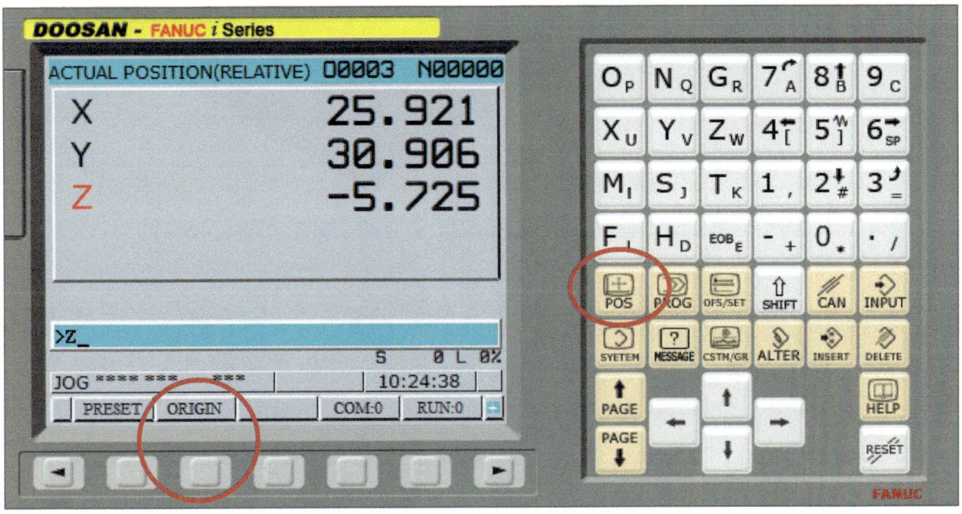

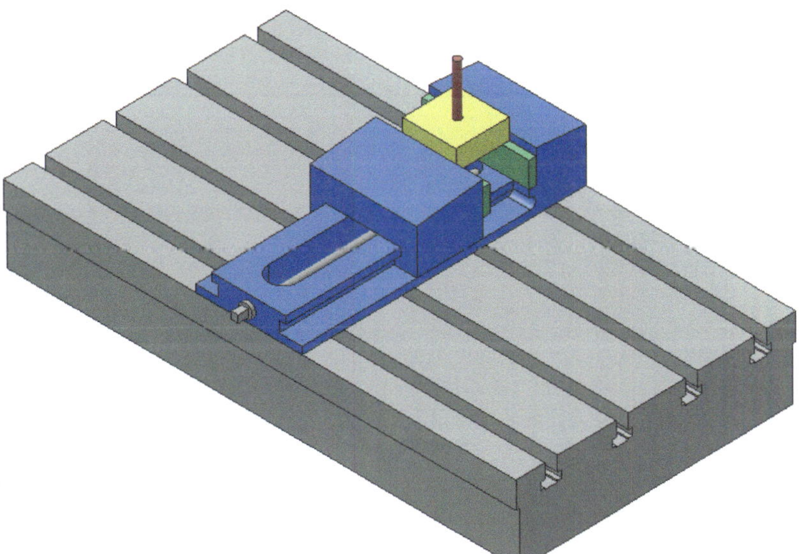

기준공구를 공작물 소재 윗면에 살짝 부딪혀 공작물 좌표계 Z방향 원점 구하기

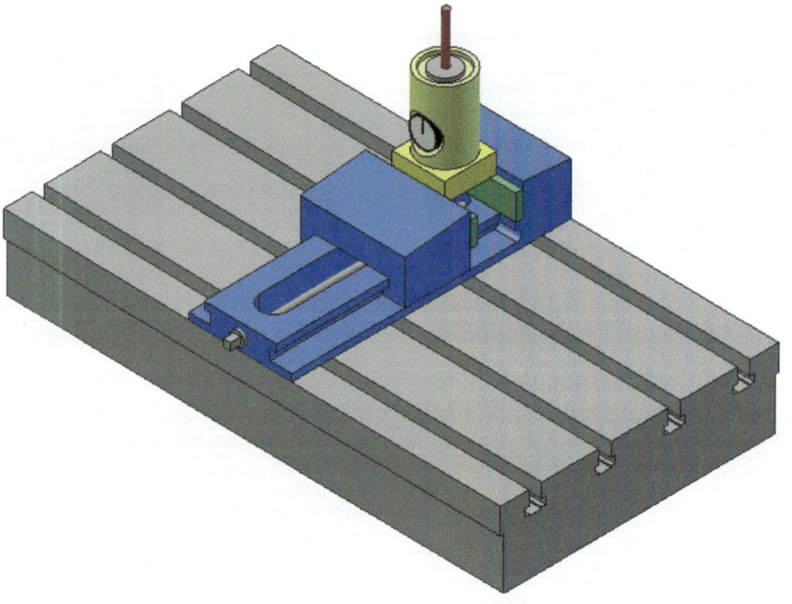

하이트 프리세터를 사용하여 공작물 좌표계 Z방향 원점 구하기

하이트 프리세터는 보통 하우징의 높이가 100mm이다. 사용하기 전에 측정 단면부와 하우징의 윗부분을 같은 선상에 놓고 게이지의 바늘을 **0**에 맞춘다. 가장 쉬운 방법은 정반에 뒤집어서 내려놓은 다음 맞추면 된다. 공구를 측정 단면부 위에 놓고 천천히 내리다 보면 바늘이 0을 가리키는 위치가 나온다. 이 위치가 공작물 좌표계에서 Z값이 100인 지점이다.

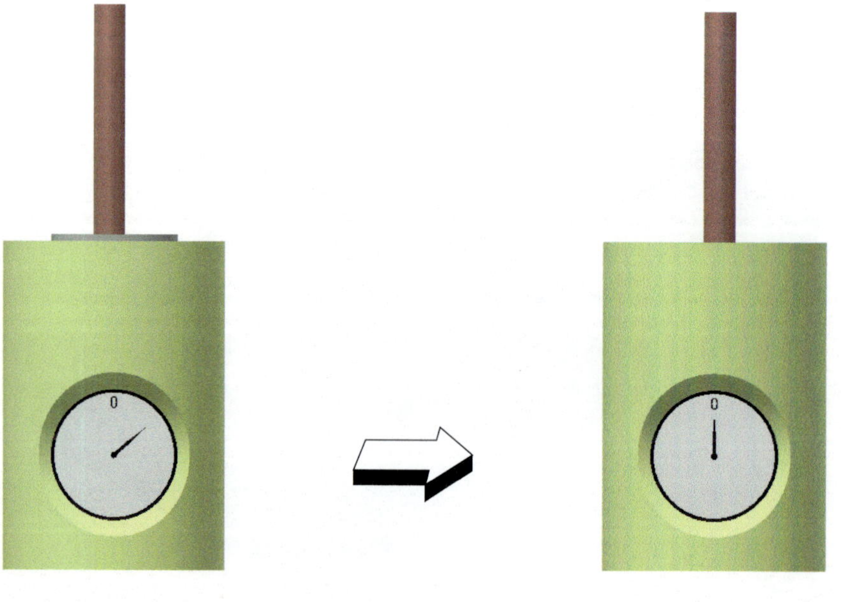

[02] 소재 밖으로 공구를 이동한 다음 Z 방향으로 소재보다 조금 내려온 뒤 X와 Y 방향으로 공작물 원점의 - 쪽에서 공작물이 있는 쪽으로 움직이면서 살짝 부딪히면 그 때 멈춘다. 기준공구가 직경이 10mm인 엔드밀이 지급되므로 OFS/SET를 누르고 WORK(좌표계)에 들어가 커서를 움직여 G54의 X와 Y에서 **X-5**과 **Y-5**을 입력하고 **MEASUR(측정)**을 누른다.

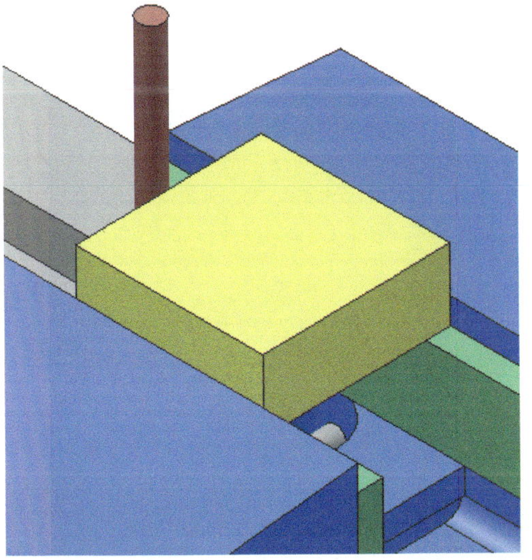

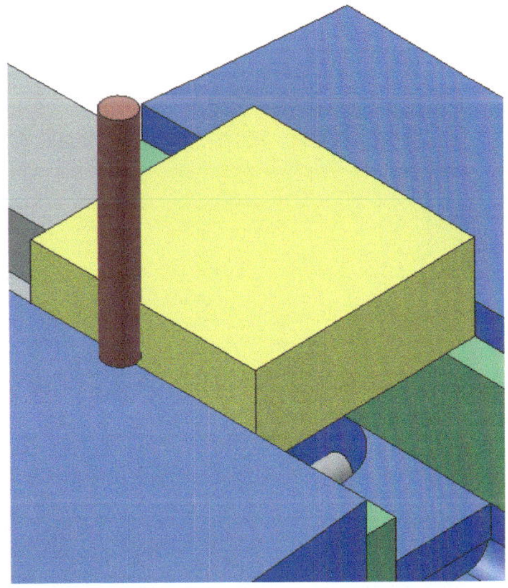

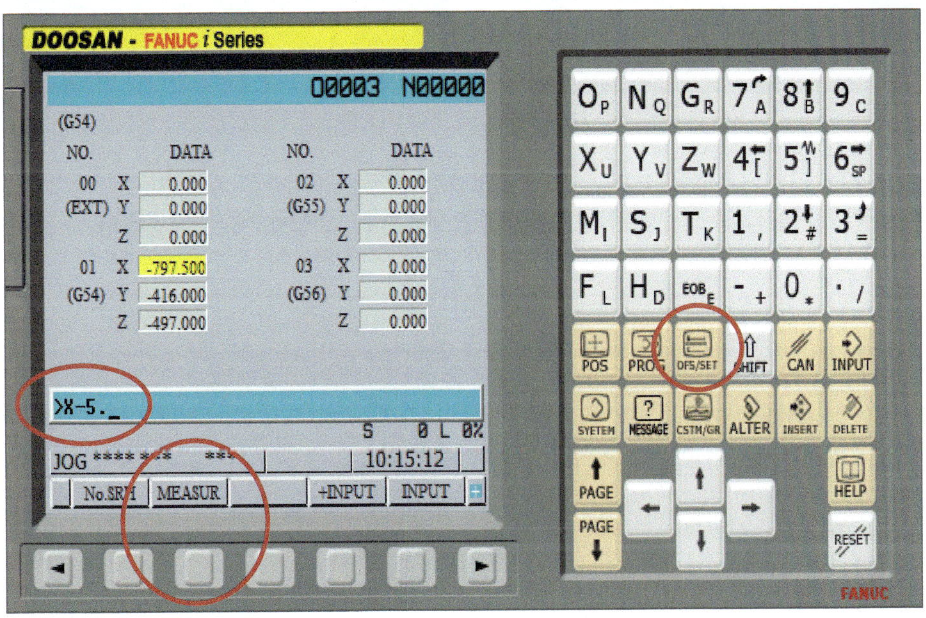

[03] 같은 주축을 사용하기 때문에 모든 공구의 X와 Y의 중심은 모두 같은 값이지만 공구의 길이는 각각 다르다. 기준공구 중심으로 그 차이를 기계에 알려주어야 한다. 가공에 사용할 공구들을 각각 호출하고 Z방향으로 살짝 부딪힌 다음, **OFS/SET**를 누르고 OFFSET(옵셋)으로 들어가 해당 공구의 GEOM(형상) (H)로 이동한 뒤 **Z**를 입력하면 C.INPUT(C 입력)이 생긴다. 이 버튼을 누르면 해당 공구의 기준공구에 대한 길이 보정이 이루어진다. 기준공구는 이 값을 0을 누르고 **INPUT**을 눌러 0으로 만들어야 한다.

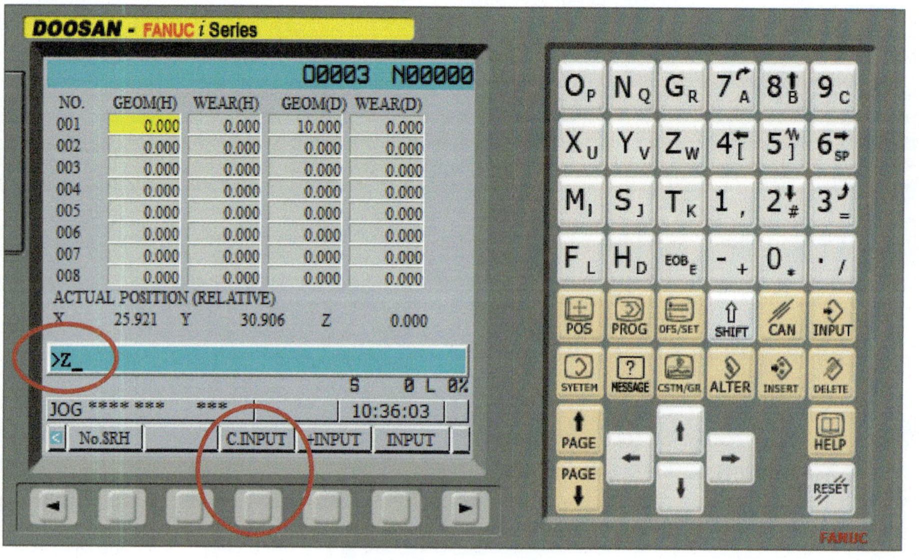

[04] 3번에서 공구의 직경방향 보정을 위해 GEOM(형상)(D)의 값에 엔드밀 공구 위치에 10을 볼 엔드밀 위치에 **6**을 입력하고 **INPUT**을 누른다. 드릴과 탭은 직경방향 보정이 필요 없다.

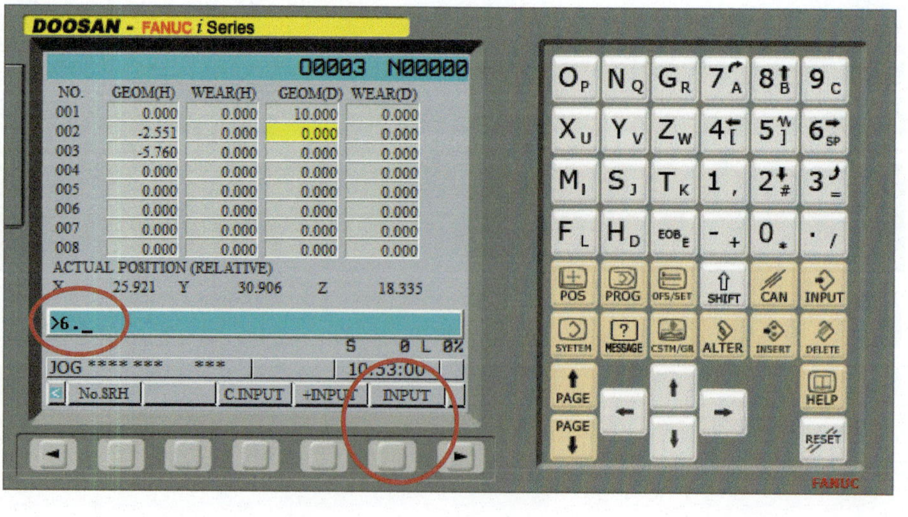

[05] 공작물 좌표계 설정과 공구보정이 끝났다. 이제 앞에서 작성한 NC 파일을 USB에 담아서 기계에 넣어야 한다. 확장자를 없애고 USB에 옮긴다. 파일명이 O1234.nc이면 O1234.으로 확장자 없는 파일로 만든다. 이 USB를 기계에 연결하고 다음의 절차를 따라 기계에 입력하고 가공준비를 한다.

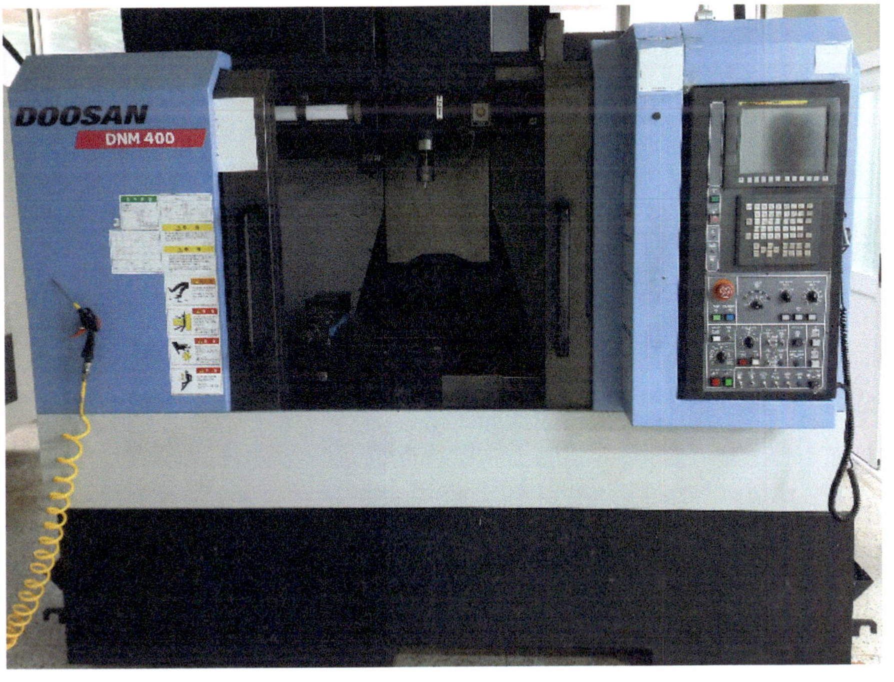

(4) 프로그램 전송하기(RS232C)

[01] 모드 실렉트를 [[EDIT]] 모드로 돌린다.

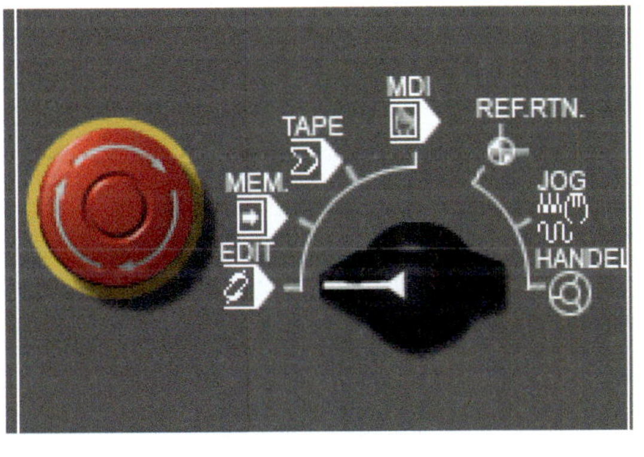

[02] [PROG]을 누른다.

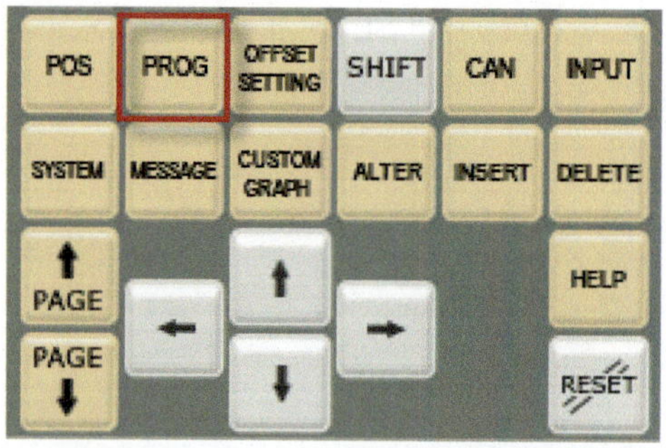

[03] [(조작)] 버튼을 누른다.

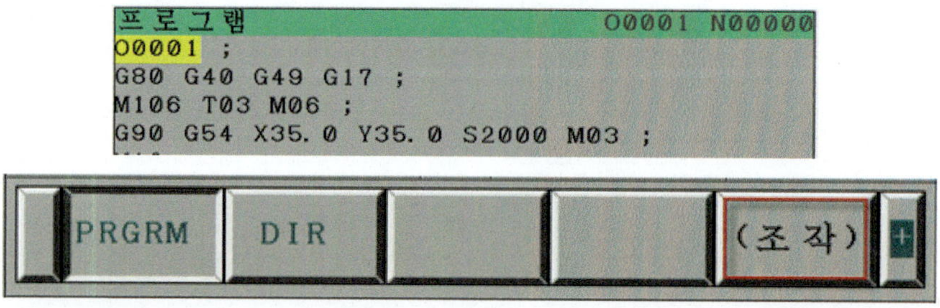

[04] [▶] 버튼을 누른다.

[05] [READ] 버튼을 누른다.

[06] [실행] 버튼을 누르면 기계에서의 세팅이 완료된다. 컴퓨터에서 받기 위해 작업을 한다.

[07] OneCNC사의 NC Link Free 프로그램을 실행한다.

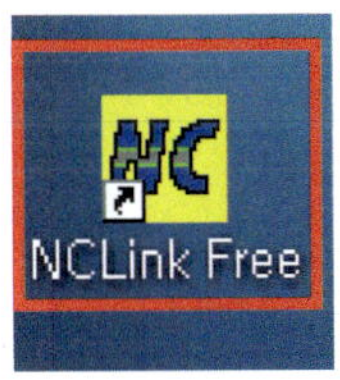

[08] START NC LINK를 누른다.

[09] CLOSE를 누른다.

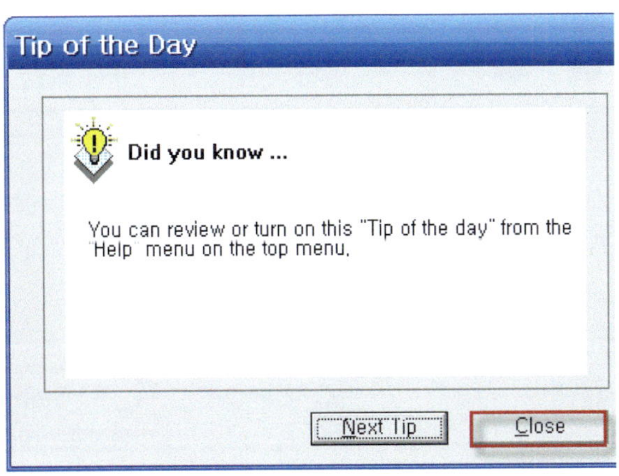

[10] **파일 열기** 버튼을 클릭한다.

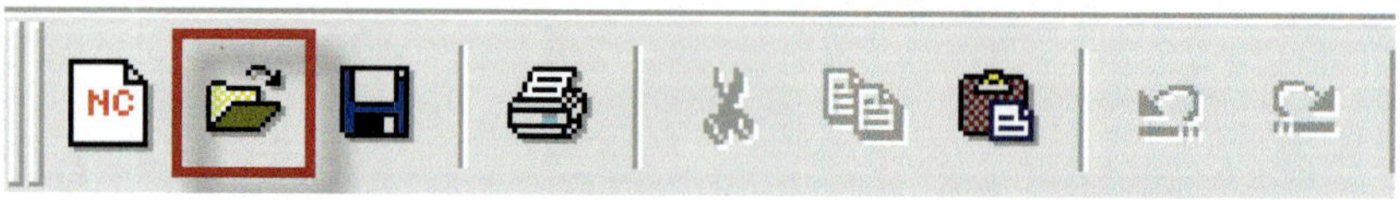

[11] 파일형식에서 **ALL Files**를 클릭한다.

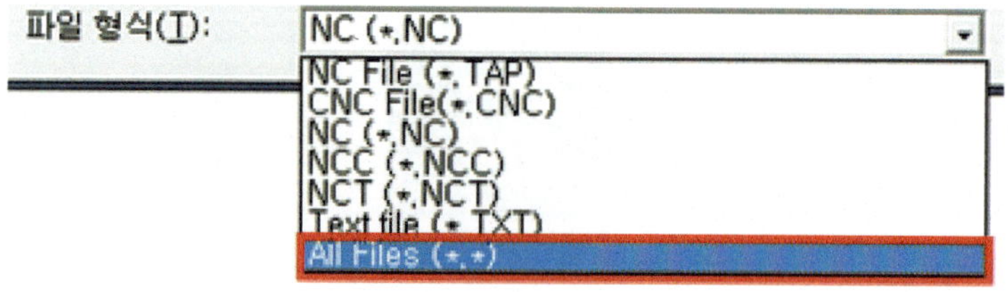

[12] 프로그램을 선택 뒤 **열기**를 클릭한다.

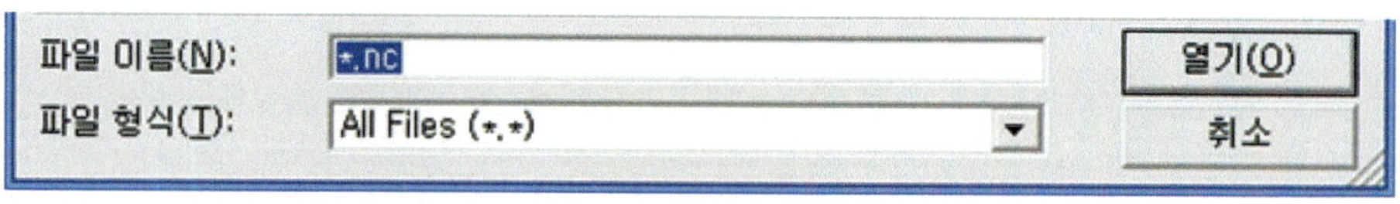

[13] 프로그램 처음과 끝에 **%**를 입력한다.

[14] **Send code** 선택 후 **Start** 버튼을 누른다.

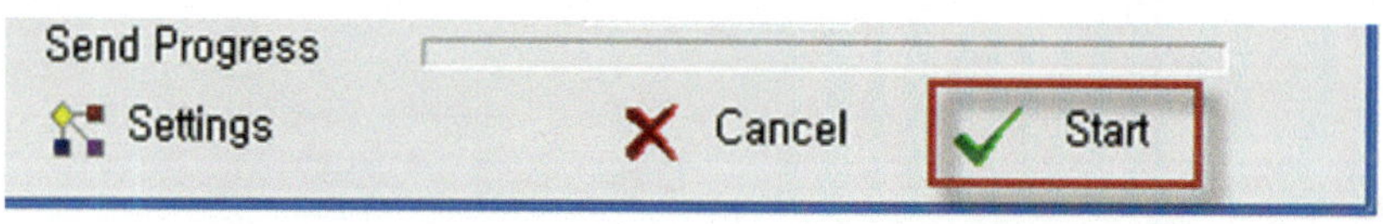

(5) 자동운전하기

[01] 모드 실렉트에서 **[[EDIT]]** 모드로 돌린다.

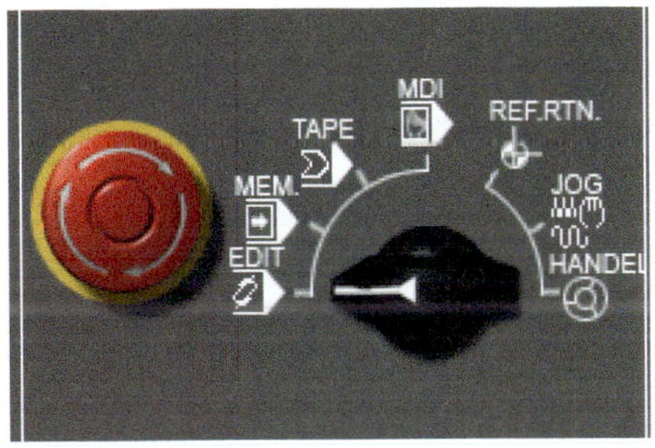

[02] **[PROG]** 버튼을 누른다.

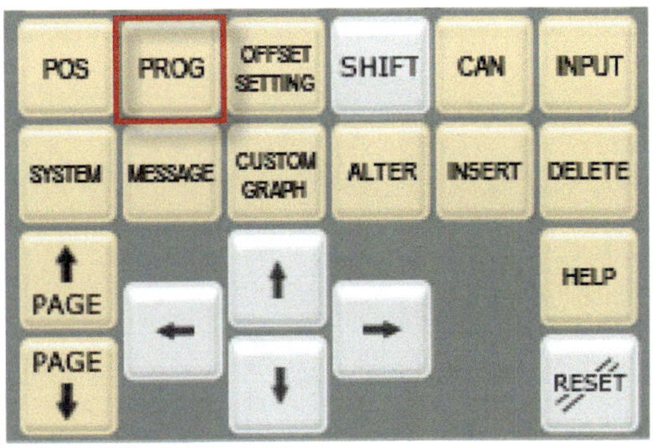

[03] 프로그램을 확인한다.

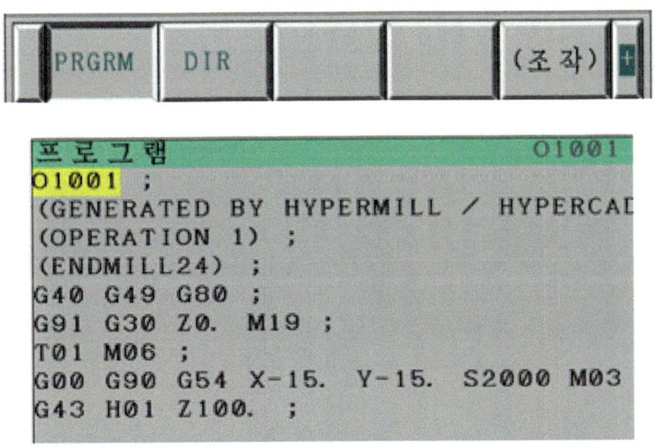

[04] 모드 실렉트에서 **[MEM]** 모드로 돌린다.

[05] 컨트롤러 화면 밑에 있는 **[체크]** 버튼을 누르면 절대좌표와 남은 거리가 표시된다.

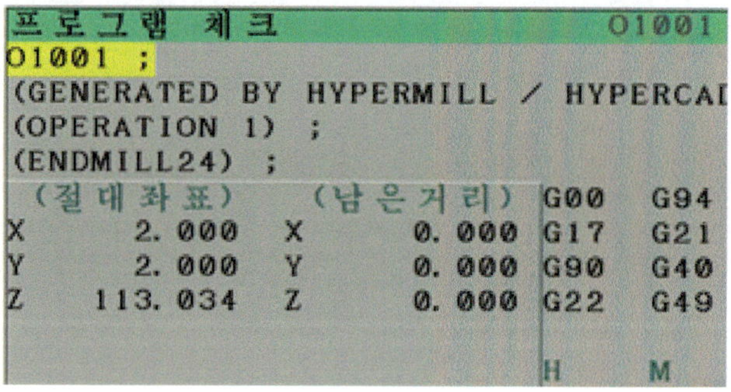

[06] 작업이 잘 되는지 앞부분을 체크하기 위해 **[SINGLE BLOCK]**을 켜고 RAPID OVERRIDE를 **[25(%)]**로 세팅한다.

[07] **[CYCLE START]** 버튼을 누른다.

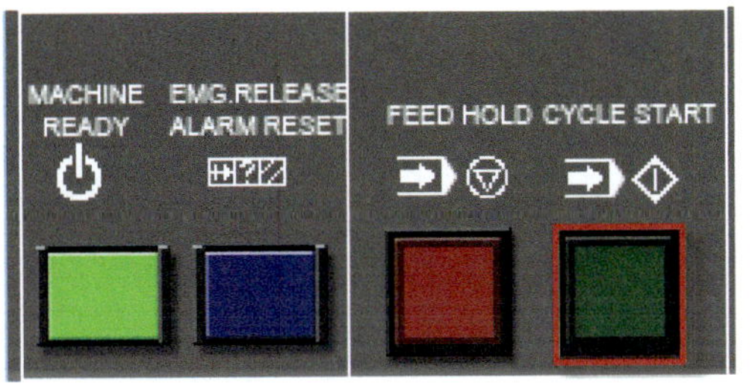

[08] 프로그램의 작성에 따라서 OPTIONAL BLOCK(M01)을 ON한다. 절삭유 공급을 자동으로 한다. 6번의 [CYCLE START] 버튼과 [FEED HOLD] 버튼을 양손에 놓고 NC 프로그램의 한 줄(블럭)일 끝날 때마다 **[START]** 버튼을 누른다. 작업 중 이상이 보이면 즉시 **[FEED HOLD]** 버튼을 눌러 기계를 정지하고 확인한 다음 이상이 없을 시에만 다시 **[START]** 버튼을 누른다. 어느 정도 기계가 작동하면서 별다른 문제가 보이지 않으면 [SINGLE BLOCK]을 해제하고 본격적인 가공을 시작한다.

11.2 WIA VX500 머시닝센터

11.2.1 WIA VX500 머시닝센터 세팅 요약

(1) WIA VX500 머시닝센터 작동순서(요약)

1) 초기 운전

배전판 ON(기계 옆쪽) → NC ON(모니터 옆) → EMG STOP RESET(시계방향 회전)

2) 원점복귀 방법

[핸들운전](이동식) → [이동용 핸들] [Z축 선택] → (-)100mm 내림 → Y축 선택 → (-)방향 100mm 이동 → X축 선택 → (-)방향 100mm 이동 → [모드] [REF] 원점복귀 완료시까지 +Z⊕를 누른다. +Y⊕ -X⊕를 완료시까지 누르면 원점복귀가 완료된다(또는 [ALL ZERO RETURN] 버튼을 누르면 Z축 원점복귀되고 X, Y 축은 동시에 원점복귀가 된다).

3) 상대좌표 제로(0) 만들기

[POS] - [REL(상대)]에서 X를 누르면 [ORIGIN] 메뉴가 나옴 - [ORIGIN] 누르면 '0'이 됨
Y, Z축도 상대좌표를 '0'이 되게 [ORIGIN]을 누른다.

4) 프로그램 입력방법

① 한 글자 취소 : [CAN], 자판의 작은 글씨 입력 : [SHIFT] 누르고 작은 글씨 입력
② 숫자 입력시 : [INPUT], 문자+숫자 입력시 : [INSERT]
③ 버튼 내용 : 위치[POS], 보정[OFFSET SETTING], 프로그램[PRO]
④ [신규작성] → [PRO] → [DIR] 없는 번호 선택 입력 → 프로그램 작성
⑤ 그래픽 기능이 없으므로 Z축을 (+)100mm 상태에서 공구의 이동경로를 통하여 확인한다.
⑥ 이동경로는 [CUSTOM GRAPH]을 누르면 가공경로가 나타난다.

5) MDI에서 스핀들을 회전시킬 경우

① [MDI] 선택 → [S1200 M03] 입력 [EOB] [INSERT]를 누름 → [자동개시] 누름
② 정지할 경우 [MDI]에서 [M05] 또는 [주축정지] 누름

6) [MDI 모드]에서 공구교환을 할 경우 : WIA는 제1원점(G28)에서 공구교환 실시
[핸들운전]에서 Z축을 약 100mm 정도 내린 후 → [MDI] → G00 G28 G91 Z0.0 M19 ; T00(교환할 공구 선택) M06 ; [INSERT] → [자동개시] 누름

7) 새로운 공구 장착하는 방법

① [교환할 공구 선택]에 공구가 없는 번호를 선택하여 6번과 동일하게 [MDI]에서 공구를 교환하면 공구는 없는 상태에서 공구교환이 실행된다.
② 수동공구 착탈 시 스핀들 우편의 공구풀림기능을 이용하여 공구를 장착하면 그 공구가 없는 공구번호에 해당되는 공구가 된다.

(2) WIA VX500 머시닝센터 공구보정순서(요약)

1) Z축 보정

원점복귀를 실시한 후에 [POS(위치)] 를 누르고 → Z축 선택 → 주축회전 → 핸들을 (-)방향으로 돌려 엔드밀을 재료의 좌측 하단부 윗면에 접촉시킴 → Z [ORIGIN]을 누르면 Z축 상대좌표가 ZERO가 된다. [Z을 누르면 [ORIGIN] 메뉴가 나타남]

2) X축 보정

[핸들운전] → 핸들을 조작하여 ●▧ (재료의 좌측 측면에 엔드밀로 가볍게 터치) → Z축을 조금 들어 공구 반경값(5mm) +방향 이동 후 → X [ORIGIN]을 누르면 X축 상대좌표가 ZERO가 된다. [X을 누르면 [ORIGIN] 메뉴가 나타남]

3) Y축 보정

[핸들운전] → 핸들을 조작하여 ●▧(재료의 앞쪽 측면에 엔드밀로 가볍게 터치) → Z축을 조금 들어 공구 반경값(5mm) +방향 이동 후 → Y[ORIGIN]을 누르면 Y축 상대좌표가 ZERO가 된다. [Y을 누르면 [ORIGIN] 메뉴가 나타남]

4) 기계 원점복귀한다.

원점복귀 후의 기계좌표값은 모두 '0'이 된다. 상대좌표값은 (+)값으로 나타난다(G92 사용시는 공작물원점에서 기계원점까지의 거리를, G54 사용시는 기계원점에서 공작물원점까지의 거리 값을 입력한다. G92는 양수 G54는 음수로서 절대값은 같고 부호만 반대이다. 반드시 G54 NO1 자리에 X Y Z 상대값에 (-)를 붙여서 입력한다).

5) 두 번째 공구 보정하기

프로그램 원점위치에서 [OFFSET SETTING] 누른 후 → 2번 공구 길이 보정 자리에 커서를 옮기고 Z 상대값을 그대로 직접 입력함

6) 보정이 끝난 후 다시 엔드밀 교환방법

핸들을 조작하여 Z축 (+)방향으로 조금 올린다 → [MDI(반자동)] → [G91 G28 Z0. M19;] [INSERT] → [T03 M06;] [INSERT] → [자동개시]

참 · 고 · 문 · 헌

■ FANUC Series 0i-MODEL D Operator Manual(운용 매뉴얼)

■ GV-CNC 사용자 매뉴얼(㈜ 큐빅테크)

■ 쉽게 배우는 CNC 가공(마지원)

■ 최신 기계공작법(마지원)

■ 위키피디아 영문판

- https://en.wikipedia.org/wiki/G-code
- https://en.wikipedia.org/wiki/Milling_(machining)
- https://en.wikipedia.org/wiki/Automatic_tool_changer

저자와의
협의에 의해
인지 생략

머시닝센터 / 범용밀링가공
혼자하기

1판 2쇄 2024년 3월 4일

저 자 설상석 / 추원철 / 권대규

발행인 송광헌
발행처 복두출판사
주 소 서울특별시 영등포구 경인로82길 3-4
센터플러스 807호 (우) 07371
전 화 02-2164-2580
FAX 02-2164-2584
등 록 1993. 11. 22. 제 10-902 호

정가 : 26,000원
ISBN : 979-11-6675-398-5 93550

한국과학기술출판협회 회원사